涡轮机械与推进系统出版项目

航空发动机技术出版工程

航空发动机空气系统鲁棒性设计

丁水汀　刘传凯　刘　鹏　邱　天　著

科学出版社

北　京

内 容 简 介

本书系统介绍了空气系统鲁棒性设计的基本概念体系，论述了空气系统元件的共同工作特性与匹配规律，揭示了空气系统的偏差增益放大失稳机制、偏差“隔离”拓扑原理、偏差负反馈鲁棒性增强原理，提出了空气系统鲁棒性指标体系。结合重大工程应用实践，给出了空气系统鲁棒性设计要素、关键技术方法、设计工具和鲁棒性设计示例，内容注重理论与工程应用相结合，反映了空气系统技术领域的新成就、新特点及未来发展趋势。

本书可供从事航空发动机空气系统设计及其他相关的工程技术人员参考，也可以作为高等学校航空发动机相关专业师生的教学参考资料。

图书在版编目（CIP）数据

航空发动机空气系统鲁棒性设计 / 丁水汀等著. 北京：科学出版社，2025. 6. -- (航空发动机技术出版工程). -- ISBN 978-7-03-082686-2

Ⅰ. V233. 6

中国国家版本馆 CIP 数据核字第 202583QP41 号

责任编辑：徐杨峰　赵朋媛 / 责任校对：谭宏宇
责任印制：黄晓鸣 / 封面设计：殷　靓

科学出版社 出版
北京东黄城根北街 16 号
邮政编码：100717
http：//www. sciencep. com
南京展望文化发展有限公司排版
苏州市越洋印刷有限公司印刷
科学出版社发行　各地新华书店经销

*

2025 年 6 月第　一　版　开本：B5(720×1000)
2025 年 6 月第一次印刷　印张：15 3/4
字数：310 000

定价：150. 00 元

（如有印装质量问题，我社负责调换）

航空发动机技术出版工程

编写委员会

涡轮机械与推进系统出版项目

序

涡轮机械与推进系统涉及航空发动机、航天推进系统、燃气轮机等高端装备。其中每一种装备技术的突破都令国人激动、振奋，但是由于技术上的鸿沟，使得国人一直为之魂牵梦绕。对于所有从事该领域的工作者，如何跨越技术鸿沟，这是历史赋予的使命和挑战。

动力系统作为航空、航天、舰船和能源工业的“心脏”，是一个国家科技、工业和国防实力的重要标志。我国也从最初的跟随仿制，向着独立设计制造发展。其中有些技术已与国外先进水平相当，但由于受到基础研究和条件等种种限制，在某些领域与世界先进水平仍有一定的差距。在此背景下，出版一套反映国际先进水平、体现国内最新研究成果的丛书，既切合国家发展战略，又有益于我国涡轮机械与推进系统基础研究和学术水平的提升。“涡轮机械与推进系统出版项目”主要涉及航空发动机、航天推进系统、燃气轮机以及相应的基础研究。图书种类分为专著、译著、教材和工具书等，内容包括领域内专家目前所应用的理论方法和取得的技术成果，也包括来自一线设计人员的实践成果。

“涡轮机械与推进系统出版项目”分为四个方向：航空发动机技术、航天推进技术、燃气轮机技术和基础研究。出版项目分别由科学出版社和浙江大学出版社出版。

出版项目凝结了国内外该领域科研与教学人员的智慧和成果，具有较强的系统性、实用性、前沿性，既可作为实际工作的指导用书，也可作为相关专业人员的参考用书。希望出版项目能够促进该领域的人才培养和技术发展，特别是为航空发动机及燃气轮机的研究提供借鉴。

张彦仲

2019年3月

航空发动机技术出版工程

序

航空发动机被誉称为工业皇冠之明珠，实乃科技强国之重器。

几十年来，我国航空发动机技术、产品及产业经历了从无到有、从小到大的艰难发展历程，取得了显著成绩。在世界新一轮科技革命、产业变革同我国转变发展方式的历史交汇期，国家决策进一步大力加强航空发动机事业发展，产学研用各界无不为之振奋。

迄今，科学出版社于2019年、2024年两次申请国家出版基金，安排了"航空发动机技术出版工程"，确为明智之举。

本出版工程旨在总结、推广近期及之前工作中工程、科研、教学的优秀成果，侧重于满足航空发动机工程技术人员的需求，尤其是从学生到工程师过渡阶段的需求，借此也为扩大我国航空发动机卓越工程师队伍略尽绵力。本出版工程包括设计、试验、基础与综合、前沿技术、制造、运营及服务保障六个系列，2019年启动的前三个系列近五十册任务已完成；后三个系列近三十册任务则于2024年启动。对于本出版工程，各级领导十分关注，专家委员会不时指导，编委会成员尽心尽力，出版社诸君敬业把关，各位作者更是日无暇晷、研教著述。同道中人共同努力，方使本出版工程得以顺利开展、如期完成。

希望本出版工程对我国航空发动机自主创新发展有所裨益。受能力及时间所限，当有疏误，恭请斧正。

2024年10月修订

本书序一

航空发动机被誉为现代工业“皇冠上的明珠”，始终是大国博弈的焦点。我国航空发动机的发展历经艰难，已见曙光，但当前先进航空发动机设计中的强整体、强耦合、强瞬变、强非线性的“四强”特征日趋显著，支撑其自主设计的工具缺乏问题凸显，而空气系统的自主设计更是从空白开始，需求极为迫切。

众所周知，随着航空发动机性能的不断提升，涡轮前温度和最高增压比也快速提升，与之相应的空气系统流量占比更是大幅提升。据统计，该流量占比已由二代机的10%提升至四代机的25%，预测未来甚至可达到40%量级，这一量变引发的质变，将使空气系统从传统的“二次流”系统跃升为与主流道相当的核心系统，其设计能力不仅影响发动机限寿件寿命、轴向力调节、关键件热防护等安全性问题，同时也将影响发动机推力、耗油率等重要使用性能指标。当前，随着我国航空发动机事业的快速发展，空气系统的作用和地位愈发不容忽视。高鲁棒性、低离散度空气系统是保障高性能航空发动机先进性、安全性、可靠性的重要基石，更是先进航空发动机自主研制的战略制高点。

与先进航空发动机空气系统设计需求形成反差的是，目前国内航空发动机还未实现真正意义上的空气系统正向设计，还停留在校核性设计层面，以稳态、基于裕度分析的方法为主。未从系统层面掌握空气系统鲁棒性设计原理，缺乏相应的设计评估方法、工具和基础数据库，无法有效控制过渡过程和随机载荷造成的安全风险。这导致我国目前在役、在研航空发动机空气系统工作参数离散度高的问题突出，难以归零的故障和安全风险时有发生，且得不到根本性解决。另外，预研和探索的新型动力系统的多任务剖面、多变量控制技术特征愈加显著，民用航空发动机的安全性指标要求要高于军机两个数量级，其空气系统鲁棒性设计需求也极为迫切。可以说，这项技术既是影响未来先进航空发动机型号研制成败的不可逾越的决定性技术之一，也是民用航空发动机安全性水平保障和商业成功的核心关键之一。

丁水汀教授领导的“航空发动机安全性与适航”教育部创新团队近三十年来聚焦影响发动机安全的主要因素开展了系统研究，特别是近10年来，其作为支撑团队和联合团队，深度参与了型号研发实践，将基础研究积累和型号研制紧密结合，自主开发的全流域耦合时变空气系统设计软件已经在多台份发动机上进行了实验验证。基于该软件识别的空气系统关键部组件创新设计也得到了多个型号的试车验证。关于安全性与适航顶层架构和概念体系工作的总结，前期已经由“航空发动机技术出版工程”组织出版了《航空发动机安全性设计导论》专著，提出并阐述了航空发动机安全性的“设计赋予、制造实现、验证表明、审定接受和维护保持”五大核心问题。该书是针对航空发动机空气系统“设计赋予”工作的深化总结，书中凝结了团队30余年来在航空发动机空气系统研究领域的开创性研究成果、技术积累、工程实践和深入思考，也是全流域耦合时变空气系统设计软件的理论基础。书中系统提出了空气系统鲁棒性设计的基本概念体系，详细论述了空气系统元件的共同工作特性与匹配规律，深入揭示了空气系统网络偏差“传递”与“隔离”的第一性原理。其中，以空气系统耦合时变环境下的偏差增益放大失稳机制、空气系统鲁棒性指标体系、空气系统偏差“隔离”拓扑原理、空气系统偏差负反馈鲁棒性增强方法为代表的概念和理论方法均为首次提出，在我国航空发动机空气系统基础研究中具有里程碑意义。书中结合重大工程应用实践给出的空气系统鲁棒性设计要素、关键技术方法、设计工具和鲁棒性设计示例，不仅直接面向我国先进航空发动机自主研制的重大需求，也将对我国航空发动机空气系统走向完全自主设计，实现空气系统设计技术的跨代升级，起到重要推动作用。

《航空发动机空气系统鲁棒性设计》一书注重将理论与工程应用相结合，反映了当前新成就及发展趋势。它可以帮助技术研究和工程设计人员学习，并运用空气系统鲁棒性设计的理论和方法开展设计实践，是一部值得高等学校航空发动机相关专业师生及从事航空发动机空气系统设计的工程技术人员重视的专著，当然也可以供航空发动机专业的师生使用。

2025年4月

本书序二

我于 1992 年回国到北京航空航天大学航空发动机学院任教，该书作者丁水汀正在攻读硕士学位，所研究的课题就是航空发动机空气系统的核心部件（旋转盘腔）流动与换热机理，他总是能提出一些另辟蹊径的创新思路，当时就发现涡轮盘前腔的预旋喷嘴流动会导致流动的周期性不稳定，这可能就是他今天这本专著《航空发动机空气系统鲁棒性设计》的源头吧。1993 年，他也留校任教，成为我课题组的骨干，算起来也 30 余年了。1998 年前后，他逐渐把眼光更多聚焦在航空发动机的安全性和适航技术上，从无到有创办了国内第一个二级学科博士点、第一个本科专业。记得是 2009 年，他带领的团队获批"航空发动机复杂系统安全性"长江学者创新团队。2019 年，他撰写完成《航空发动机安全性设计导论》一书，系统表述了航空发动机安全性设计理论体系的架构，提出安全性与适航的五大问题——如何设计赋予、如何制造实现、如何验证表明、如何审定接受、如何维护保持引发行业共鸣。而空气系统是航空发动机安全性保障的"第一道防线"，其鲁棒性又是设计赋予的核心。

众所周知，随着航空发动机性能的不断提升，空气系统从传统的"二次流"系统跃升为与主流道相当的核心系统，其设计能力不仅影响发动机限寿件寿命、轴向力调节、关键件热防护等安全性问题，也同时影响发动机推力、耗油率等重要使用性能指标。从现在的眼光看，先进航空发动机设计中的强整体、强耦合、强瞬变、强非线性的"四强"特征日趋显著，鲁棒性设计需求极为迫切。

作者团队一边开展耦合时变空气系统理论研究，一边自主开发了全流域耦合时变空气系统设计软件工具，并利用重点型号支撑和联合团队的机会开展应用实践。该书可以说是团队 30 余年来在航空发动机空气系统研究领域的开创性研究成果、技术积累、工程实践的总结。书中系统提出了空气系统鲁棒性设计的基本概念体系，以空气系统耦合时变环境下的偏差增益放大失稳机制、空气系统鲁棒性指标体系、空气系统偏差"隔离"拓扑原理、空气系统偏差负反馈鲁棒性增强方法为代表的概念和理论方法均为首次提出。一些结合重大工程应用实践给出的空气系统鲁棒性设计示例，读起来使人耳目一新，很有启发性和指导性。

很高兴能为该书作序，也为作者团队多年聚焦现实需求和前沿发展取得的进展感到高兴。该书可以启发工程设计人员学习、思考并开展设计实践，也可供高等学校航空发动机相关专业的师生使用。

2025 年 4 月

本书序三

航空发动机被誉为现代工业“皇冠上的明珠”，始终是大国博弈的焦点。回顾我国航空发动机的发展历程，大致分为仿制、仿研和自主研制三个阶段，由于第一阶段的主要问题出现在压缩系统，因此攻克失速、喘振、高效压缩等逆压梯度下的流动组织问题成为当务之急，甚至“给我一台好的压气机，我就能设计出一台好的发动机”成为那个阶段的某种共识。到了第二阶段后半段，除了解决压缩系统问题外，涡轮前温度不断提升，高温升燃烧、热端部件的高温材料、热防护和高效涡轮成为新的制约因素，攻克以高冷效涡轮叶片、高效燃烧室为代表的设计、材料、工艺一体化技术成为这一阶段的主要特征。进入自主研制的第三阶段后，总体性能与总体结构的正向设计需求迫切，而此时的设计对象已经以先进的第五代、第六代发动机为典型代表，其变循环带来的强整体、强耦合、强瞬变、强非线性的“四强”特征日趋显著，支撑正向设计的工具缺乏问题凸显，而空气系统的正向设计更是从空白开始，需求极为迫切。

从我研制成功的小型航空发动机实践中，已经深切体会到从设计初期就应进行空气系统的鲁棒性设计，以避免后续的设计反复。特别是当前的空气系统已经从传统的“二次流”系统跃升为与主流道相当的核心系统，其空气系统流量占比逼近40%，其设计水平直接影响发动机限寿件寿命、轴向力调节、关键件热防护的安全性，也同时影响发动机的使用性能。

水汀教授领导的团队是国内较早系统研究发动机空气系统性能的团队，特别是空气系统的低熵化和稳定性研究独具特色。他们将空气系统与主流道耦合在一起开展耦合时变空气系统理论研究，同时自主开发了全流域耦合时变空气系统设计软件工具，与国外的空气系统商用软件相比，在时空分辨率上具有显著优势，已经利用重点型号支撑和联合团队的机会进行了成功实践。该书对空气系统领域的模糊认识进行了澄清，系统提出了空气系统鲁棒性设计的基本概念体系、空气系统鲁棒性指标体系，其中空气系统耦合时变环境下的偏差增益放大失稳机制、空气系统偏差“隔离”拓扑原理、空气系统偏差负反馈鲁棒性增强等概念和理论方法均为首次提出，读起来令人耳目一新。给出的一些结合重大工程应用实践的空气系统鲁棒性设计示例启发性强，对从事航空发动机研发的人员具有指导性。

我和水汀教授团队是小同行，平时交流也很多，很高兴能为本书作序，也为他们多年聚焦现实需求和前沿发展取得的进展感到高兴。该书的出版对于促进我国航空发动机空气系统正向设计体系完善具有里程碑意义，是一部对工程研制人员既有启发性又有设计实践指导性的著作，也是一本难得的适合高等学校航空发动机相关专业师生启智创新使用的参考书。

2025 年 4 月

前言

航空发动机是工业皇冠上的明珠，空气系统是保障航空发动机性能、安全可靠工作的“第一道防线”，直接决定着轴向力控制、轴承腔封严、部件冷却、预防燃气入侵、防冰等功能的可靠实现，也是最复杂的核心子系统。空气系统是处于发动机主流道内侧、外侧的转子与静子或转、静子之间的联系各腔、间隙、出流孔的空气流路的总成。

随着航空发动机性能的不断提升，空气系统的流量占比逐渐提升，已从二代机的10%跃升至四代机的25%，未来或将突破40%，其设计能力直接关系发动机寿命、安全性和性能指标。尤其面对新一代变循环发动机多工况需求和民机安全性严苛标准（高于军机两个量级），空气系统鲁棒性设计技术的缺失，已成为未来先进航空发动机正向自主研制的“卡脖子”问题。

为突破上述局限并揭示问题的本质，作者在过去十几年间经历了漫长和艰难的思索与探究。

记得2005年初，作者到英国罗尔斯·罗伊斯公司（简称罗罗公司）的大学研究中心交流，元件的特性试验是不保密的，但空气系统设计技术涉及航空发动机整机全流域，是具有“强整体、强耦合、强瞬变、强非线性”特征的系统级技术，对我国进行严格技术封锁。因此，作者尝试首先从航空发动机主流道部件的共同工作与匹配机制开展研究。2007年，在承担某国家安全重大基础研究计划（“国防973”）项目气动热力学总体方案相关的子课题研究中，瞄准未来前沿总体技术，带领团队解决了未来“紧凑耦合”涡扇推进系统“燃烧与传热”跨流域仿真关键技术问题，开发了系统级仿真平台，详细研究了空气系统冷气分配、冷气品质及其在全工况范围的能量耗散对先进航空发动机总体性能和载荷水平的系统影响，从中逐步认识到了高性能航空发动机空气系统的“强整体”特征。要实现未来航空发动机技术领域从“跟跑、并跑”到“领跑”的转变，必须将空气系统从传统的“二次流”系统升级为与主流道相当的核心系统进行一体化布局和设计。

为此，作者开启了对航空发动机空气系统设计技术的长期探索。2009年，团队获批组建“航空发动机复杂系统安全性”长江学者创新团队，在国内首次开展了限寿件概率失效风险评估的适航瓶颈技术研究,突破整机环境下的瞬态空气系统仿真技术是获得可信载荷谱的前提。逐步提出了考虑容积效应、管路气体惯性力、瞬态能量输运、非稳态换热等因素耦合作用的强瞬变空气系统控制方程组,建立并验证了毫秒量级时间尺度的强瞬变空气系统模块化仿真方法,解决了限寿件过渡过程载荷捕捉的核心技术问题。

2013 年,团队承担工业和信息化部(简称工信部)民机专项"航空发动机适航符合性技术研究",从适航条款技术内涵的第一性原理入手,围绕主动安全、被动安全两个方面逐步厘清空气系统设计的核心地位。将主流道与空气系统高时空分辨率一体化仿真技术作为突破国外对航空发动机空气系统设计技术封锁,实现技术跨代的关键突破口。

2015 年,团队承担总装备部首个系统安全领域的"国防 973"项目,攻克了涡轮叶片过渡过程烧蚀难题,实现了主流道与空气系统在涡轮转子叶片数百个气膜孔的非线性时空耦合界面的模块化动态匹配,精准捕捉其时变载荷是揭示其失效机理,形成正向设计改进能力的关键。随着时空分辨率的提高,发动机一、二次流耦合界面的计算复杂度也大幅提高,方程组阶数呈现幂指数增长的同时,高分辨率、多流域时空非线性耦合导致的方程组病态性也越发严重。国外 PROOSIS 软件通过对空气系统流体网络进行"部件化"集总简化,首次公开报道了一、二次流耦合仿真技术。但其仿真精度依赖于对空气系统专用"部件化"特性数据库的重构,且时空分辨率低、通用性差,与现行国内空气系统技术工具难兼容,也不适合国内工业部门缺乏相关数据库的现状。因此,作者并没有跟随国外的上述技术路线,而是带领团队成员另辟蹊径,突破了"部件法"与"网络法"跨时空耦合的维度缩放、时域协同难题,首次实现了发动机过渡态部件法性能模型与整机网络法瞬态空气系统完整模型的直接耦合,弥补了国外同类软件对空气系统网络进行部件化集总简化而降低空间分辨率的固有缺陷。不仅将整机零维模型的时空分辨率大幅度提高了两个数量级,还与国内现有总体性能与空气系统仿真工具直接兼容,能充分利用国内现有的主流道部件特性和空气系统元件特性数据。开创了航空发动机全流域一体化仿真技术新路线,在核心技术能力上实现了对国外同类技术工具的超越。

从 2016 年开始,作者与中国航空发动机集团有限公司(简称中国航发)合作,通过组建重点发动机型号支撑团队、联合团队等新合作模式,将航空发动机全流域一体化仿真技术应用于重点型号排故、方案改进及联合设计工作。在型号支撑与联合设计工作中研究发现,由于工艺偏差、工作偏差、衰变偏差的影响,使得空气系统的工作状态呈现显著的"不确定性",而国内工业部门的设计方法仍依赖稳态模型和裕度分析,未从系统层面掌握空气系统鲁棒性设计原理,缺乏相应的设计评估方法工具,这使得在役、在研航空发动机空气系统工作参数离散度高的现实问题非常突出,难以归零的故障和安全风险时有发生。作者团队在不断的型号排故和空气系统方案改进中逐渐认识到，“头疼医头，脚疼医脚”的传统“确定性”排故方法，不仅试错成本高，长时间以来也未从根本上解决空气系统“不确定性”故障和安全风险。因此，作者开始带领团队在之后的研究中聚焦空气系统网络元件的共同工作规律、偏差增益原理、偏差隔离与偏差负反馈问题，力求从第一性原理认识空气系统偏差失稳机理，逐步形成了空气系统鲁棒性设计的基本概念体系、指标体系和工具方法体系。

2021 年，作者团队承担了工信部首个空气系统鲁棒性方面的“两机”重大专项，首次系统提出了空气系统鲁棒性设计的概念体系和技术原理，建立了国内首个空气系统鲁棒性原理验证技术及集成验证平台。基于航空发动机全流域一体化仿真技术广泛应用和型号支撑经验的多年积累，开发了空气系统鲁棒性评估与设计软件，完成了自主基础性试验、真实发动机试车等多层次、多工况的充分验证。借助上述成果，团队依托型号支撑团队和联合设计团队，深入参与多个型号的设计、研制和排故，得到了相关厂所和总师团队的高度肯定。

综上所述，本书是作者及团队长期研究成果和思想理念的总结，反映了一定的行业和学术领域共识，其中也有些一家之言，由于时间仓促，不足和疏漏在所难免，也希望能引起争论和得到批评，促进高校基础研究和行业型号研制的融合成长，为推动我国航空发动机空气系统由“逆向仿制”向“正向自主设计”的转变尽绵薄之力。

在本书的写作过程中，团队成员刘传凯、刘鹏、邱天、李果等参与撰写，李子俊、金鑫、郭佳凡、王家俊、王耀泽等研究生协助完成相关校验工作。

中国航发尹泽勇院士仔细审阅了本书，并提出了中肯的意见和修订建议，在此深表感谢。

书中如有不妥之处，望各位读者不吝指正，E-mail：dst@ buaa. edu. cn。

2025 年夏于北京航空航天大学航空发动机研究院

目　录

第 2 章 空气系统元件的共同工作及匹配机制

第 3 章 空气系统偏差及反馈机制

第 4 章 空气系统鲁棒性设计的技术内涵

第5章 空气系统鲁棒性设计的核心工具和数据库

第6章 航空发动机空气系统鲁棒性增强设计示例

第1章 绪论

1.1 航空发动机空气系统

航空燃气涡轮发动机是由进气道、压气机、燃烧室、涡轮和尾喷管等多部件组成的复杂热力机械系统,各部件共同工作实现热力循环,加速气体并产生推力。由于航空发动机热力循环温度高,高速旋转的转子部件要承受热应力、离心力、气动力共同作用下的极端载荷。需要通过复杂的空气系统设计来控制部件载荷水平,保障各部件的高效、可靠运行。

航空涡轮发动机空气系统通常是指从压气机、外涵道等主流道冷端部件适当位置抽取空气,通过发动机主流道的内侧或外侧的各种流动结构元件(孔、缝、管路,封严篦齿和特定结构形成的腔道等)按设计的流路及要求的流动参数(压力、温度和流量)流动并完成规定的各项功能,最后从确定的主流道的若干部位排出与主流汇合或直接泄漏到机体外部汇入大气(图1.1)。

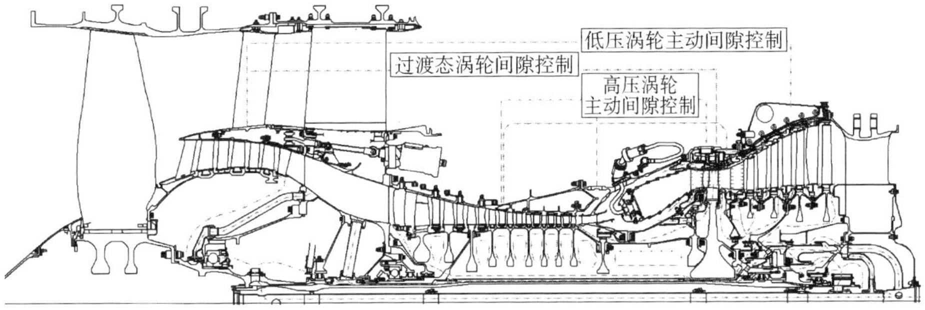

图1.1 典型航空发动机空气系统主要流路示意图

空气系统设计必须实现的主要功能包括以下几个方面。

(1) 热端部件冷却功能:提高涡轮前温度及与之匹配的增压比是提升发动机性能的主要措施。因此,发动机的热端部件,尤其是涡轮部件承受着严苛的热负荷。特别是涡轮叶片直接暴露在高温燃气中,工作环境最为恶劣。现代航空发动机涡轮前燃气温度高达 1 900~2 200 K，远超涡轮叶片材料许用温度，高效冷却是保障其可靠工作的必要前提。

（2）防燃气入侵功能：要保障航空发动机高速旋转的涡轮盘等转子部件在各种温度和形变条件下正常运行，涡轮盘缘转子与静子部件之间必须留出必要的缝隙。主流道的高温燃气很容易通过这些缝隙入侵到内部盘腔，造成涡轮盘或其他转子系统结构件超温。因此，必须保证发动机内部盘腔具有恰当的腔压，使得发动机涡轮盘缘在各种工况下均不会出现燃气入侵。

（3）转子系统轴向力控制功能：气体工质流经航空发动机压气机（或风扇）时，沿流向呈逆压力梯度，并产生与流动方向相反的轴向气动力。气体工质在涡轮部件中沿流向呈顺压力梯度，产生与流动方向相同的轴向气动力。现代高性能航空发动机主流道气体工质对压气机、涡轮部件施加的轴向气动力高达数十吨量级。虽然主流道气体工质施加在同一个转子系统上的压气机、涡轮轴向气动力能够部分抵消，但两者叠加的合力仍可能超过转子止推轴承的承载范围。尤其在航空发动机复杂多变的运行环境下，需要对多转子航空发动机每一个转子系统的总轴向力进行精细的调节和控制，以保障转子承力结构安全、可靠工作。

（4）转子系统盘轴温度控制功能：航空发动机转子系统的压气机盘、涡轮盘、鼓筒、轴等构件均承受巨大的离心力和气动力载荷，必须将这些转子部件的温度水平控制在许用的范围，才能保障这些部件具有所需的承载能力。不仅如此，压气机、涡轮盘等构件的温度水平也直接影响其径向形变量，鼓筒、轴等构件的温度水平则影响转子系统轴向形变量。如果上述构件温度水平失控，将导致压气机、涡轮等部件的轴向、径向工作间隙异常，引起转静摩碰故障或性能衰减。

（5）静子机匣温度控制功能：在航空发动机工作时，由于静子机匣和转子系统的热响应速率及所承受机械载荷的差异，会造成静子机匣与转子叶尖径向变形不协调，叶尖间隙会随发动机工作状态变化而改变。静子机匣温度控制的目的就是通过主动冷却或加热静子机匣，调节其温度场，控制机匣热变形响应，进而改变机匣径向位移，达到控制叶尖间隙，保障发动机全工况高效可靠运行的目的。

（6）轴承腔滑油封严功能：航空发动机转子系统的承力轴承、功率输出齿轮等部件在高速旋转状态下依赖滑油进行润滑和散热，滑油腔与空气系统气路之间需要设置转-静密封装置，以阻挡滑油向发动机内部气路的泄漏。由于上述转-静密封装置是由具有相对运动的转静子组件配合而成，存在不可避免的泄漏间隙。因此，必须在航空发动机全工况范围内保障轴承腔周边密封装置的外部气路压力大于轴承腔内部压力，才能有效阻止滑油的外泄。换而言之，必须通过空气系统流路的组织，在航空发动机所有轴承腔外围构建一个温度尽可能低、而压力始终高于轴承腔的外部气路环境。

（7）防冰功能：在低温高湿的环境中，航空发动机进气锥、风扇叶片和其他冷端关键部件可能会结冰，这会对发动机的性能和安全性产生严重影响。因此，航空发动机防冰是确保飞机在寒冷和结冰条件下安全飞行的重要措施。空气系统热气防冰是航空发动机普遍采用的技术方法，这需要在对性能影响最小的引气条件下，保障各种运行工况下的防冰用气需求。

1.2　空气系统典型功能流路

空气系统典型的引气边界有：压气机（风扇）出口、压气机进口过渡段、压气机级间、压气机末级、外涵道等；典型的排气边界有：涡轮导叶气膜孔（劈缝）、涡轮动叶气膜孔（劈缝）、机匣外环气膜孔、涡轮盘前腔轮缘出口、涡轮盘后腔轮缘出口、轴承腔、环境大气等。

空气系统总的引、排气原则是：在满足需求的前提下，空气系统应尽可能从主流道压力较低的位置，以最少的流量引出必要的冷气。流经空气系统功能流路并实现预期功能的冷气，应尽可能汇入主流道压力较高的位置，以降低空气系统引气对航空发动机性能的影响。

为实现各项功能，基于上述引、排气原则，均需要在充分考虑结构限制的前提下，精细组织各空气系统支路流量和沿程压力分布，满足发动机全包线各状态功能的稳定实现。空气系统各功能流路典型布局如下。

1.2.1　涡轮叶片冷却功能流路

涡轮叶片冷气需要通过叶片内部冷却通道的强化换热和叶片表面气膜覆盖作用实现对涡轮叶片的有效冷却。对于典型双转子航空发动机，高压涡轮导/动叶、低压涡轮导/动叶冷却空气流路因引排气需求差异和结构限制的不同，需要采用不同的流路布局。

1. 高压涡轮冷却功能流路

高压涡轮导叶冷却流路中，冷却空气需要从导向器内部冷却通道经由表面气膜孔或尾缘劈缝汇入主流道，这是整机空气系统中压力最高的出流边界。要保障冷却空气具有足够的压力，只能从发动机主流道最高压力的位置引气。如图 1.2 所示，通常是引自压气机末级流出并扩压的燃烧室二股气流，由涡轮导向器两端集气腔进入导向器内部冷却通道。由于主流道气流流经燃烧室火焰筒的压力损失只有 5%左右，涡轮导向器冷却空气引气流路和内部冷却通道必须有足够小的流动阻力，才能让导向器叶片前缘气膜孔冷气顺利出流。

在该流路中，由于冷气汇入主流道的总压损失相对较小，且能在通过导向器喉道或尾缘劈缝时膨胀加速。因此，发动机总体性能对该冷却流路引气流量变化的敏感性相对较低。为提高涡轮前温度和总体性能水平，现代高性能航空发动机中，

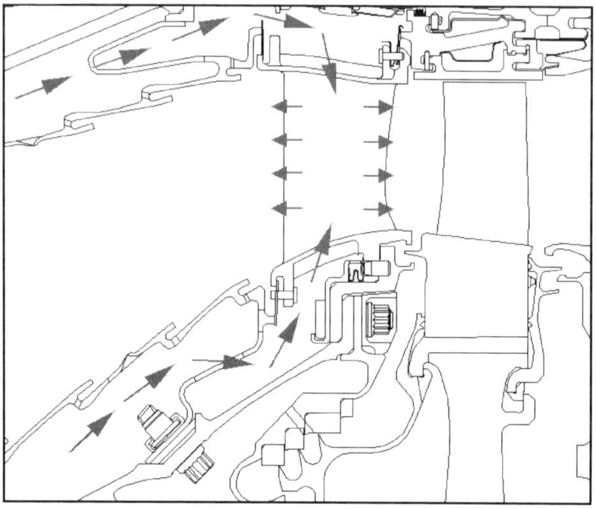

图 1.2　高压涡轮导向器冷却流路典型布局示意图

高压涡轮导向器冷却空气总量可达核心机进口空气流量的 10%以上。

高压涡轮动叶冷却流路中,由于涡轮动叶沿着涡轮导向器出口气流切向速度方向高速旋转,动叶与导向器出口气流的相对速度会大幅度低于涡轮导向器出口绝对速度。因此,动叶前缘表面驻点附近气膜孔的出口压力会显著低于涡轮导向器前缘驻点附近气膜孔出口压力,前者与后者的比值会略高于临界压比,通常在 0.6 左右。显然,涡轮动叶如果从压气机末级(燃烧室二股气流)引冷却空气,会造成冷却空气较大的能量贬值,也会对发动机性能产生较大不利影响。

按照引气压力最低原则,涡轮动叶冷却流路从压力略高于涡轮动叶前缘驻点压力的压气机级间引气(压气机倒数第 2 级级间),理论上对发动机总体性能的影响更小。但如果从主流道外侧机匣引出压气机级间冷气,必须要通过能穿越主流道的引气管路才能将压气机级间冷却空气引入涡轮动叶冷却通道。如果从级间内侧鼓筒引气,就必须在压气机级间引气位置到高压涡轮盘前腔之间的转子部件上设置与压气机盘心低压冷气隔离的独立高压冷气通道。上述两种引气方式在结构上的有限空间内都极难实现。不仅如此,高压涡轮动叶在工作过程中,其转速和表面压力、温度分布都会产生较大的相对变化。高压涡轮动叶对冷气空气压力裕度、流量的稳定性都有更高的要求。

因此,从结构可实现性和供气稳定性的角度考虑,目前几乎所有的航空发动机高压涡轮动叶冷却空气都引自压气机末级或燃烧室二股气流,如图 1.3 所示,通过冷气预旋喷嘴流入涡轮盘前腔,在冷却涡轮盘相应的表面后,由高压涡轮转子叶片根部流入叶片内部空气冷却流路,在冷却叶片后,从叶片表面的气膜孔和叶顶盖板孔汇入主流道。

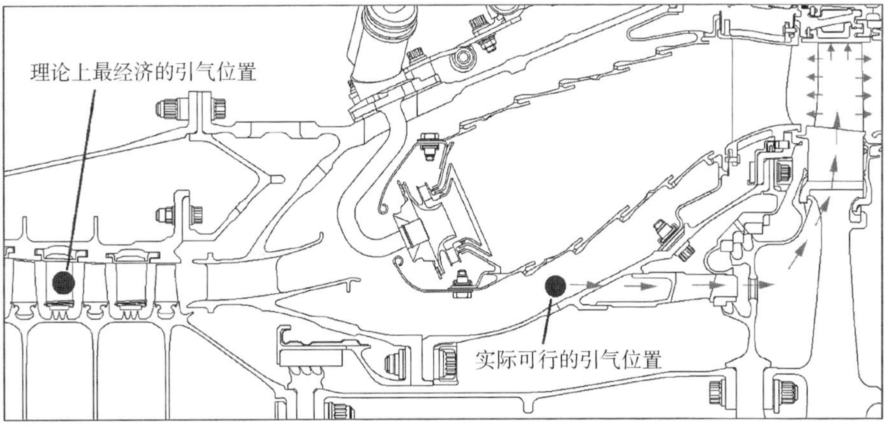

图1.3 高压涡轮动叶冷却流路典型布局示意图

虽然上述引气方式看似造成了冷却空气较大的能量贬值，但该流路的预旋喷嘴可利用较大的引气压力裕度，以近临界状态的出流速度和恰当的预旋角度，使得涡轮盘及动叶叶片冷气的相对总温下降，保障冷气品质，并强化涡轮盘的冲击冷却效果，达到较好的叶盘综合冷却效果。不仅如此，由于预旋喷嘴工作于近临界状态，使其成为决定该流路流量的核心节流元件，降低了发动机转速及主流道引、排气边界参数相对变化对涡轮动叶总冷气流量的影响，能够让发动机在大多数运行工况下以接近恒定的总引气比例实现高压涡轮动叶冷却，也有利于控制发动机性能离散度。

2. *低压涡轮导/动叶冷却功能流路*

在低压涡轮导向器和动叶冷却流路中，冷却空气压力需求整体上均低于高压涡轮叶片冷气压力需求。因此，低压涡轮导叶和动叶均应从尽可能靠前的压气机级间引出冷却空气。

受旋转的影响，低压涡轮动叶前缘表面驻点附近气膜孔出口压力也同样显著低于涡轮导向器前缘驻点附近气膜孔的出口压力，最理想的引气方式是两者从压气机级间不同位置按最低所需压力引气。但多数情况下，从结构空间限制和可实现性的角度考虑，低压涡轮导叶、动叶冷气都会从压气机级间同一个位置引出，通过内涵道机匣外部管路引至低压涡轮导向器外环集气腔，流入低压涡轮导向器内冷通道后，部分冷气由低压涡轮导向器气膜孔汇入主流道，如图1.4所示。如果低压涡轮动叶有内冷需求，另一部分则流入低压涡轮盘前腔，由低压涡轮转子叶片根部导流孔流入动叶内部冷气流路。

需要说明的是，航空发动机空气系统冷气流量分配是按照满足最大状态冷却需求设计的。当发动机在低工况运行时，空气系统冷却空气将处于“富余”状态。这在低压涡轮冷却空气流路中尤其突出。这是因为，当发动机工作在低换算转速

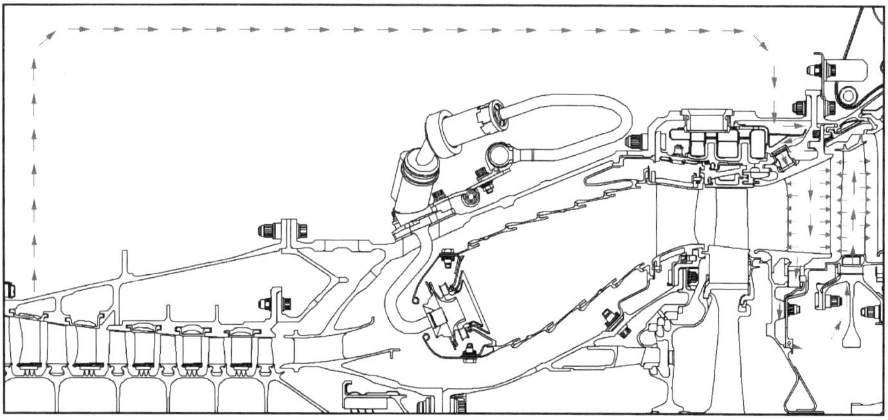

图 1.4 低压涡轮导/动叶冷却流路典型布局示意图

状态时,压气机处于“前喘后堵”的状态,压气机级间引气压力与末级引气压力的比值将显著增加,而高压涡轮膨胀比在大多数情况下是近似不变的。这导致航空发动机低压涡轮冷气流路引气压力与排气背压的比值随发动机转速的下降而逆向增加,不仅加剧了单位冷却空气能量贬值的幅度,也使得低压涡轮冷却流路的总引气比例随着发动机转速的下降而反向增加,导致发动机低转速状态低压涡轮冷却空气“浪费”问题更突出,这也会导致高推重比涡扇发动机亚巡小推力状态耗油率高的问题加剧。

1.2.2 涡轮盘缘防燃气入侵功能流路

空气系统应能保证主流道高温燃气不会通过涡轮盘缘入侵到涡轮盘前后腔室。这需要在涡轮盘缘内部腔室和主流道气路之间构建合理的封严结构,并保持恰当的封严压力差,以最少的封严泄漏量防止燃气入侵涡轮盘腔。

由于涡轮盘缘的半径较高,必须给转静封严结构留出较大的封严间隙。而实现涡轮盘缘封严的冷气流量需求通常较少,与涡轮导/动叶冷却空气流量相比,要低 1 个数量级。因此,涡轮轮缘封严结构只能采用较小的封严压力差控制封严流量,避免轮缘封严流量的浪费。

高压涡轮盘前腔封严冷气流路最直接的引气位置是预旋喷嘴出口的涡轮盘前腔。因此,在空气系统涡轮盘前腔压力的设计中,必须在充分考虑涡轮主流道气动构型特征的前提下,同时兼顾涡轮转子叶片冷气压力需求和轮缘封严需求。

涡轮盘前腔轮缘封严流路的出流位置是涡轮导向器出口叶根附近,对于冲击式涡轮,导向器出口处于临界或超临界状态,涡轮导向器进口总压与该位置静压之比一般在 1.85~2.1(与涡轮膨胀比及导叶出口叶型等因素有关),而涡轮动叶前缘气膜孔空气出流背压是要高于涡轮导向器出口静压的。综合考虑涡轮动叶冷却空气的离心增压效应和流阻,涡轮盘前腔压力必然会高于涡轮导向器出口静压。也就是说,满足冲击式涡轮动叶冷却需求的涡轮盘前腔冷气压力,必然能满足涡轮盘前腔轮缘封严需求。但对于反力式涡轮,导向器出口可能工作于亚临界状态,涡轮导向器进口总压与出口静压之比小于临界压比,一般在 1.6~1.85(与涡轮反力度相关)。由于反力式涡轮动叶旋转切线速度与涡轮导向器出口气流的切线速度非常接近,涡轮动叶驻点位置气膜出流背压更加接近涡轮导向器出口静压。考虑到冷却空气在涡轮动叶冷却通道的离心增压效应,仅满足涡轮动叶冷却压力需求的最低涡轮盘前腔压力有可能会低于涡轮导向器出口静压,无法形成涡轮盘前腔轮缘封严压力差。在这种情况下,为保证盘缘防燃气入侵效果,需要适当降低预旋喷嘴流阻,并提高预旋喷嘴出口集气腔至涡轮动叶气膜孔的流阻,提升涡轮盘前腔压力,以保证必要的封严压差。

涡轮反力度的设计值不仅影响涡轮前腔封严流路可用压力裕度,也会对涡轮轴向力产生较大影响。在航空发动机初步设计阶段,涡轮气动与空气系统应当一体化协同设计,这将在后面进一步深入探讨。

在高压涡轮前设置篦齿盘是提高涡轮盘前封严冷气集气腔压力和降低高压转子前向轴向力的有效手段,但这会增大封严气流量对篦齿间隙的敏感性。为降低封严篦齿间隙对轮缘防燃气入侵流路的影响,如图 1.5 所示,有些发动机会设置与封严篦齿并联的小流量旁路增稳封严气路,避免发动机运行过程中因瞬时封严间隙过小而导致防燃气入侵功能完全失效。

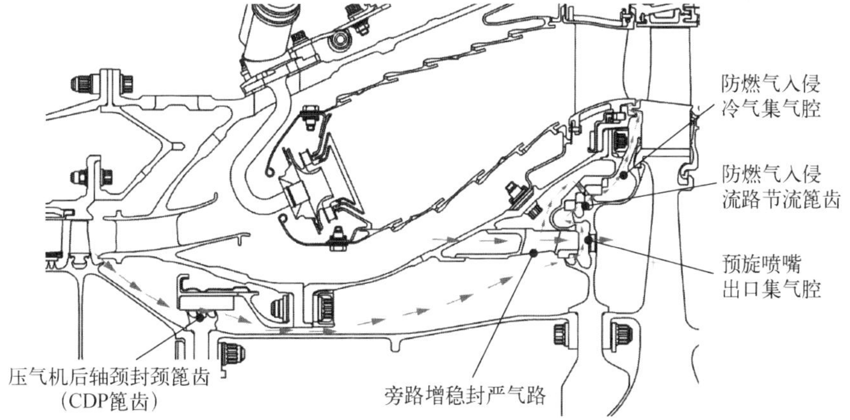

图 1.5　高压涡轮盘前腔轮缘封严流路典型布局示意图

在高压转子系统中,压气机末级主流道气流马赫数一般为 0.3 左右,涡轮导向器出口气流则为近临界、临界甚至超临界状态。发动机在额定状态下,两者的静压比一般介于 1.6~2.1。为防止高压压气机末级过量的气体沿转静间隙直接泄漏至涡轮导向器出口,在高压压气机和高压涡轮之间需要安设专门的后轴颈封严篦齿以尽可能减少泄漏量。

为了充分利用空气系统冷气,降低其发动机性能的不利影响,多数航空发动机在空气系统设计中会利用上述不可避免的压气机末级泄漏冷气引入涡轮盘前腔,再用于涡轮盘缘封严或动叶冷却,以减少涡轮盘前腔从燃烧室二股气流的引气量。

如图 1.6 所示,高压涡轮盘后腔封严冷气流路通常采用两种流路布局。一种是从低压涡轮导叶流入主流道内侧的压气机级间冷气中分流一部分,引入高压涡轮盘后腔;另一种是从高压涡轮盘前腔引出压气机末级冷气,绕过涡轮盘心引入高压涡轮盘后腔。

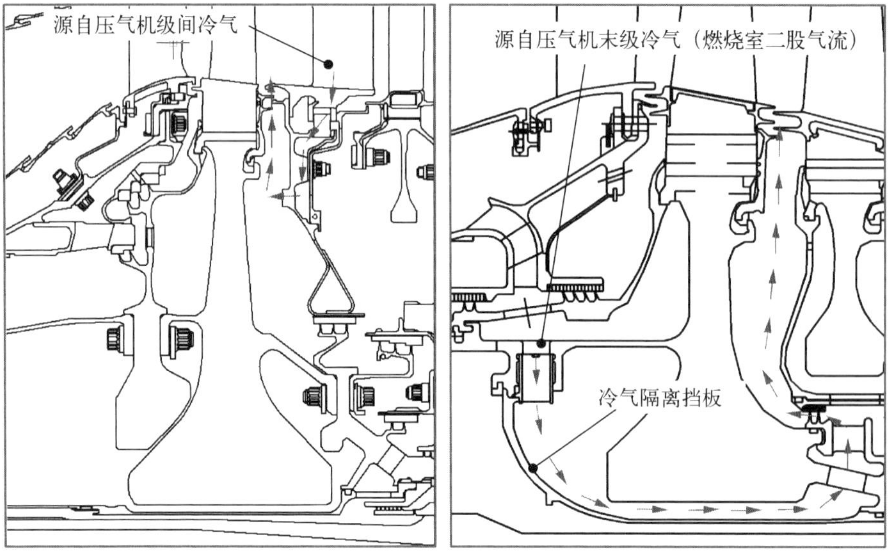

(a) 压气机级间冷气封严　　(b) 压气机末级冷气封严

图 1.6　高压涡轮盘后腔轮缘封严流路典型布局示意图

第一种引气方式使用压力较低的压气机级间冷气。这种引气方式使用的冷气压力、温度相对低一些,理论上对发动机性能造成的不利影响要小一些,结构上也更易于实现,也是大多数双转子航空发动机高压涡轮盘后腔封严所普遍采用的引气方式。其缺点是从压气机级间引气受发动机工作状态的影响较大,封严流量比例的不够稳定,尤其在发动机工作于低换算转速时,压气机级间引气压力比相对增高,会造成涡轮盘后封严流量相对增加,会“浪费”更多封严冷气。

第二种引气方式使用压力最高的压气机末级冷气。这种引气方式的优点是引气压力裕度较大,可以通过近临界压比的节流孔保持涡轮盘后腔的封严流量的稳定性。但该方式的缺点也较明显：由于使用了压力、温度更高的压气机末级冷气，对发动机性能造成的不利影响更显著一些。同时，结构设计上必须在高压涡轮盘心内侧设置专门的冷气隔离挡板，以实现该路高压冷气与盘心低压冷气之间的隔离，增加了结构复杂度。对于采用高、低压对转涡轮的发动机（如F136），由于没有1级低压涡轮导向器，无法通过低压涡轮导向器引出并分流压气机级间冷气，高压涡轮盘后腔就只能使用压气机末级冷气进行轮缘封严。

1.2.3 转子轴向力控制流路

航空发动机主流道不同部件，以及空气系统的不同腔室都会在同一个转子系统的不同位置施加轴向气动载荷。航空发动机转子系统的轴向力影响因素非常复杂，尤其对于现代航空发动机高压转子系统，主流道压气机、涡轮部件的轴向气动载荷均高达数十吨量级。这需要在空气系统设计中与主流道一体化布局，才能保证整个工作包线内转子止推轴承的轴向载荷不超过其允许值。

发动机高压转子轴向力控制流路通常采用以下两种布局方式。

第一种是以航空发动机主流道轴向力控制为先，再通过空气系统已有功能流路的优化实现轴向力控制。首先在航空发动机总体方案和主流道部件设计中，以气动性能需求和结构强度作为限制，优化调整压缩部件和涡轮部件的进出口半径、压气机级负荷分配、涡轮反力度等参数，使得同一个转子系统上的主流道压缩部件和涡轮部件轴向气动“拔河力”能够大体相互抵消。如果主流道部件的轴向气动合力能够处于较合理的水平，就可以通过空气系统流路的布局，以及适当调整关键封严篦齿（CDP篦齿、防燃气入侵流路节流篦齿等）的间隙和半径，将转子系统的轴向力更精确地控制在允许范围。

以图1.7所示的CFM56发动机高压转子轴向力控制流路为例，主要采用了四种措施保障轴向力的稳定性：① 在影响高压转子轴向力的9个主要腔室中，其中7个腔室（涉及高压转子90%以上轴向投影面积）均通过流阻较低的通流流路与主流道相关截面直接连通，使之始终与主流道对应截面引、排气压力基本保持一致，从而对空气系统内部封严元件偏差不敏感；② 采用较小的高压涡轮动叶冷气集气腔投影面积，利用主干流路中的预旋喷嘴与高压涡轮叶片气膜孔流阻的组合设计，提高该腔压的抗干扰能力（后面章节将进一步详述其原理），同时控制该集气腔分、汇流封严篦齿两端压力差处于较低水平，降低腔压对篦齿间隙的敏感性；③ 整个高压转子仅设置一个轴向力调荷腔，且通过主流道与空气系统一体化布局，使得该腔室在高压转子上具有较小的轴向投影面积，以降低关键篦齿的敏感性；④ 利用从该腔室分流至高压涡轮缘封严冷气集气腔的旁通封严流路，在提高高压涡轮轮缘封严流量稳定性的同时，大幅度降低轴向力调荷腔压力对压气机后轴颈篦齿间隙的敏感性。

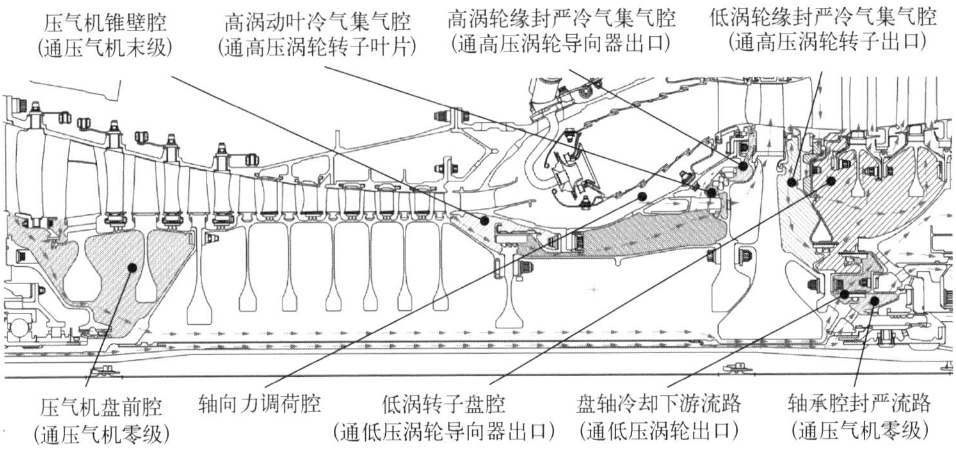

图 1.7　主流道轴向力控制优先的轴向力控制流路布局示意图(无专用轴向力控制流路)

这种轴向力控制方式的优点是不需要设置专门轴向力控制功能流路,几乎不增加额外引气,对主流道性能的直接影响较小。唯一的缺点是在主流道部件气动布局时需要提前考虑轴向力控制需求,可能会限制主流道部件气动性能及发动机总体性能的提升。

第二种是以航空发动机主流道气动性能的优化为先,再通过增加专门的空气系统卸荷流路实现轴向力控制。在航空发动机气动方案设计中,如果在航空发动机设计中考虑轴向力需求,会导致其部件气动性能出现显著下降,或者是主流道部件气动布局受结构或强度限制,而不得不以主流道部件气动性能设计优先,同一个转子系统上的主流道压缩部件与涡轮部件的轴向气动力可能存在显著失衡的情况。在这种情况下,仅通过空气系统流路布局和关键封严篦齿半径和间隙的有限调整,无法将转子系统的轴向力控制在许用范围,需要根据发动机的总体结构布局设置专门的轴向力卸荷腔及卸荷流路来调整轴向力。例如,当压气机和涡轮在主流道产生较大的前向轴向合力时,就需要通过空气系统腔压及气动作用面积的调节,减少空气系统各腔室对转子系统施加的前向气动力或增大后向气动力。如图 1.8 所示,一种可行的卸荷流路布局方法就是,通过一定面积的节流孔将压气机后轴颈腔室的冷气直接汇入外涵道,从而降低该腔室压力,减少其对转子系统施加的前向轴向气动力分量,实现轴向力控制目的。

空气系统的上述轴向卸荷流路会不可避免地浪费掉宝贵的压气机末级高压冷气,对发动机性能产生显著不利影响。同时,也大幅度增加了转子轴向力对篦齿间隙的敏感性,不利于轴向力的稳定性控制。因此,这类轴向力卸荷方法大多数情况下是一种主流道部件轴向力失衡条件下的补救措施。应该尽量通过发动机总体方

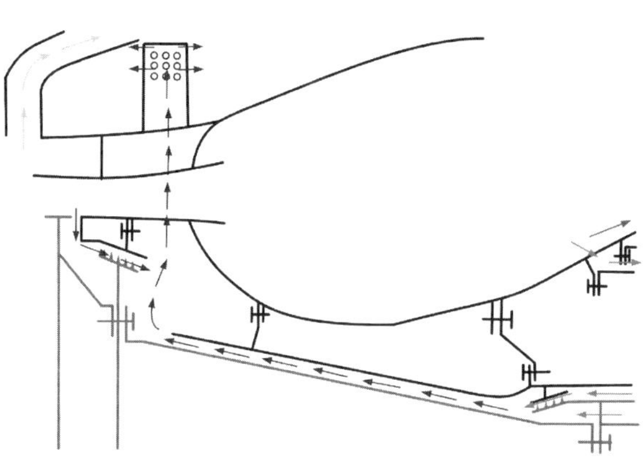

图 1.8　主流道气动性能优先的轴向力控制流路布局示意图

案初步设计阶段的系统规划，避免在后期空气系统详细设计中被迫应用此类补救措施。

1.2.4　转子系统盘轴温度控制流路

发动机工作状态下，转子系统/静子系统部组件的径向形变量随着其温度水平的增加而增加，但发动机转子系统还承受着巨大的离心载荷，其导致转子系统的径向形变量在通常情况下远超机匣内外压差导致的径向形变量。这造成压气机、涡轮叶尖的径向形变量范围通常比静子机匣径向形变量大很多。为了避免压气机、涡轮在尽可能小的设计叶尖间隙下出现转静摩碰和工作效率严重下降的情况，需要在空气系统中设置转子系统盘轴温度控制流路，对转子盘、轴进行冷却，控制其温度水平，保障转子系统结构件维持足以抵抗离心载荷的刚度和强度，同时减少其热膨胀形变量，提高压气机、涡轮叶尖径向形变量与机匣形变量的一致性。不仅如此，发动机转子系统部组件承受的轴向气动载荷通常也比静子系统大很多，也需要通过对转子盘、轴的温度的控制，提高转、静子系统轴向形变量的一致性。

盘轴温度控制流路的引排气和布局方式需要结合发动机构型和气动热力布局特点进行设计优化。为达到较好的盘轴冷却效果，并降低引气对性能的影响，盘轴温度控制流路需要贯穿几乎整个发动机转子系统，并需要选择主流道压力、温度尽可能低的位置引气。同时，还要考虑完成冷却功能的冷气是否有足够的压力汇入发动机主流道。

对于典型涡扇发动机，低压涡轮出口基本上是空气系统能向主流道排气压力最低的位置。因此，如果空气系统的功能支路从低于上述压力的主流道截面位置引气，该支路冷却空气将难以再汇入主流道，而只能排入大气，这会造成极大的冷气浪费。因此，空气系统盘轴温度控制流路必须要与主流道气动热力方案进行一体化布局。本书以涡扇发动机为例，介绍几种典型的流路布局方案。

(1) 压气机零级引气布局。对于双转子大涵道比分别排气涡扇发动机,风扇之后的增压压气机(booster)使得高压压气机进口与低压涡轮出口具有足够的压力差。因此,盘轴温度控制流路的布局相对容易,可以直接从高压压气机进口(零级)引出,穿过高压压气机各级盘、高低压涡轮盘和轴腔室,对沿程接触的压气机、涡轮盘轴进行温控或冷却后,再排入低压涡轮出口。

如图 1.9 所示,该布局的盘轴温度控制流路可以分为三个子流路: ① 轴承腔封严流路,用于为前轴承腔后端提供封严冷气;② 核心功能流路,用于对高压压气机、高压涡轮盘/轴/鼓筒进行温度控制;③ 低压排气流路,用于构建整个空气系统向主流道排气的最低压环境,汇集各相邻高压流路经封严元件泄漏的气流,并以较低的流阻排入主流道。需要说明的是,核心功能流路与低压排气流路之间设置了落压比较高的核心节流元件,不仅能够实现整个流路流量的稳定控制,也能有效“隔离”下游各分、汇流支路篦齿元件间隙偏差对上游轴承腔封严、盘轴温度控制等核心功能的影响,其详细原理将在后续章节进一步详述。

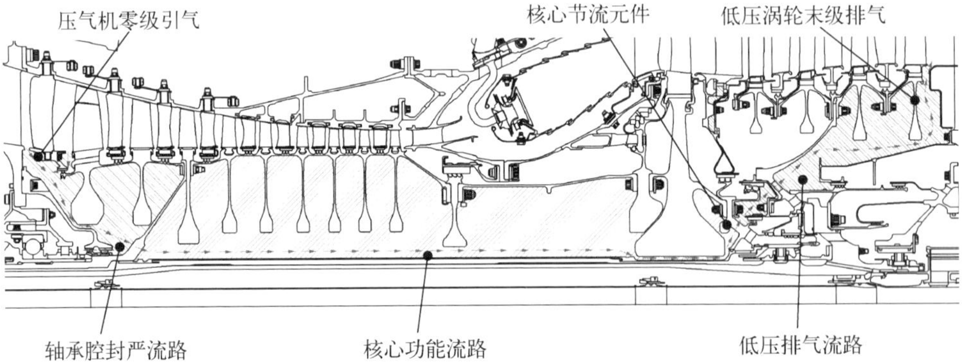

图 1.9 采用压气机零级引气的典型高压转子系统盘轴温度控制流路(分别排气涡扇)

对于混合排气涡扇发动机,由于内涵道出口与外涵道出口之间具有静压平衡的共同工作关系。通常情况下,高压压气机进口与低压涡轮出口之间的压力较为接近,不足以在盘轴温度控制流路的引、排气边界建立所需压力差。若仍采用压气机零级引气布局,有以下两种解决方案。

一种解决方案是主流道与空气系统一体化调整方案,就是通过发动机主流道气动热力布局方案适当调整,直接提高风扇出口(或压气机进口)与低压涡轮出口之间的压力差。即在保证混合排气涡扇发动机内、外涵掺混位置静压平衡的前提下,减少外涵掺混面积和/或扩大内涵掺混面积,适当增大低压涡轮膨胀比,提高主流道外涵与内涵掺混位置总压差,使得低压涡轮出口静压相对下降,以达到盘轴温度控制流路的最低引、排气的压力差需求。这种引、排气方式本身对发动机性能的直接影响较小，且流路结构相对简单。但主流道外涵与内涵掺混损失会增大，会对发动机总体性能产生间接的不利影响。另外，由于引、排气的压力差裕度较小，需要严格保障盘轴温度控制流路具有较小的流动阻力才能通过必要的冷气流量，这会受到发动机转子系统内部支撑结构空间的限制。这种流路布局的另一个缺点是，过小的引、排气压力差容易使盘轴温度控制流路受到发动机主流道工作状态及沿程旁路封严元件间隙偏差的影响，其冷气流量及温度控制功能的稳定性较差。

另一种解决方案是空气系统排大气方案。就是在盘轴温度控制流路冷气由压气机零级引出并实现相关功能后，将压力不足以汇入主流道的冷气直接排入大气。这种解决方式不需要对主流道气动热力布局进行大幅度匹配性调整，且空气系统流路布局结构简单，易于实现。但是，将冷气直接排入大气也有一定的弊端：首先是将冷却空气排入大气，会直接对发动机性能造成不利影响；其次，压气机零级引气温度叠加流经盘轴温度控制流路的固壁散热和风阻加热效应后，排大气温度可高达 600 K 左右。如图 1.10 所示，这需要设置专门的管路从发动机空气系统内部腔室引出，并排到飞机机体之外。这会受到飞机气动布局、发动机安装方式的限制，也可能对飞机红外隐身性能产生不利影响。

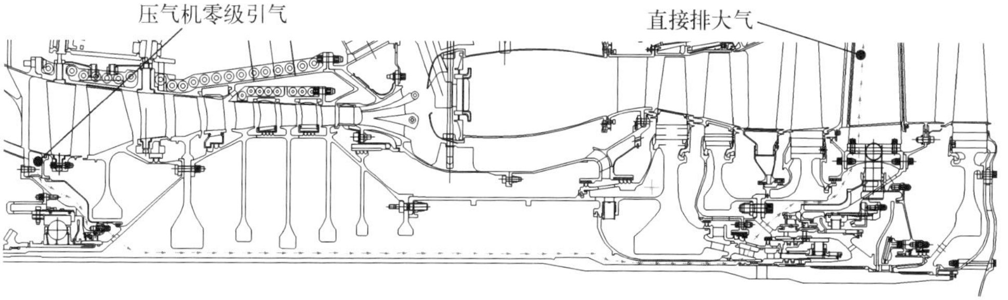

图 1.10　采用压气机零级引气的典型高压转子系统盘轴温度控制流路(混合排气涡扇)

(2) 压气机低压级级间引气布局：对于一些高性能混合排气涡扇发动机，由于总体性能需求和结构布局限制，对主流道部件匹配状态的可行调整手段极为有限，难以大幅度提高前述盘轴温度控制流路引、排气压力比，也不允许设置排大气流路。如图 1.11 所示，只有从压气机级间(1～3 级)引出压力更高的级间冷气，才能满足盘轴冷却功能流路引、排气压力比需求。这种引气方式需要将冷却空气由压气机级间向主流道内侧引出，通过高速旋转的鼓筒和盘腔引入盘心。为减少旋流效应的影响，通常需要在这段流路上布置减涡管，并利用径向内流的科氏力回收部分冷气能量。由于级间引气压力较高，需要在压气机盘心零级盘前之间设置密封篦齿，以减少冷却空气向压气机前面零级低压腔室的泄漏。其余冷却空气沿发动机主流流动方向流入高压压气机其余各级盘、高低压涡轮盘和轴腔室中,对沿程接触的零件进行温控或冷却后,从低压涡轮后汇入主流道。

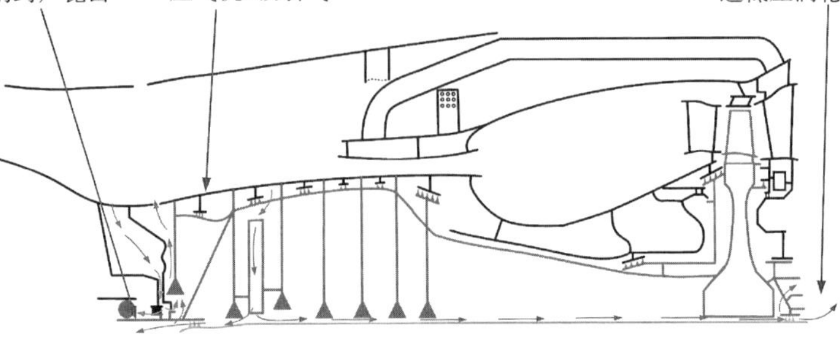

图 1.11 采用压气机 2 级引气的典型高压转子系统盘轴温度控制流路

这种布局方式能有效提高盘轴冷气的供气压力,在一定程度上保障了流量的稳定性。但缺点也很明显:级间引气孔和减涡管的节流作用和旋转效应不仅会导致下游核心功能流域压力的不稳定,也会增加前面分流支路封严篦齿间隙变化对核心功能流域的影响。同时,压气机较高的级间引气温度,以及其在低换算转速时"前喘后堵"的特性,使得冷气温度的峰值和变化幅度都显著大于零级引气方式,这容易导致压气机、高压涡轮叶尖间隙,以及使关键篦齿间隙产生更大幅度的相对变化,并造成发动机性能快速衰减。

1.2.5 轴承滑油空气封严流路

双转子涡扇发动机通常需要设置多个轴承腔以满足各转子系统轴承和功率提取齿轮的润滑和冷却。如图 1.12 所示,发动机轴承腔封严流路的功能是在轴承腔周围构建一个压力高于轴承腔的气路,使得封严空气始终以较小的流量从轴承腔封严结构的空气系统一侧流向轴承腔,防止滑油从发动机轴承腔漏出。

要实现上述功能,需要结合发动机总体支承结构和轴承支点位置对轴承腔封严流路和轴承腔内部气路进行一体化布局。发动机各轴承腔均设有回油泵抽取油气混合气,经过油气分离装置后,其中的滑油回到滑油腔降温后再次泵入轴承腔润滑轴承,而空气则直接排入大气。虽然轴承腔回油泵的体积流量通常是供油泵体积流量的数倍,但仅通过轴承腔回油泵的抽吸作用仍然不足以建立轴承腔与空气系统封严气路之间的足够负压。因此,为保证轴承腔压力相对稳定并始终低于封严气路压力,发动机各支点轴承的轴承腔通常连通为一体,并通过特定流阻的管路与外界大气连通。也就是说,虽然空气系统封严气路的排气边界是轴承腔,但如果把空气系统轴承腔封严气路与轴承腔气路看作一个控制体,其最终的排气边界是大气环境。

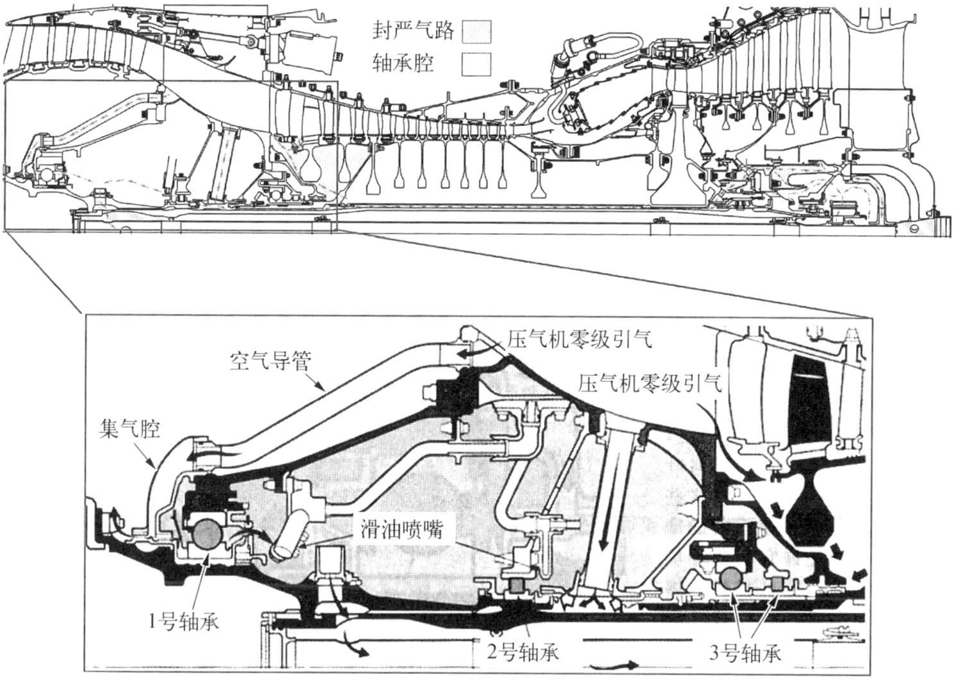

图 1.12 轴承滑油空气封严系统

为保证轴承腔封严气路可靠的实现所需功能,该气路引气压力通常需要比环境压力大 2~4 倍。若引气压力过低,难以达到封严效果;若压力过高,则会导致封严冷气的浪费,也将大幅度降低石墨封严等接触式密封结构的寿命。同时,由于轴承腔滑油耐温能力有限,封严冷气温度需要尽可能低,一般不允许超过 500 K。涡扇发动机外涵道、风扇出口至高压压气机进口之间的过渡段、压气机低压级间等位置通常用作轴承腔封严引气位置。

轴承腔封严流路与压气机盘轴温度控制流路对冷却空气的需求一致,在发动机空气系统设计中应尽可能将高压转子盘轴温度控制流路的冷气直接用于发动机轴承腔封严,避免额外增加引气流路,以简化气路结构。但是,由于发动机支承结构和空气系统工作状态的复杂性,很多情况下,换热和风阻导致的温升过高,高压转子盘轴温度控制流路无法满足轴承腔封严需求,往往还需要布置专门的空气系统轴承腔封严冷气流路。

(1) 前轴承腔封严压气机零级引气流路:几乎所有的双转子涡扇发动机高、低压转子的过渡段下方都会布置轴承支点,大多数发动机也会将转子功率提取的锥齿轮布置于此。因此,高、低压转子在该位置的轴承会共用一个轴承腔,并需要同时对其前端和后端进行封严。如图 1.13 所示,盘轴温度控制流路的冷却直接引自压气机零级,能够直接用于该轴承腔后端封严,但由于支承结构的限制,无法用该冷气对轴承腔前端形成封严，因此需额外设置专门的封严冷气供气流路。通常的方式是用空气导管从发动机高压压气机前的过渡段（零级）直接引冷气至轴承腔前端集气腔进行封严。该轴承腔中部也设置了一个空气导管和两个封严结构，但其主要目的是给后轴承腔提供封严冷气，这将在后面进一步阐述。

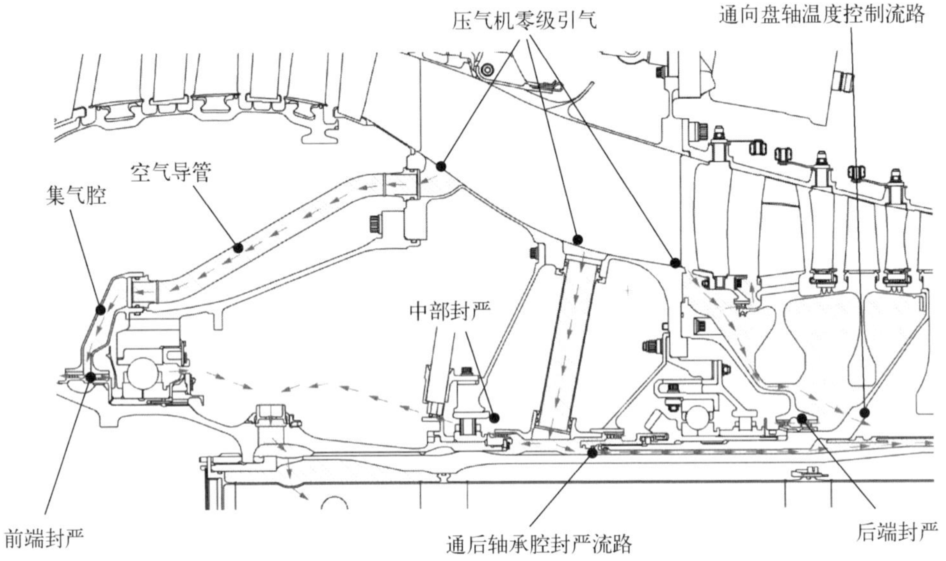

图 1.13　前轴承腔封严引气流路

（2）后轴承腔封严压气机零级引气流路：对于现代高性能航空发动机，高压转子盘轴温度控制流路的沿程换热和风阻加热效应导致的温升显著，同时也无法避免相邻的高压气路向该流路泄漏高温气体，导致其冷气沿程总温升达到 200 K 量级，超过后轴承腔封严冷气的允许温度。这种情况需要专门设置与盘轴冷却流路相对独立的流路对后轴承腔进行封严。

如图 1.14 所示，CFM56 发动机后轴承腔封严冷气是从高压压气机前的过渡段（零级）引冷气，再从高、低压轴之间的缝隙引至后轴承腔。该气路外壁面已经由盘轴冷却流路进行了冷却，温度较低，不会因沿程换热导致封严气产生较大温升。并且旋转轴的半径较小，沿程风阻温升也比较有限。不仅如此，由于存在压力较低的盘轴冷却流路将该引气流路与空气系统中其他高压、高温冷气隔离，避免了高温气体掺混导致的轴承腔封严冷气温升。因此，该引气流路也能为低压涡轮转子轴提供较为稳定的低温环境，进而保障低压轴维持稳定的力学性能。当然，这种引气方式也有其缺点：为了让来源于轴间的封严冷气“包裹”整个后轴承腔，在一定程度上增加了后轴承腔封严气路结构的复杂性和安装难度。但对于大涵道比涡扇发动机而言，由于其外涵道气体压力过低，无法满足轴承腔封严需求，若用长管道从增压压气机后的压气机零级引气，再沿核心机外机匣及后支板引至后轴承腔，将导致更大的结构尺寸和重量增量。因此，绝大多数大涵道比涡扇发动机的后轴承腔都采用这种较紧凑的轴心引气方式。

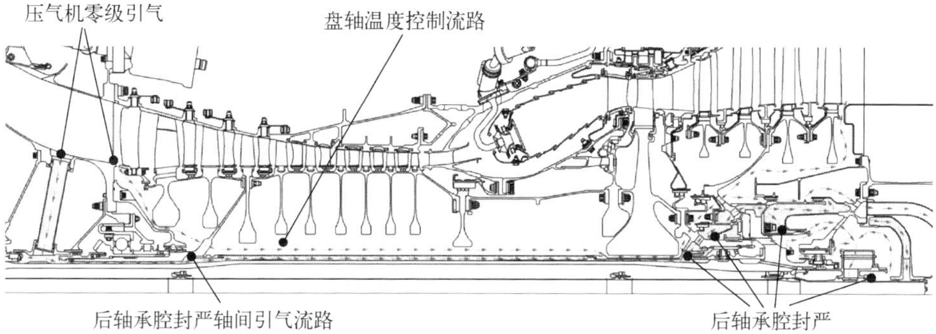

图 1.14　后轴承腔封严压气机零级引气流路

（3）后轴承腔封严外涵道引气流路：对于小涵道比混合排气涡扇发动机，由于混合室存在静压平衡的关系，其外涵道与压气机零级的气体参数基本一致。因此，从外涵道引入后轴承腔封严气可以大幅度缩短气路长度。同时，也能够实现用两股封严冷气对后轴承腔前后端分别进行封严，降低封严气路的复杂度。如图 1.15 所示，F136 发动机后轴承腔就采用了这种前、后端独立引气的封严方式。其前端封严仍然采用穿过轴心的压气机零级冷气，而后端封严则采用了穿过发动机后支板的外涵道冷气。当然，在这种引气方式下，引气管路必须穿过主流道内涵道的高温燃气后才能到达后轴承腔。为降低轴承腔封严冷气因沿程换热导致的温升，冷气通道需要置于涡轮后支板内部空腔，并避免与支板壁面的直接接触，同时还需要在两者夹层中通入适量冷却空气降低支板温度，以减少支板壁面向轴承腔封严冷气通道的辐射换热。

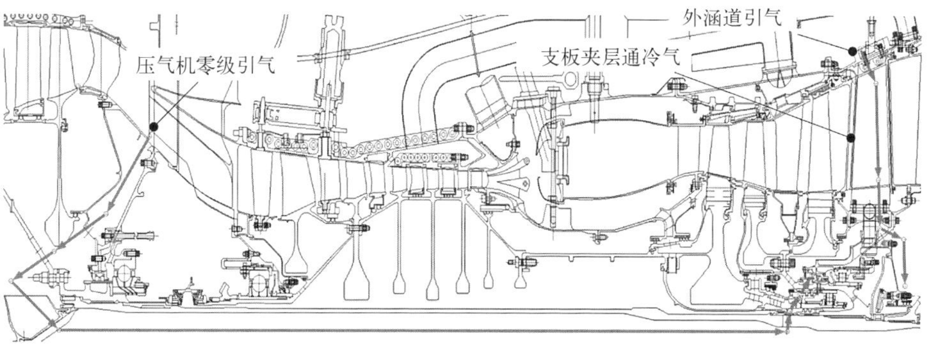

图 1.15　后轴承腔封严压气机零级与外涵道双引气布局

1.2.6 静子机匣温度控制功能流路

涡轮静子冷却与主动间隙控制系统是根据涡轮静止部件(导向叶片、机匣外环和承力系统零件等)的工作条件,采取相应的冷却措施,保证零件要求的温度,必要时还需要采取专门的传热设计,使机匣和外环随飞行状态的工作条件及零件的热变形响应得到控制,保证转子叶片与外环之间的径向间隙达到最佳值,以改善涡轮性能。

以 CFM56 发动机为例,高压涡轮机匣与外环的冷气用相应引气管从高压压气机第 5 级和第 9 级引来。而为保证高压涡轮叶片顶部最佳径向间隙,在不同飞行状态下,利用管路的活门结构,控制空气分别引第 5 级、第 9 级或 2 级的混合气来达到机匣与外环要求的热膨胀响应的目的,低压涡轮机匣的冷却与温控是引来外涵道空气,通过外部环绕的管道对机匣进行外部冲击冷却(图 1.16)。

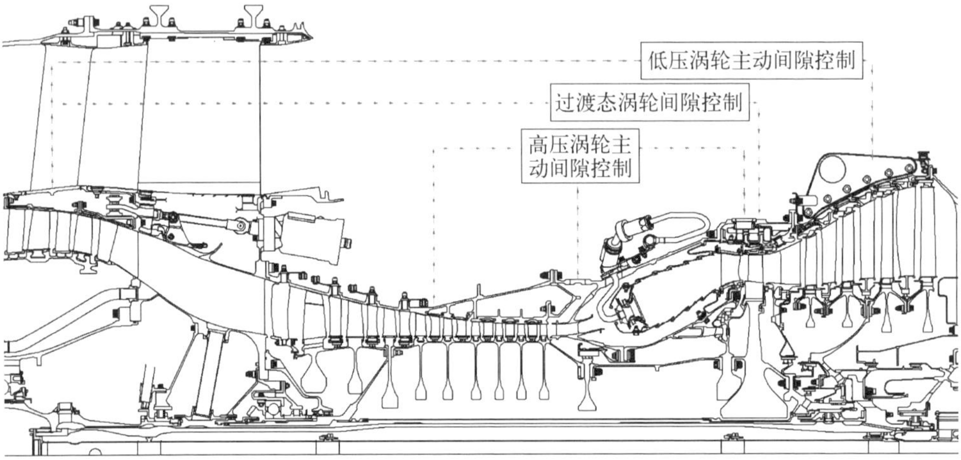

图 1.16 涡轮主动间隙控制系统

1.2.7 防冰功能流路

发动机防冰系统是确保发动机安全运行的重要组成部分,容易结冰的部位主要有:发动机进气道前缘及内壁、发动机整流罩、整流锥等。采用热空气加温是航空发动机的主要防冰措施,其工作原理如图 1.17 所示。当系统工作时,进气道防冰活门打开,从发动机引气系统传来的热空气沿着防冰管路,经防冰活门流入进气道前缘整流罩的空腔内,对进气道进行加温,然后经进气道前缘底部的排气活门排出机外。

为了满足各种工作状态下的防冰引气温度需求并尽可能降低对性能的影响,大涵道比涡扇发动机通常采用高压压气机级间引气和末级引气两种防冰引气方式。仍以 CFM56 发动机为例,在高转速时,采用 5 级引气,此时高压活门关闭而 5

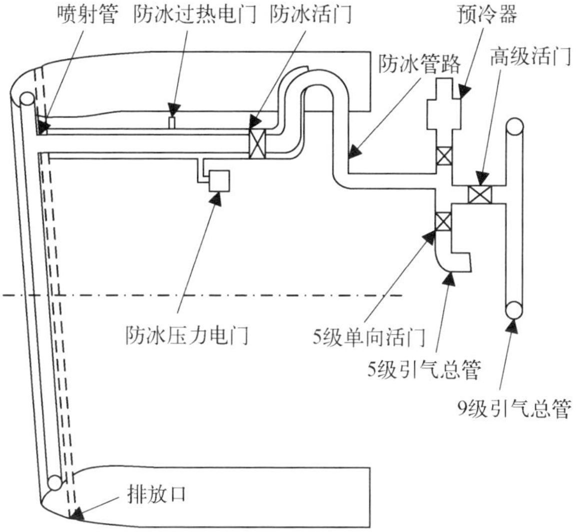

图 1.17　CFM56 发动机防冰系统示意图

级活门单向打开。低转速时,由于 5 级压气机处的气体温度压力较低,不能满足引气要求,故采用 9 级引气,此时高压活门打开而 5 级单向活门关闭。从发动机引气系统传来的热空气沿着防冰管路,经防冰活门流入进气道前缘整流罩的空腔内,对进气道进行加温,然后经进气道前缘底部的排气活门排出机外。防冰功能流路总引气量较少,大多数情况下处于关闭状态,且与空气系统其他流路相对独立,对空气系统核心功能区稳定性的影响有限,后面不再针对该流路的稳定性问题进行专门探讨。

1.3　空气系统分区及流域布局

1.3.1　空气系统引排气方式

航空发动机空气系统冷气流路分为主流道外侧冷气流路和主流道内侧冷气流路两类。主流道外侧冷气通常由管道直接引至所需位置,外部各支路管道之间相对独立。但主流道内侧冷气需要实现轴向力控制、盘腔封严、冷却等多项功能,各流路的压力、温度需求各不相同,必须要结合发动机复杂的多转子支撑结构进行布局。本书所讨论的空气系统分区是指主流道内侧空气系统流路的分区。

对于典型双转子涡扇发动机,空气系统内侧空气系统流路基本都是引自高压压气机,引气方式主要包括以下三种。

(1) 高压压气机末级引气。这部分引气主要用于高压涡轮导向器、高压涡轮转子盘、叶片冷却,以及高压涡轮盘缘封严等功能。

(2) 高压压气机级间引气。这部分引气主要用于低压涡轮导向器、低压涡轮转子盘、叶片冷却,以及低压涡轮盘缘封严等功能。

(3) 高压压气机零级引气(包括与压气机进口压力相当的风扇出口、外涵道等位置的引气)。这部分引气主要用于发动机盘轴温度控制、轴承腔封严等功能。

相比上述引气方式,空气系统的排气方式要复杂得多,主要排气方式可以分为以下三种。

(1) 非均压边界多孔节流排气。如图 1.18 所示,这种排气方式用于涡轮导向器、涡轮机匣内/外环、涡轮转子叶片等热端部件表面气膜或劈缝出流冷却,由于这些热端部件表面压力呈现显著的非均匀分布,冷却空气需要先汇集到空气系统边界附近的集气腔或冷却通道,再由(依据热端部件换热需求和表面压力分布)精细布局的若干节流孔汇入主流道。

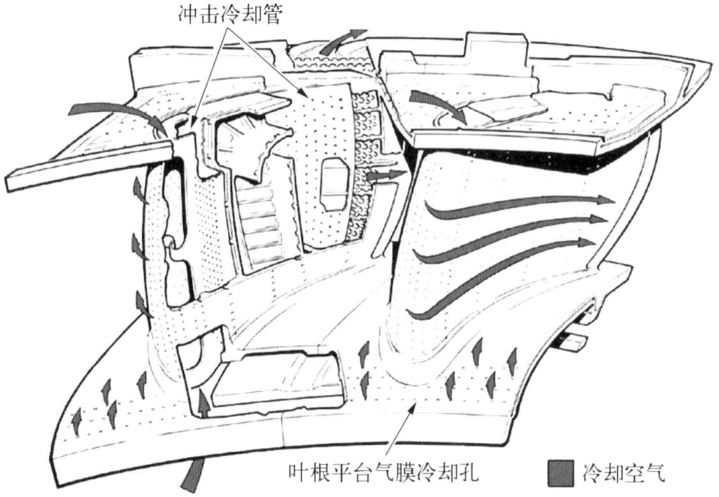

图 1.18　非均匀边界多孔节流排气

(2) 转静封严低流阻排气。如图 1.19 所示,这种排气方式用于防止高半径主流道燃气入侵到涡轮盘腔。由于涡轮轮缘封严流量有限,而涡轮轮缘高半径转、静结构之间必须流出足够的轴向及径向间隙以防止工作状态下的转/静结构摩碰。因此,涡轮轮缘转静防燃气入侵结构本身基本没有节流作用,封严气的流量控制需要其上游的空气系统内部节流元件实现。

(3) 转静封严高流阻排气。如图 1.20 所示,这种排气方式主要用于防止低半径轴承腔的滑油泄漏到空气系统流路。由于轴承腔附近的转、静结构温度水平及变化范围较小,同时较低的半径使得其受离心力的影响也比较有限。因此,可以采用间隙较小的篦齿封严结构或直接使用接触式石墨密封结构,这使得轴承腔封严元件具有较大的流阻,有利于维持轴承腔封严气路和轴承腔内部的封严压力差。

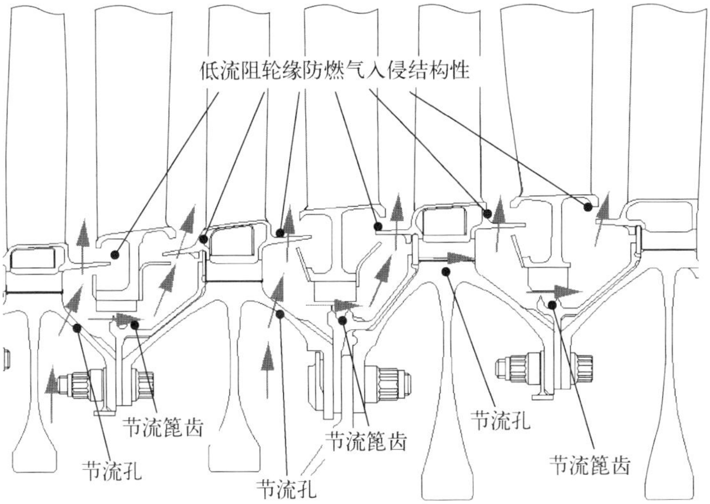

图 1.19　转静封严低流阻排气

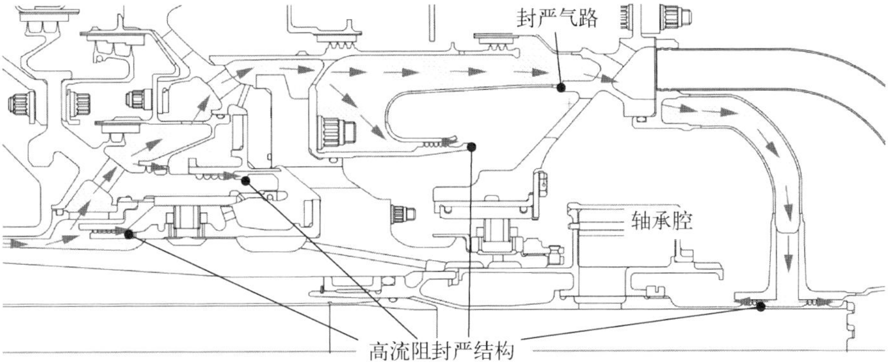

图 1.20　转静封严高流阻排气

1.3.2　空气系统典型分区

按照各气路上游引气来源的不同,航空发动机主流道内侧空气系统可以分为不同的压力分区。如图 1.21 所示,典型双转子涡扇发动机空气系统通常可以分为三个主要分区,即压气机末级引气高压区、压气机级间引气中压区、压气机零级引气低压区。其中,高、中压分区的冷气均排入主流道,低压分区的冷气按照其功能需求排入主流道或轴承腔,若部分功能支路的冷气压力不足以排入主流道,则只能排入大气。

图 1.22 给出了航空发动机空气系统网络的典型拓扑逻辑。空气系统的高、中、低压引气流路都包含若干通流元件和节流元件的串、并联组合。虽然空气系统

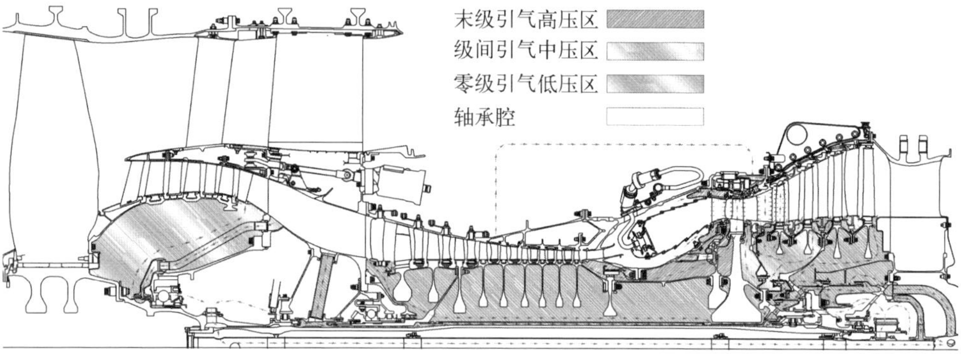

图 1.21　双转子涡扇发动机空气系统典型分区

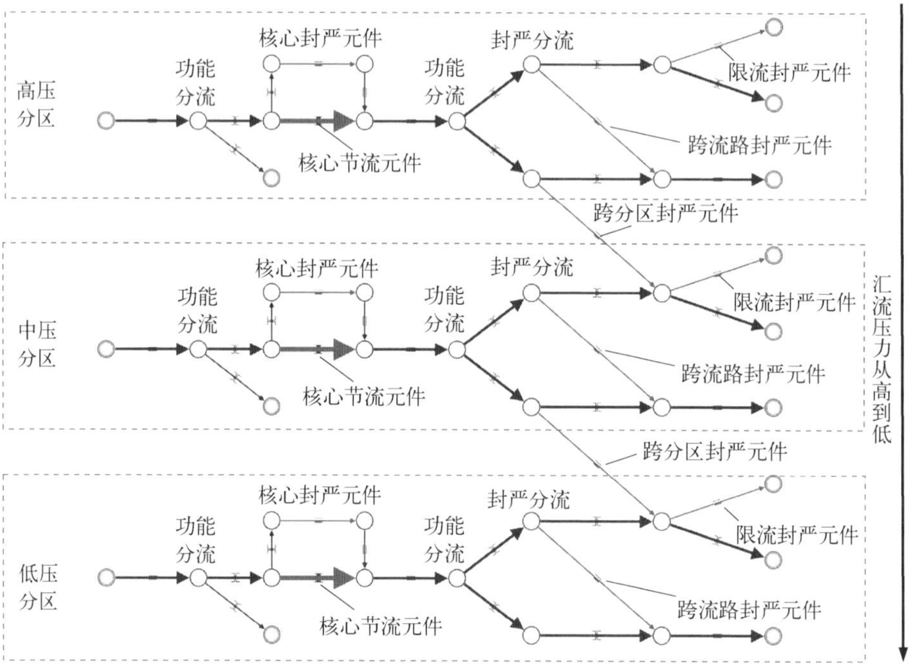

图 1.22　航空发动机空气系统网络典型拓扑逻辑

引气边界数量较为有限,但各路引气的功能需求众多。因此,每个引气流路都需要分流为若干功能流路。同时,完成各项功能的空气系统流路也需要通过大量不同的汇流边界排入主流道或直接排入大气。各功能流路、各压力分区之间会不可避免地存在压力差,必须采取各类跨流路、跨分区封严措施,以尽可能降低或控制冷气由高压流路向低压流路的泄漏。但是,由于航空发动机转、静子之间,以及叶片榫槽等安装配合面无法做到完全密封,无法避免部分气流从高压气路流出并汇入低压气路,因此空气系统中会存在大量的分、汇流流路拓扑结构。也就是说,部分空气系统网络节点会连接2个以上的空气系统元件,将这类节点称为分、汇流节点。

为减少各分区、各功能流路之间冷气的渗漏,保障主要功能流路压力、流量的稳定性,并降低冷气消耗,各分区或分区间一般需设置核心节流元件、核心封严元件、跨分区封严元件、跨流路封严元件、限流封严元件。

核心节流元件: 处于分区主干流路,具有较高落压比,能够控制或主导整个分区流量的节流元件称为核心节流元件。

核心封严元件: 用于阻挡冷却空气从核心节流元件上游流路泄漏至其下游流路的封严元件称为核心封严元件。该类封严元件失效可能会对空气系统功能产生整机级危害性影响。

跨分区封严元件: 用于阻挡冷却空气从高压力分区泄漏至低压力分区的封严元件称为跨分区封严元件。该类封严元件失效可能会对空气系统功能产生跨分区重大影响。

跨流路封严元件: 用于阻挡冷却空气从同一个压力分区高压功能流路泄漏至其低压功能流路的封严元件称为跨流路封严元件。该类封严元件失效可能会对空气系统功能产生跨分区重大影响。

限流封严元件: 用于限制特定细分功能支路流量的封严元件称为限流封严元件。该类封严元件失效可能会对空气系统功能产生局部性影响。

以空气系统各分区主干流路第一个节流元件为界面,每个分区的功能支路可以分为上游功能分流支路和下游功能分流支路。上游功能分流主要用于引气边界附近的静子结构冷却,或用于对冷气压力及其稳定性需求较高的功能支路,该类分流支路完成相应功能后,一般直接排入主流道(如高/低压涡轮导向器、外环冷却支路)或其他空气系统边界(如轴承腔封严支路)。下游功能分流主要用于对冷气流量、温度及其稳定性需求较高的功能支路,如各级涡轮轮缘封严、动叶冷却支路等。这类功能支路往往需要穿越发动机复杂的转、静子结构,需要沿程按需求设置跨流路/跨分区的转、静封严结构,以降低或控制冷气在各流路之间的泄漏。

基于以上空气系统网络拓扑逻辑,接下来对发动机高、中、低分区流路进行简要分析。

(1) 压气机末级引气高压区(简称高压区)。如图1.23所示,高压区位于压气机之后,高压涡轮盘前,主流道内侧和高压转子鼓筒外侧之间,其冷却空气来自高压压气机末级(或燃烧室二股气流)。压气机末级引气高压区主要包括高压涡轮导向器冷却功能气路、高压涡轮盘及动叶冷却功能气路、高压涡轮盘前腔封严流路及高压转子轴向力控制流路。其中,高压涡轮导向器冷却功能气路从燃烧室二股气流引气并通过导向器叶片直接排入主流道,与空气系统其他流路相对独立。冷气进入高压涡轮导向器两端集气腔和导向器内冷通道的过程中的流阻很小,该流路的冷气流量通过精细布局的涡轮导向器内部冲击孔排、尾缘劈缝及表面气膜孔的节流效应实现控制。后三个流路交互耦合,且有诸多共用支路,在空气系统设计中需要一体化布局。在 1.2 节中已经介绍过,高压涡轮盘预旋喷嘴、压气机后轴径封严篦齿分别具有控制高压涡轮动叶冷气干路流量、减少压气机末级冷气向涡轮盘前腔泄漏的功能,分别是空气系统高压区中的核心节流元件与核心封严元件。

以高压涡轮导向器组合节流结构、核心节流元件及核心封严元件为界面,可以将高压区分为两类主要流域。

(a) 上游边界流域:主要包括高压涡轮导向器冷气集气腔和内冷通道、高压预旋喷嘴前腔、压气机后轴颈封严篦齿前腔。该流域内部腔室与高压区引气位置之间的流阻很小,是整个发动机空气系统压力最高的流域。

(b) 下游功能流域:主要包括高压涡轮盘前封严冷气集气腔、高压涡轮动叶冷气集气腔、高压转子轴向力调荷腔。因各腔室功能需求的差异,需在各腔室之间设置必要的封严元件以维持各腔室所需的压力。但与高压预旋喷嘴、压气机后轴径封严篦齿这类核心封严元件相比,上述各腔室间封严元件的流量或落压比通常要小很多。

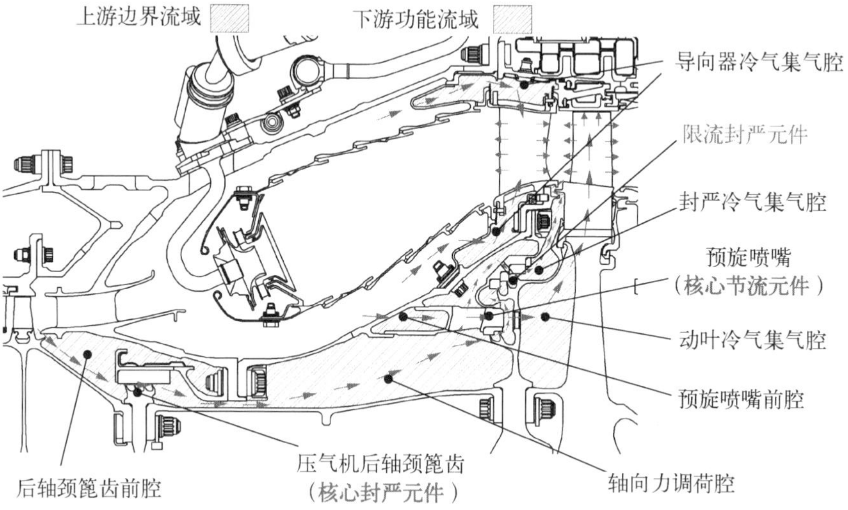

图 1.23 压气机末级引气高压区流域布局

(2) 压气机中间级引气中压区(简称中压区)。如图 1.24 所示,中压区位于高压涡轮之后,主流道内侧与高、低压转子结构外侧之间,其冷却空气从高压压气机级间引出，并经过主流道外侧管路到达低压涡轮导向器内部通道。该分区上述流路基本不具备节流作用，整个分区的流量控制主要依赖低压涡轮导向器向主流道排气的节流孔（气膜孔或劈缝），以及低压涡轮导向器下部集气腔的节流孔（通常为两个：一个流量较小，通向高压涡轮盘后腔；一个流量较大，通向低压涡轮盘腔，是中压区的核心节流元件）。以低压涡轮导向器下部集气腔的节流孔为界面，可以将中压区分为两类主要流域。

（a）上游边界流域：由于发动机内侧空气系统中压区引气来源比较单一，因此，其上游边界流域比较集中，即低压涡轮导向器下部的集气腔。

（b）下游功能流域：主要包括高压涡轮盘后封严冷气集气腔、低压涡轮转子冷气集气腔等。上述两个相邻腔室一般存在一定的压力差，需要设置节流效果较高的篦齿元件，来降低两个腔室间的冷气泄漏，该篦齿是中压区的跨流路封严元件。另外，为防止中压区冷气向低压区泄漏，需要设置一个中、低压跨分区封严篦齿。中压区下游功能流域还需考虑低压涡轮各级盘腔封严需求，由于其流量较小，排气压力较低，采用了局部节流孔和限流封严元件（限流篦齿）实现各细节支路流量控制。

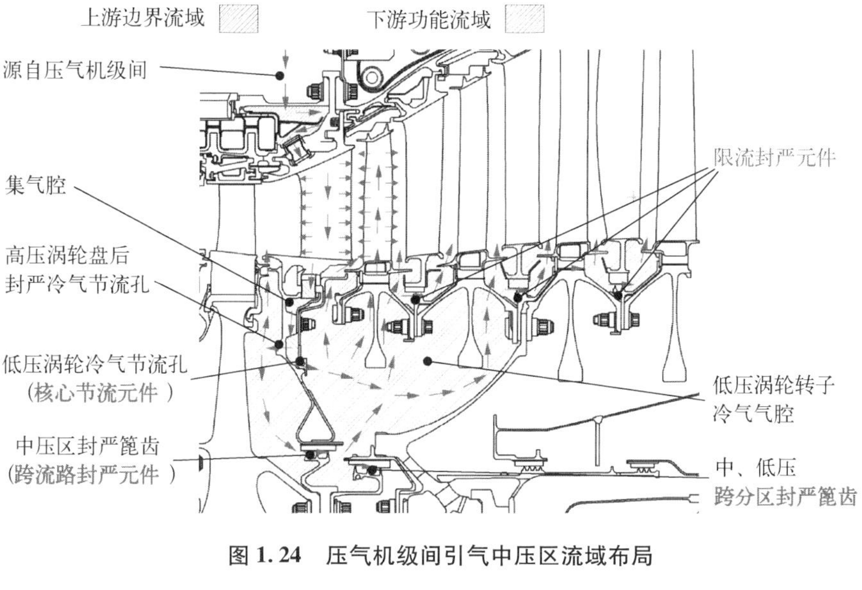

图 1.24　压气机级间引气中压区流域布局

（3）压气机前面级引气低压区（简称低压区）。如图 1.25 所示，低压区贯穿航空发动机从前到后的各级盘心及轴承腔流路，其核心功能是轴承腔封严和转子系统的盘轴冷却。按照上述功能需求，可以将低压分区分为两个主要流域。

（a）上游边界流域（轴承腔封严流路低温流域）：轴承腔封严功能冷气需求较少，但需要保持相对压力的稳定性和较低的冷气温度，因此，整个轴承腔封严冷气流路内部一般不会布置高流阻的节流元件，整体上可视为低压区的上游流域。需要说明的是，虽然轴承腔冷气会经过多个不同的轴承腔封严结构流入轴承腔，但轴承腔封严气的总流量通常远小于盘轴冷却功能需要的冷气流量，因此，并不需要通过节流元件对轴承腔封严冷气进行总量控制。

（b）下游功能流域：主要包括风扇鼓筒腔通气流路、转子系统盘轴冷却流路。其中，转子系统盘轴冷却功能流路需要的冷气流量相对较大，是低压区的主干流路。低压区核心节流元件是高压涡轮后轴颈上的节流孔，以该核心节流元件为界限，可以分为两个子流路，上游是其高压核心功能流路，承担高压转子盘轴冷却功能。通过核心节流元件的节流作用，控制盘轴冷却核心功能流路的总流量，并维持其压力的稳定性。下游是低压排气流路，位于温度较低的低压涡轮内侧，对流量稳定性的需求相对较低。因此，中、低压跨区封严篦齿出口设置在该流域，通过其上游核心节流元件隔离该篦齿偏差对核心功能流路的影响。在设计中还需要控制该流路的压力始终低于轴承腔封严流路压力，以防止被盘轴加热的高温气泄漏逆向至轴承腔封严气路。

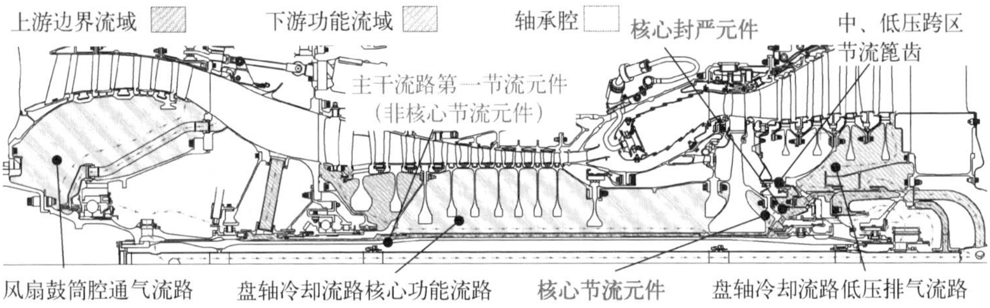

图 1.25 压气机零级引气低压区流域布局

1.4 空气系统鲁棒性的基本概念

1.4.1 鲁棒性的定义

鲁棒性是指系统或方法对于不可预测的变化或干扰具有一定的适应性和容错能力。一个鲁棒性强的系统能够通过自调整、自适应等方法，忽略或减小外界干扰对系统运行产生的影响，其含义大致有以下三类。

（1）外界压力、温度、机械及其他各种变化，不至于对系统的状态发生显著的影响。

（2）系统受到某种干扰（初始偏差）而偏离正常状态，当干扰消除后，能恢复其正常状态，则系统是稳定的；相反，如果系统一旦偏离其正常状态，再也不能恢复到正常状态,而且偏离越来越大,则系统是不稳定的。

(3)系统自动发生或容易发生的总趋势,如果一个系统能自动地趋向某一状态,就可以说,这一状态比原来的状态更稳定。

1.4.2 鲁棒性增强的基本方法

提高鲁棒性的方法包括冗余、隔离、反馈设计等措施,使得系统具备一定的容错能力。其中,**冗余设计**是指在系统实现功能起关键作用的地方,增加一套完成相同功能的功能通道,以保证当该部分出现故障时,系统或设备仍能正常工作。**隔离设计**是指通过特定的技术手段将系统划分为多个独立的模块或区域,以隔离潜在的故障或错误,防止它们在整个系统中蔓延,从而提高系统的稳定性和可靠性。**反馈设计**允许系统根据实时状态进行适应性调整。当系统面临外部环境变化、内部参数漂移或干扰时,反馈机制能够响应这些变化,并自动调整以抵消或抑制上述变化,从而维持系统的稳定运行。这种适应性调整机制是提高系统鲁棒性的关键。

对于冗余设计,由于航空发动机空气系统的结构空间、重量、冷气量均有严格的限制,在功能流路上实现完全功能冗余的难度和代价极大,实际发动机空气系统的冗余设计通常是冷气流量设计裕度或零部件承载能力的有限冗余。在功能流路的设计上,对于一些由转、静封严元件节流的关键功能流路,必要时可采用旁通流路来降低封严元件瞬时失效(通流能力不足)导致的功能失效风险。

对于隔离设计,大多数航空发动机空气系统都采用了隔离设计措施,这类措施简便有效,易于实施。如上一节描述的空气系统功能分区和流路布局,其核心就是采用分区相对独立和分区流量总控等隔离设计原则,并以此避免局部偏差或失效导致系统级的异常或功能失效。

对于反馈设计,随着航空发动机性能的不断提升,空气系统复杂度和耦合度也不断增长,单纯的分区隔离设计不足以保障功能鲁棒性,利用空气系统多区域的流、热、固耦合反馈设计是保障高性能航空发动机空气系统鲁棒性不可或缺的手段,也是本书将重点论述的内容之一。

1.4.3 空气系统鲁棒性问题

航空发动机空气系统是一个实现轴向力控制、盘腔封严、冷却等多项功能性指标,并与周边环境发生复杂反馈作用的复杂流体网络系统。航空发动机空气系统的工作状态与其周围系统密切相关,多系统之间形成了存在诸多反馈、耦合、随动关系的自平衡系统。航空发动机空气系统工作状态发生的变化会导致其所处系统环境的变化,航空发动机系统环境的变化也会导致各元件工作状态的变化。随着航空发动机性能不断提高和任务剖面不断增多,上述复杂交互关系变得越来越复杂,越来越不可忽视。因此,空气系统元件不仅仅是流体网络中的冷气通流结构,在广义上,空气系统是空气流体网络与其周围环境形成的一个具有动态交互作用的自平衡系统。

总体而言,空气系统气路参数离散度的影响因素主要源自系统各组成元件的偏差分布和多场耦合反馈作用、空气系统边界与主流道的多流域交互反馈作用、空气系统网络抵抗偏差扰动的能力。

空气系统元件的偏差分布和稳定性问题:在发动机系统环境下,受到流-热-固多场耦合载荷作用下的空气系统元件,尤其是空气系统的转静篦齿,以及其他由组合间隙控制流量的节流元件,其实际工作特性与所处的发动机系统环境是高度耦合的。处于发动机过渡过程系统环境的空气系统封严元件,转子和静子在轴向和径向方向的形变不协调导致元件几何偏差,或者空气元件特性因工艺偏差或外界扰动发生偏移后,在发动机系统环境多场耦合作用机制下很可能形成进一步造成偏差增大的正反馈机制,使得空气元件的偏差扩大化,增加了元件功能性指标的离散度,从而影响整个空气系统网络。

空气系统工作边界的偏差分布和稳定性问题:航空发动机主流道与空气系统是高度耦合的,当空气系统的主流引气量和排气量发生相对变化时,会直接影响整机的各部件的流量连续、功平衡关系,从而对空气系统的边界参数产生系统性的反馈影响。例如,为保障先进航空发动机性能指标的实现,需要尽可能减少空气系统封严冷气量,而空气系统封严冷气量的偏差分布范围又往往随着发动机性能的提高而增大。这使得先进航空发动机涡轮盘轮缘往往处于“低冷气流量”而“高离散分布”的情况。在主流/空气系统非定常干涉作用、过渡过程中主流/空气系统响应的时间差、主流道气路偏差、轮缘部位工艺偏差的综合影响下,涡轮轮缘会经常处于小幅度的燃气入侵的情况。这会对轮缘温度场和相邻封严元件的几何形变产生影响,不仅会影响涡轮盘冷却、转子轴向力等空气系统功能的实现,也会在发动机系统环境下形成促使燃气入侵进一步弱化/强化的反馈机制,造成空气系统工作边界参数的不确定性,从而影响空气系统网络参数的偏差分布。

空气系统网络的稳定性问题:空气系统的边界和元件特性的离散度虽然可以通过一定措施进行控制,但却是客观存在的,无法完全消除的。因此,空气系统网络作为一个最终实现各项功能(轴向力控制、封严、冷却等)的复杂系统,其本身网络架构的鲁棒性就显得尤其重要。换而言之,合理设计并具有良好鲁棒性的空气系统网络,能够在边界存在较大扰动和自身元件特性存在较大偏差的情况下,依然能够维持其功能性指标不超出其设计范围。

空气系统鲁棒性:是指处于发动机系统环境的空气系统,在发动机运行状态和元件几何参数发生预知可能的单一或组合变化时,空气系统功能性指标维持其设计范围的能力。航空发动机空气系统稳定性是通过设计赋予的空气系统固有属性,是保证整机安全性和可靠性的必要前提。

提高空气系统鲁棒性的本质就是增强空气系统功能指标在发动机复杂系统环境下维持其设计范围的能力。从技术分类的角度,可以分为元件鲁棒性和网络鲁棒性。在实现原理方面,依赖于在发动机系统环境下构建元件及网络的偏差负反馈机制来实现。在表征指标方面,可以采用空气系统元件偏差敏感性、空气系统网络偏差敏感性和偏差放大系数、功能指标概率分布等指标来表征。在设计技术方面,需要在设计活动中综合运用瞬态空气系统分析、整机一体化分析、多场分析、数据缩放、概率分析等技术方法。因此,空气系统鲁棒性设计将涉及以下基本概念。

发动机复杂系统环境:是指航空发动机元件/部件/子系统与其他众多元件/部件/子系统基于复杂匹配机制和多物理场耦合作用而形成的具有非线性反馈机制的自平衡系统环境。航空发动机元件/部件/子系统工作状态发生的变化会导致其系统环境发生变化,航空发动机系统环境的变化也会导致其元件/部件/子系统工作状态的变化。

空气系统元件稳定性:是指处于发动机系统环境的空气系统元件,在发动机运行状态发生预知可能的变化时,空气系统元件功能性指标(轴向力控制、封严、冷却等)维持其设计范围的能力。空气系统元件稳定性是发动机系统环境对元件偏差反馈机制的一种体现,是可以通过设计赋予的空气系统元件在发动机系统环境下的一种属性。

空气系统网络稳定性:是指处于发动机系统环境的空气系统网络,当发动机运行状态发生预知可能的变化时,以及空气系统元件特性发生偏移时,空气系统网络的功能性指标(轴向力控制、封严、冷却等)维持其设计范围的能力。为实现相同的空气系统功能指标,可以采用多种不同形式的空气系统网络拓扑结构。但是,这些空气系统网络在同样的元件偏差和边界偏差组合影响下,所输出的空气系统功能指标偏差会存在显著不同。也就是说,空气系统网络稳定性本质上是发动机复杂系统环境下空气系统网络抵抗外界干扰的一种能力,也是可以通过设计赋予的空气系统网络在发动机系统环境下的一种属性。

空气系统网络偏差敏感性:是指在发动机复杂系统环境下,空气系统工作参数或功能性指标受元件几何参数偏差或边界参数偏差影响的程度。可由元件几何参数单位偏差或边界参数单位偏差在发动机复杂系统环境下造成的空气系统工作参数或功能性指标相对偏差数值来表示。

封严间隙偏差敏感性:封严元件在其设计工作边界范围内,其流量受封严间隙影响的程度,可由封严元件间隙单位偏差造成的流量相对偏差数值来表示。

负反馈机制:是指空气系统元件、网络或轮缘封严边界,当影响其工作特性的几何参数或边界参数出现偏差时,其在发动机系统环境下所导致的结果具有抑制和减弱最初发生偏差的机制。

偏差放大系数: 是指空气系统封严元件间隙的工艺偏差在发动机系统环境下导致的工作间隙偏差与工艺偏差本身的比值。该系数可以作为表征空气系统元件稳定性的一种参数,空气系统元件偏差放大系数越小,其稳定性越高;空气系统元件偏差放大系数越大,其稳定性越差。

1.5 空气系统鲁棒性发展趋势

自 20 世纪 40 年代初期,开始将航空燃气涡轮发动机用作飞机动力装置以来,对其性能不断增长的需求,导致涡轮前温度及其与之匹配的增压比均呈现不断增长的趋势。涡轮前温度的不断增长导致涡轮叶片等热端部件的热负荷和冷却需求不断增加;增压比的不断增长导致发动机转子系统承受的轴向气动力不断增加。不仅如此,高性能军用航空发动机的多变量控制、多任务需求特征还导致发动机零部件工作过程中的热应力、气动力、离心力导致的形变均呈现大幅度增长的趋势,使得发动机空气系统关键封严间隙的相对变化幅度急剧增加。在空气系统压力边界、热边界,乃至几何边界均出现大幅度变化的情况下,实现其冷却、轴向力控制、轮缘封严、滑油封严等功能稳定输出的技术难度也越来越具有挑战性。

航空发动机性能水平的提升牵引空气系统设计技术的进步,空气系统设计技术的进步是发动机性能提升的重要保障。总体而言,国外空气系统设计技术伴随航空发动机性能的提升,大体经历了四个阶段: 第一阶段,基于裕度分析的设计阶段;第二阶段,基于偏差分析的设计阶段;第三阶段,基于概率分析的设计阶段;第四阶段,针对"四强"特征的设计阶段。

第一阶段(20 世纪 40 年代~60 年代末): 基于裕度分析的设计阶段。在该阶段,由于这个阶段的航空燃气涡轮发动机以单转子、双转子涡轮喷气发动机为主,涡轮前温度一般不超过 1 400 K,总增压比一般不超过 10,发动机结构件的因离心力、气动力、热载荷造成的形变量均比较有限。空气系统的设计目标就是以尽可能少的冷气满足轴向力控制、轮缘封严、滑油封严等功能需求。在热工管路系统模拟基础上发展出来的流体网络法[1]开始在航空发动机空气系统的设计中逐步发展和应用。发动机空气系统设计以人工或计算机求解的一维简化稳态网络分析模型[2]为设计工具。由于早期针对航空发动机中特殊运行环境和构型下的空气系统元件特性估算方法尚未发展完善,限制了空气系统分析精度,也无法准确评估实际过渡过程和工艺偏差所导致的空气系统功能输出相对于设计值的偏离幅度。为降低精度不足带来的风险,工程设计中主要通过增加发动机空气系统功能性指标的设计裕度来降低空气系统功能失效风险。基于空气系统元件近刚性假设和功能裕度分析的设计方法，对于零部件载荷和形变量相对较低的第一、二代涡喷发动机而言，能够在大幅度简化工程设计计算复杂度的情况下，满足基本的空气系统功能需求。

第二阶段（20 世纪 70 年代~80 年代初）：基于偏差分析的设计阶段。伴随着空气系统盘腔[3]、篦齿[4]、旋转管流[5]等空气系统元件特性数据库基础研究的大量开展和逐渐深入，空气系统网络模型分析精度在不断完善的数据库支撑下得以不断提升。20 世纪 70 年代，美国国家航空航天局（National Aeronautics and Space Administration, NASA）[6]完成可压缩流体网络分析（compressible flow network analysis, CFNA）计算程序的开发，标志着流体网络法在航空发动机中的应用从真正意义上走入正轨。但是，随着国外大涵道比涡扇发动机及第三代军用涡扇发动机性能指标相比早期发动机有了跨越式提升，发动机涡轮前温度由 1 400 K 提升至 1 700 K 左右，增压比也由 10 提高至 25 左右。同时，高机动性需求也大幅度加剧了发动机过渡过程零部件热响应速率不一致性所导致的各类转静封严间隙的相对变化，使得第三代发动机工作过程中空气系统封严间隙的相对变化幅度相比第二代发动机增加了近 1 倍，单纯基于稳态流体网络模型的裕度分析方法已经无法满足新一代发动机空气系统设计需求。以国外 20 世纪 70 年代研制的 F100 为代表的第三代发动机，最初对高负荷、强瞬变、大形变导致的风险估计不足，在定型服役以后，出现大量因零部件载荷偶发性超限而导致的故障。其中，仅涡轮叶片和导向器叶片故障就多达 47 次[7]，这是空气系统设计技术无法跟进发动机性能需求的必然结果。

面对这种局面，20 世纪 70 年代，在过渡过程空气系统分析方法尚不成熟，发动机封严类元件动态间隙也难以准确评估的情况下，国外研究人员在空气系统工程设计中开始考虑空气系统封严元件极限偏差的影响[8]，初步发展形成了自下而上的空气系统功能性指标的偏差评估，以及自上而下的关键元件识别和极限偏差指标分解方法。通过有计划的空气系统元件优化技术基础研究[9,10]，国外航空发达国家在发动机空气系统设计中开始针对一些关键封严元件采用了一些局部稳定性增强措施，如图 1.26 所示。

例如：从提高轴向力稳定性的角度，20 世纪 70 年代研制的航空发动机发展出倒篦齿（AL－31F）、锥形篦齿（RB211）、轴向篦齿（RB199）、阶梯篦齿盘（CFM56）、快速热响应薄壁篦齿（PW4000）等封严元件增稳结构，部分如图 1.27 所示；从降低燃气入侵风险的角度，通过基础研究[11,12]得到了各类轮缘封严结构防止转盘旋转泵效应引起燃气倒灌的最小封严流量，并作为空气系统边界流量设计限制，有效降低了先进发动机涡轮轮缘燃气入侵的风险。上述针对空气系统的局部增稳措施在一定程度上降低了发动机空气系统载荷超限风险。

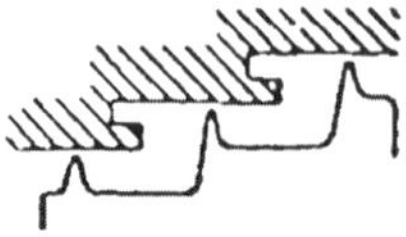

(a) 设计1：静子湍流诱导的台阶篦齿

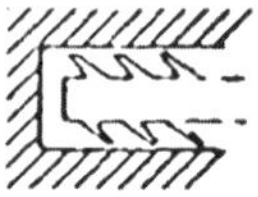

(d) 设计4：背对背斜篦齿

(g) 设计7：轴向带阻流板的径向台阶篦齿

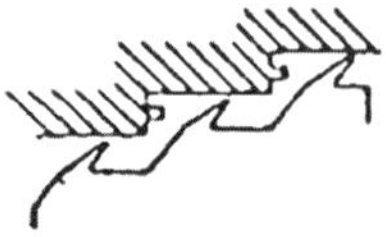

(b) 设计2：静子湍流诱导的斜台阶篦齿

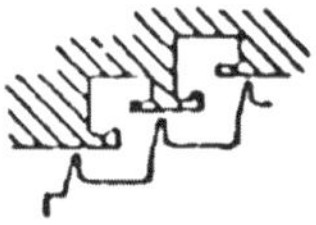

(e) 设计5：静子带旋流腔的直台阶篦齿

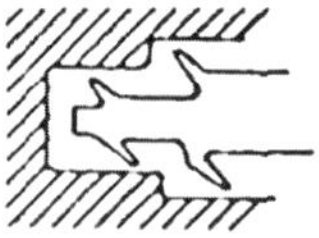

(h) 设计8：背对背斜台阶篦齿

(c) 设计3：静子湍流诱导的对台阶篦齿

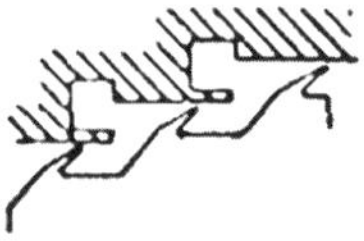

(f) 设计6：静子带旋流腔的斜台阶篦齿

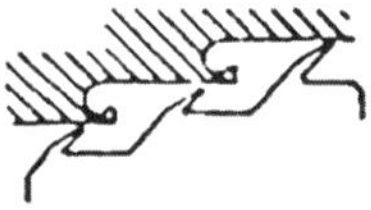

(i) 设计9：静子旋流捕捉的斜台阶篦齿

图 1.26　国外 20 世纪 70 年代研究的强化增阻封严篦齿[10]

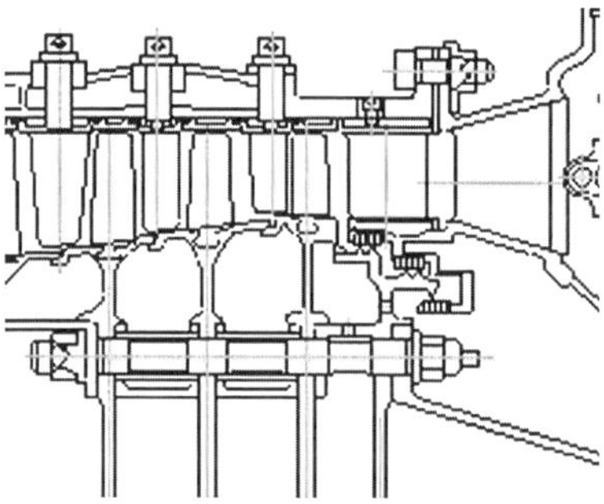

(a) AL-31F倒篦齿增稳结构

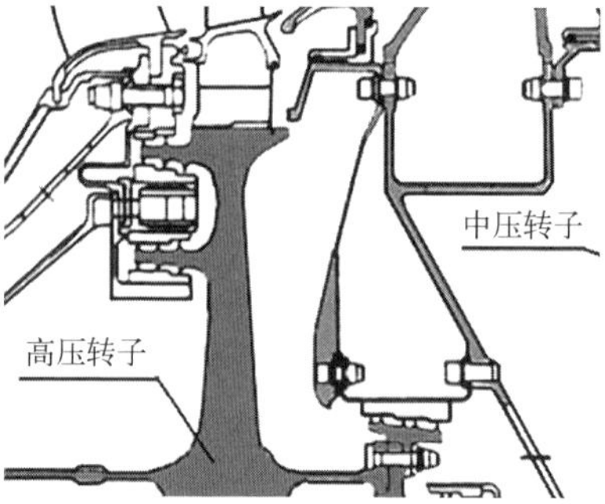

(b) RB211锥形增稳篦齿

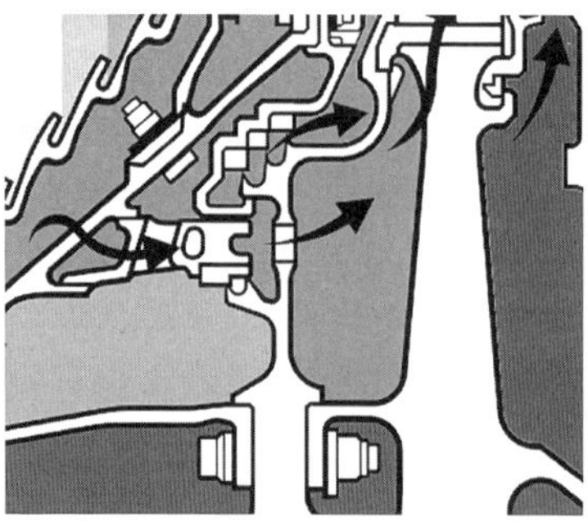

(c) CFM56 阶梯篦齿盘增稳结构

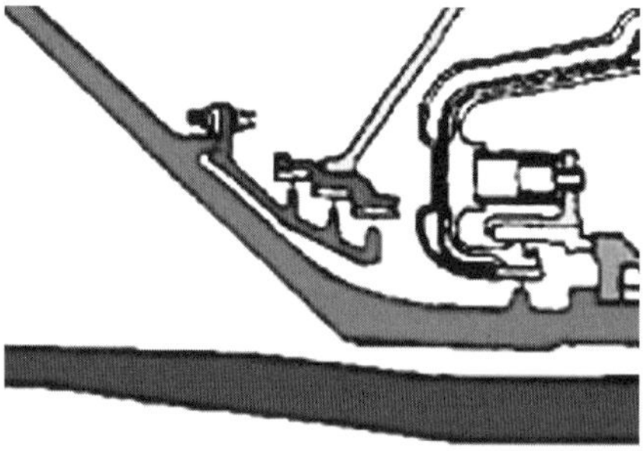

(d) PW4000快速热响应薄壁篦齿

图 1.27　国外发动机典型的篦齿增稳结构

第三阶段(20 世纪 80 年代~至今),基于概率分析的设计阶段。为满足空中优势战斗高推重比、超声巡航飞行需求,以美国 F119 为代表的第四代军用航空发动机历经 20 多年的研制历程,于 20 世纪 90 年代设计定型。第四代发动机的最高涡轮前温度由第三代发动机的 1 700 K 左右提高至 1 900 K 以上。由过渡过程热载荷造成的发动机空气系统封严间隙的相对变化幅度比三代发动机又提高 20%~30%。在第四代航空发动机的性能指标和零部件载荷水平的进一步提升的情况下,载荷设计裕度空间变得更为有限,空气系统的局部增稳措施已经不能满足更为有限的功能裕度要求。从系统层面优化空气系统网络架构,并进一步提升空气系统功能的鲁棒性就显得更为重要。

从 20 世纪 80 年代开始,基于概率设计方法(probabilistic design methods, PDMs)的空气系统建模和分析方法开始逐渐发展起来[13],具备了从系统的角度评判和优化空气系统网络稳定性的能力。在空气系统初步设计阶段就以提高航空发动机空气系统网络抵抗复杂边界、多元件组合偏差干扰的鲁棒性为目标,构建了完备的空气系统元件稳定性数据库架构和累计机制,发展形成发动机复杂系统环境下的空气系统元件稳定性评估技术和基于概率传递的空气系统网络稳定性评估方法[14-16],实现了高性能航空发动机空气系统功能指标偏差概率的有效控制。空气系统网络偏差概率传递模型见图 1.28。

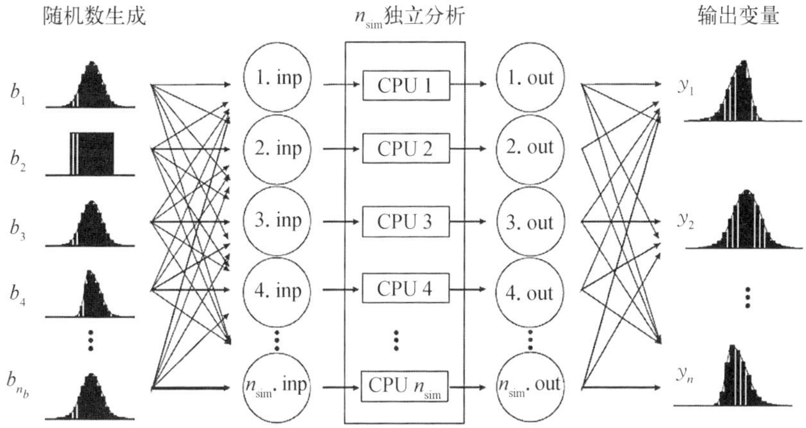

图 1.28　空气系统网络偏差概率传递模型[15]

由于美国在第四代发动机 F119 的研制中吸取了 F100 发动机的经验教训,提前针对在研发动机空气系统的基础研究进行了布局和并积累了具有统计意义的海量数据库,从系统的角度保证空气系统功能的稳定实现。美国在研发动机 F119 的性能指标虽然显著高于三代航空发动机 F100,但在其近 4 000 h 的首飞试验中,未出现过任何由空气系统功能失效引发的重大故障。这说明,随着航空发动机性能的不断提升，必须不断更新数据库资源和设计技术工具，才能满足先进航空发动机空气系统的设计技术储备之所需。

第四阶段（未来发展）：针对“四强”特征的设计阶段。为满足未来飞机跨速域、跨空域、长航程需求，以自适应变循环发动机（adaptive cycle engine，ACE）为代表的下一代发动机涡轮前温度将提高至 2 100 K 以上，并采用多涵道、多模式、多变量调节以匹配多任务需求。多任务、多模式过渡过程的离心力、气动力、热载荷导致的发动机零部件相对形变量将比现代涡扇发动机进一步大幅度增长，使得发动机呈现愈加明显的“四强”特征，即强耦合、强整体、强瞬变、强非线性。强耦合导致空气系统关键元件的几何参数及流阻特征受到流-热-固复杂多场的耦合影响，从而产生更显著的多态化特征；强整体导致空气系统边界偏差、元件偏差等影响因素全局化，从而使气路参数的离散度增加；强瞬变诱发了空气系统不同区域气路之间、封严元件转/静子之间呈现显著的非均衡响应；强非线性进一步使得空气系统气路参数的离散度扩大化。因此，随着现代航空发动机性能指标的不断提升，零部件载荷的增幅远高于材料的承载能力增幅，零部件载荷设计裕度的下降和空气系统气路参数离散度增大的矛盾也将越来越突出。

因此，未来先进航空发动机的“四强”特征对空气系统设计技术提出了更高的要求，必须通过深入的预先基础研究，提前研究并掌握未来先进发动机的复杂环境及多场耦合效应诱发的空气系统元件和边界偏差隔离与反馈原理，发展面向新技术特征的空气系统设计技术工具和数据库累计机制，从系统层面保障具有“四强”特征的发动机空气系统功能性指标和稳定性指标，这是下一代先进发动机空气系统设计的必由之路。

第2章 空气系统元件的共同工作及匹配机制

2.1 空气系统元件分类

现代航空发动机的空气系统非常复杂,包括通气孔、转静盘腔、封严篦齿、空气导管等多种多样的冷气通流或节流结构。对这种复杂结构空气系统的流量、压力、温度分布进行分析,往往采用网络法。

网络法是将空气系统中的各种典型流动结构看作一个元件,元件和元件之间用节点相连接,这样整个空气系统就组成了一个由各种元件和节点组成的网络。按照空气系统元件的功能和流阻的大小,空气系统元件总体上可以分为两大类,分别是通流类元件和节流类元件。在一般的稳态分析中,空气系统流体网络可类比纯电阻电路网络,通流类元件的功能类似电路中的"导线",其元件的流阻和两端压力差相比同流路中的节流元件小得多,其几何参数的有限变化对其所处流路的压力、温度、流量分布影响微小。节流类元件可类比电路中的"电阻",是空气系统网络中的核心功能元件,能够起到控制所处流路流量、压力乃至温度分布的作用。

2.1.1 通流类元件

通流类元件的功能是以较低的流阻传输空气系统的气体工质到达所需位置,以尽可能为核心功能元件实现其功能留出足够的落压比裕度,并最大限度地降低空气系统能量贬值。在发动机运行过程中,其工艺偏差、工作偏差和衰变偏差对其通流性能影响较小,绝大部分情况下可以忽略不计。通流类元件可以分为静止通流元件、离心通流元件两大类。

1. 静止通流元件

从结构形式上,静止通流元件可分为三类:管道类、孔类和缝类。

1) 管道类

管道类静止通流类元件主要用于发动机主流道外侧空气系统长距离的级间引气或轴承腔封严引气。主流道外侧引气管道的功能通常是将发动机压气机级间冷气引至低压涡轮等部件,轴承腔封严引气管道的功能通常是将发动机风扇出口或外涵道的冷气引至轴承封严腔。为尽可能发挥节流类元件的流量控制、预旋、封严等功能的稳定实现，管道通流元件通常在结构、重量限制下，采用尽可能大的通流面积，以降低流阻。

2）孔类

孔类通流元件是固体壁面孔或其他不承担节流作用的通气结构。例如，由燃烧室二股气流通向预旋喷嘴的高压涡轮转子引气孔，其通流面积要比下游的预旋喷嘴大一个数量级，从而让尽可能大的沿程压降分配给预旋喷嘴，以实现更好的预旋温降效果。

3）缝类

缝类通流元件一般用于转、静子之间的通流。为避免转、静子摩碰或产生较大风阻温升，通常需要留出较大相对间隙。例如，压气机零级/末级引气缝、压气机后轴颈通气缝，以及涡轮轮缘迷宫型防燃气入侵结构，其预留的转静间隙比其上下游串联的篦齿通流面积大 1 个数量级左右，从而能够保证发动机各种运行条件下不会发生转静摩碰。严格来讲，转、静子之间的通流缝不属于静止的元件。但是，如果转、静子之间的缝隙两端的半径差较小，或转子结构为转速较低的低压转子，离心力及其他旋转效应的影响非常有限，在空气系统网络建模时，可近似按照静止通流缝处理。典型静止通流元件如图 2.1 所示。

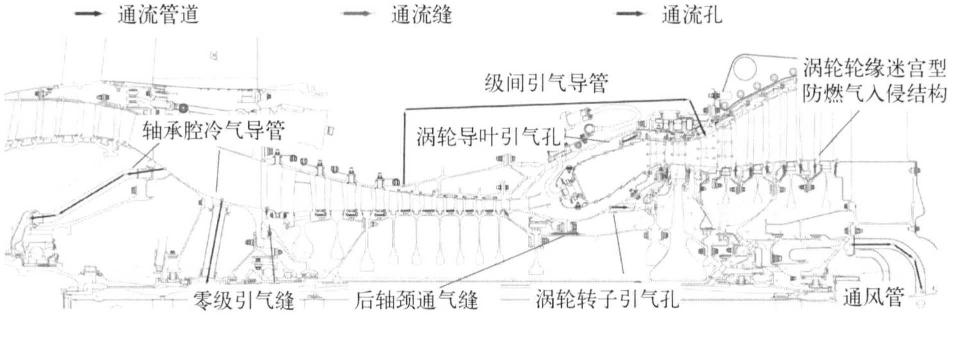

图 2.1　典型静止通流元件

2. 旋转通流元件

从物理机制上，旋转对空气系统元件主要产生两种影响，如图 2.2 所示。

第一种是旋转节流效应。为实现空气系统各流域的气体的流通，需要在发动机转子的轴、轮盘、鼓筒等上设置旋转通气孔。对于这类旋转孔，元件进出口的半径差异有限，离心增压效应基本可以忽略。但旋转会导致进口流速相对孔轴向产生一个倾斜角，而这个倾斜角造成旋转孔进口处流体分离。旋转孔流量系数受转速的影响，可以使用切向速度参数［$S = \omega R/(2\Delta p/\rho)^{0.5}$］来描述[17]。如图 2.3 所

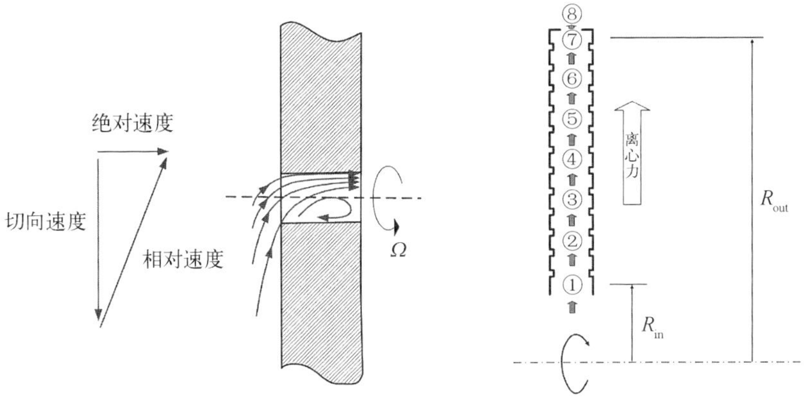

(a) 旋转节流效应　　(b) 离心增压效应

图 2.2　空气系统元件旋转效应示意图

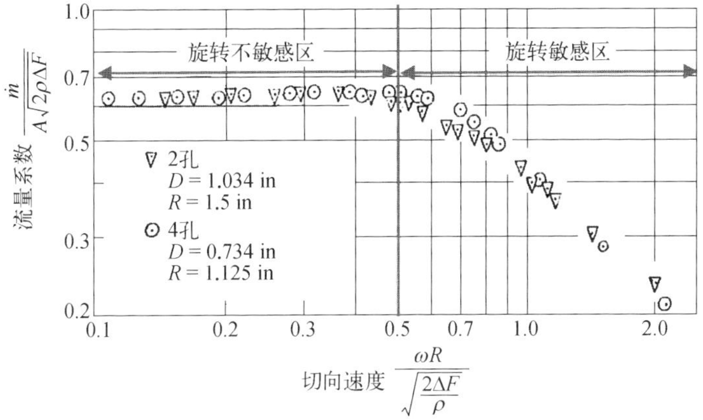

图 2.3　旋转孔的流量系数随切向速度参数变化图

示，在相对切向速度参数较低（低于 0.5）时，旋转孔的流量系数相对变化幅度不大（处于旋转不敏感区），但随着切向速度参数增大，旋转孔的流量系数将出现大幅度下降，孔的节流效果增强（进入旋转敏感区）。因此，在实际发动机空气系统设计中，需尽可能将通流孔布置在半径相对较低，或在冷气旋流系数接近 1 的位置（如利用预旋喷嘴、旋转盘腔、旋转螺钉等增大进入旋转通流元件冷气的旋流系数），降低相对切线速度，使通流孔工作于旋转不敏感区，抑制旋转节流效应带来的不确定性。

第二种是旋转离心增压效应。旋转导致的离心力在旋转参考系中是保守力（科氏力不对气流做功，空气系统能流匹配中一般不考虑），导致空气系统中的旋转盘腔、转静盘腔、叶片内冷通道等元件内部气流在具有离心力方向的速度分量时,会因离心力做功而导致沿程气体比焓和压力梯度发生变化,将这类元件称为离心通流元件。在现代高性能航空发动机中,旋转离心力能导致高压涡轮转子叶片内冷通道最高和最低径向位置处产生 10%量级的压力差。离心增压元件内部沿程压力分布是离心力和流动阻力叠加的结果。旋转盘腔、转静盘腔等元件的通流面积较大,流阻大多数情况下可以忽略。涡轮叶片内冷通道通流面积受涡轮叶片气动外形限制,流阻比旋转盘腔要大一些,但仍要比上下游的其他节流元件小得多(如预旋喷嘴、气膜孔等)。因此,离心增压元件自身的工艺偏差、工作偏差和衰变偏差对空气系统工作状态影响微小,一般可以忽略。

空气系统典型旋转通流元件如图 2.4 所示。

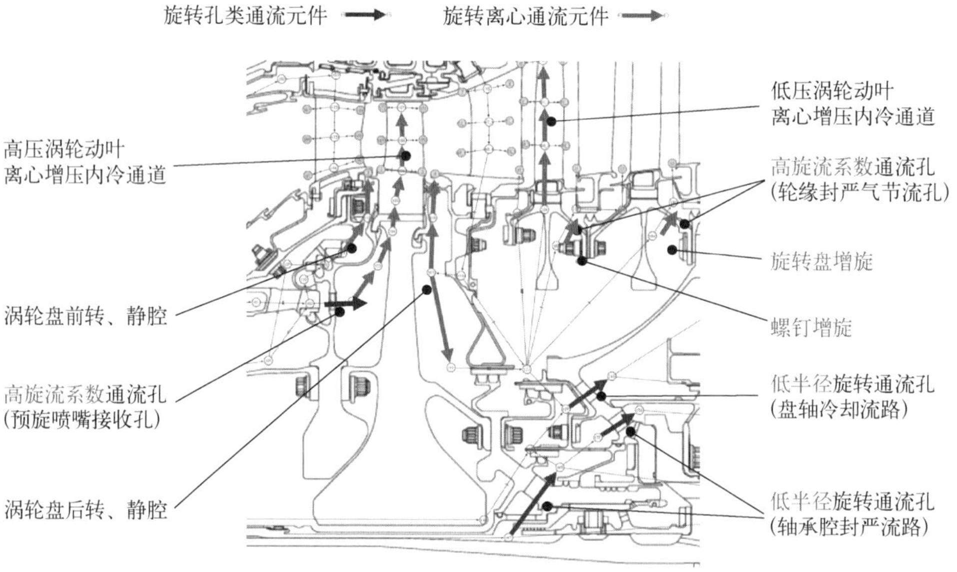

图 2.4　空气系统典型旋转通流元件示意图

2.1.2　节流类元件

节流类元件是航空发动机空气系统中承担流量控制、压力控制或封严等功能的元件。相比通流类元件,节流类元件的偏差对空气系统气路参数及功能的影响要大得多。依据节流元件偏差影响因素的不同,可以将空气系统元件分为两大类:刚性节流元件(如节流孔)和变形节流元件(如转静封严元件)。

1. 刚性节流元件

对于大部分空气系统固壁孔节流元件,在发动机工作过程中的离心力、气动力、热应力等载荷造成的几何参数相对变化量远远小于其名义设计值,可以忽略不计,可以将这类空气系统元件称为刚性元件。例如,图 2.5 所示的薄壁孔类节流元件，其节流面积几乎不受离心力和气动力的影响，节流面积相对变化量基本只与固壁温度变化幅度和材料线膨胀系数相关。在发动机结构件工作温度的典型变化范围内，因热膨胀导致的流通面积极限相对变化幅度通常不超过2%。

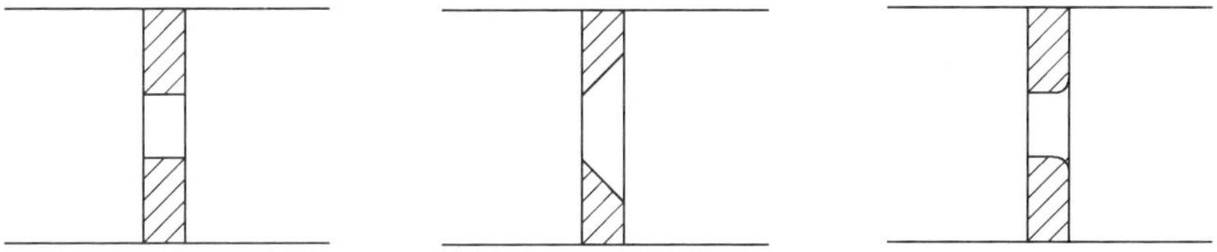

图2.5　典型的刚性元件

刚性元件的偏差以加工、制造过程的工艺偏差为主。最典型的刚性节流元件包括各压力分区的核心节流元件，以及部分控制各功能支路且流量相对较大的固壁孔等。部分以涡轮叶片气膜孔为代表的小尺寸节流元件，会存在高温烧蚀、灰尘堵塞等衰变偏差，称为衰变类刚性节流元件。但大部分情况下，通流面积较大的节流孔、缝等元件也几乎不存在衰变偏差。因此，在空气系统工程设计与计算分析中，一般可以近似假定其几何参数在各工作状态下均保持不变，称为无衰变刚性节流元件。

2. 变形节流元件

与空气系统薄壁孔、管道等近“刚性”元件不同，对转、静子封严元件而言，其封严间隙是转、静子结构件的配合间隙，发动机工作过程中的离心力、气动力、热应力等载荷可造成其几何尺寸相对变化量达到甚至超过其名义设计值，元件的几何参数随发动机工作状态的变化而变化，不具有“几何相似性”，这类元件称为变形节流元件。

航空发动机转、静子之间的主要封严结构包括主流道封严（如压气机、涡轮叶尖间隙封严）、空气系统接触式封严（刷式封严、石墨封严等）和空气系统非接触式封严（篦齿封严），具体如下。

主流道压气机、涡轮叶尖间隙的流通面积一般远小于叶轮相同截面总通流面积，通过叶尖间隙泄漏的气体流量多数情况下不足部件总流量的百分之一。当发动机工作于过渡过程时，主流道叶尖间隙的相对变化对部件工作特性的影响较为有限，通常不会造成颠覆性影响。在航空发动机性能仿真中，采用基于几何相似假设的通用部件特性并不会带来显著的相对计算误差。

空气系统接触式封严一般应用于封严半径相对较小，并且工作压差较小（如刷式封严）或流量较小（如轴承腔石墨封严）的流路，其封严状态会随着运行时间的累计而逐渐发生衰变，但发动机短时间工作状态变化对其封严性能和整个空气系统网络工作状态一般较为有限，本书不作为重点讨论。

对于空气系统中压差较大且切向速度较高(半径较大)的转静封严流路,目前只能采用非接触式封严(篦齿封严)结构,如图 2.6 所示。篦齿封严元件的泄漏量一般会比相同工作环境下的刷式封严元件大 1 个数量级,比石墨封严元件大 2 个数量级以上。因此,相比航空发动机主流道部件封严,空气系统非接触式篦齿封严最显著特征如下: ① 流经封严间隙的流量即空气系统该支路的全部流量,其通流能力的相对变化会对空气系统工作状态产生较显著影响;② 发动机工作状态变化或过渡过程导致篦齿封严元件通流面积的变化幅度接近甚至大于其设计通流面积,严重情况下,转静子可能会因发生摩碰损伤而出现永久性形变。在空气系统变工况及过渡过程分析时,"几何相似"假设对于篦齿元件完全无法适用;③ 篦齿封严间隙工艺偏差及发动机工作状态随机偏差造成间隙随机分布的标准差约为其设计间隙的同量级,封严间隙随机分布导致的空气系统部分气路参数的离散度分布特性显著。

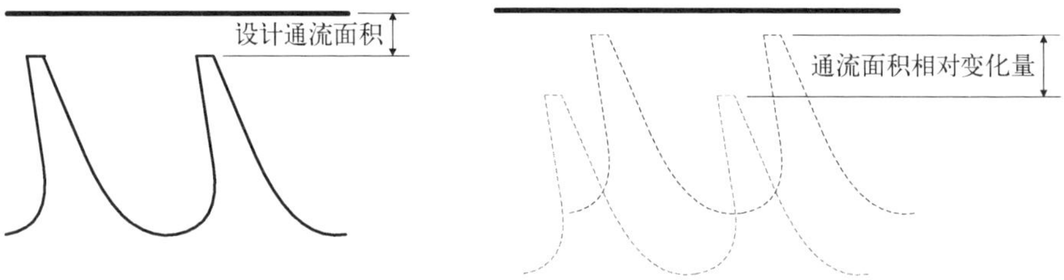

图 2.6　变形元件通流面积设计值及工作过程的相对变化范围

2.2　空气系统元件节流特性及共同工作关系

2.2.1　元件节流特性

空气系统网络在基本工作原理上与电路网络具有相似性,电路网络中电阻两端的电压与电流之间,以及流体网络中节流元件的压力差与流量之间均呈现正相关特性。但是,由于空气系统网络的工质为可压缩气体,工作过程中既涉及质量输运,也涉及动量和能量输运。在空气系统流路中,其元件节流特性的定性与定量描述与电路网络显著不同。

(1) 空气系统元件特性与电路网络电阻特性的定性描述不同: 电路网络中流经电阻的电流与其两端电压的绝对值无关,大多数情况下电阻是接近恒定的,电流是其两端电压差的单值函数。但是对于空气系统网络节流元件而言,其流量不仅与两端节点的压力差有关,也与节点压力的绝对值有关。下面将推导空气系统典型节流元件特性的定性描述。

在不考虑旋转效应的情况下,节流元件内的气体流动是依靠元件两端的静压梯度驱动的。如图 2.7 所示,在空气系统网络计算中,通常将容积较大、压力梯度

较小的容腔设为节点。对于两个节点之间的节流元件,其理论通流流量可用包含其密流函数的流量公式表达:

$$W_{id} = K\frac{p_{up}^*}{\sqrt{T_{up}^*}}A_{out}q(\lambda_{out}) \tag{2.1}$$

其中,K 为与气体物性有关的常数(对于温度不高的空气,可取值 0.040 4);p_{up}^* 和 T_{up}^* 分别表示上游节点的总压、总温;A_{out} 为元件出口面积(最小节流面积);$q(\lambda_{out})$ 为节流元件出口的密流函数,是与元件出口气动函数 $\pi(\lambda_{out})$ 单值相关的函数,$\pi(\lambda_{out})$ 为元件出口静压与出口总压与之比,即 $\pi(\lambda_{out}) = p_{out}/p_{out}^*$。

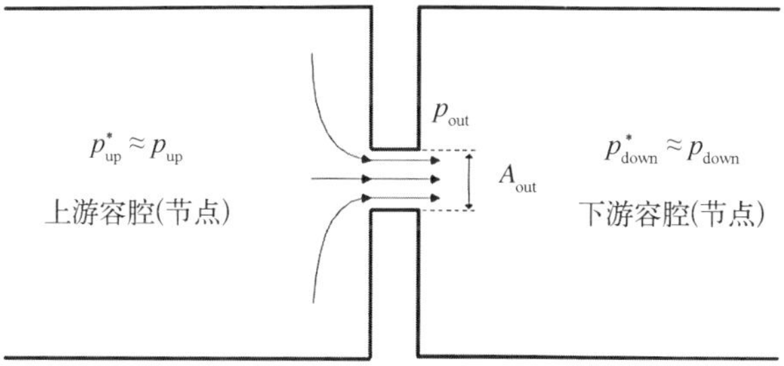

图 2.7　典型节流元件流动状态示意图

空气系统节点容腔内的气流速度通常远小于节流元件的气流速度,因此节点容腔内的静压与总压近似相等。在空气系统网络的仿真计算中一般可忽略两者之间的差异,用节点总压代替其静压。同时,在节流元件理论通流流量计算中,是基于节流元件内部及上游节点均为一维等熵流假设为前提,总压损失只发生在气流从节流元件出口流入下游容腔的掺混过程,即 $p_{out}^* = p_{in}^* = p_{up}^*$。那么,节流元件在亚临界状态下,其出口静压 p_{out} 等于下游节点静压 p_{down}。考虑到下游节点总、静压近似相等($p_{down}^* \approx p_{down}$),为了便于空气系统网络的迭代计算,$\pi(\lambda_{out})$ 可表示为元件下游节点总压与上游节点总压之比:

$$\pi(\lambda_{out}) = \frac{p_{down}^*}{p_{up}^*} \tag{2.2}$$

对于空气系统中一些流速较快,不能忽略总、静压差异的特殊节点,需要依据具体的结构和流动特征进行总、静压转换计算。读者可参考相关文献,本书不对这些特例进行赘述。

当 p_{down}^*/p_{up}^* 小于或等于临界值 β(对于常温空气等熵流动,$\beta = 0.528\,3$)时,节流元件进入临界状态。此时,其下游节点的静压 p_{down}(及总压 p_{down}^*)将小于节流元件出口静压 p_{out},节流元件的流动状态不再受下游节点总压变化的影响,节流元件

出口气动函数和密流函数均为常数，即

$$\pi(\lambda_{out}) = \beta \tag{2.3}$$

$$q(\lambda_{out}) = 1 \tag{2.4}$$

至此，可以计算出节流元件的理论通流流量：

$$W_{id} = \begin{cases} K\dfrac{p_{up}^*}{\sqrt{T_{up}^*}}A_{out}q(\lambda_{out}), & p_{down}^*/p_{up}^* > \beta \\ K\dfrac{p_{up}^*}{\sqrt{T_{up}^*}}A_{out}, & p_{down}^*/p_{up}^* \leqslant \beta \end{cases} \tag{2.5}$$

实际气流流经节流元件的过程是不可逆过程，实际通流流量也会低于理想流量。定义流量系数 C_d 为实际流量 W_r 与理想流量 W_{id} 之比，则实际通流流量可表示为

$$W_r = C_d W_{id} \tag{2.6}$$

为进一步简化节流元件特性的定性描述，定义相似流量 W_{cor} 如下：

$$W_{cor} = \frac{W_r\sqrt{T_{up}^*}}{p_{up}^*} \tag{2.7}$$

则式(2.5)可以表达为

$$W_{cor} = \begin{cases} C_d K A_{out} q(\lambda_{out}), & p_{down}^*/p_{up}^* > \beta \\ C_d K A_{out}, & p_{down}^*/p_{up}^* \leqslant \beta \end{cases} \tag{2.8}$$

在节流元件几何参数不变的情况下，A_{out} 是常数，密流函数 $q(\lambda_{out})$ 可由气动函数 $\pi(\lambda_{out})$ 唯一确定。定义节流元件的落压比 $\pi_U = p_{up}^*/p_{down}^*$，节流元件特性可定量表示为

$$W_{cor} = C_d f'(\pi_U) \tag{2.9}$$

对于常见的孔、缝类节流元件，在给定几何的条件下，流量系数 C_d 的数值一般为 0.65~0.95，流量系数 C_d 与元件几何参数、旋转切向速度、雷诺数等参数相关。其中，旋转切向速度参数的影响见图 2.3。在航空发动机空气系统设计中，会尽可能让旋转节流元件工作在旋转不敏感区，大多数情况下旋转效应的影响可以忽略。在雷诺数影响方面，对于典型毫米量级直径的节流孔，由于节流元件落压比大，出口气流速度较高(普遍超过 100 m/s 量级)，节流元件近似工作于自模区，雷诺数对流量系数的影响也比较小。以典型的 3 mm 直径薄壁节流孔为例，雷诺数对流量系

数及相似流量的影响如图 2.8 所示。从图中可以看出，即使其进口总压产生了 20 倍的相对变化（1~20 atm，对应的临界状态雷诺数 Re_{cr} = 770 ~ 15 400），流量系数的相对变化范围也仅在 1.5%以内。

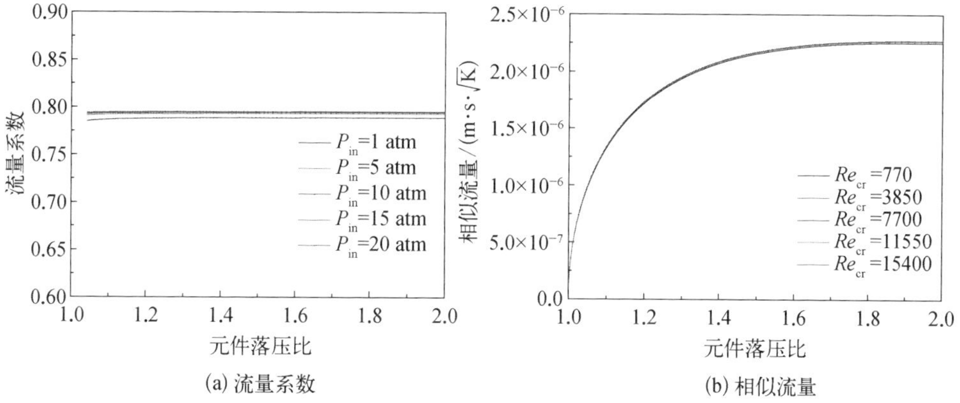

图 2.8　雷诺数对典型节流孔（直径 3 mm）流量系数及节流特性的影响

因此，本书在节流元件共同工作基本共性规律分析中，近似认为几何不变的节流元件的流量系数 C_d 为常数。节流元件通用特性最终可描述为相似流量与落压比的关系，即

$$W_{cor} = f(\pi_U) \tag{2.10}$$

当 $\pi_U \geqslant 1/\beta$ 时，节流元件工作于临界状态，此时相似流量达到最大值，且与 π_U 无关，即

$$W_{cor,\ max} = f(\pi_U)_{max} = f(1/\beta) \tag{2.11}$$

典型节流元件通用特性如图 2.9 所示，虽然空气系统节流元件相似流量可以表述为落压比的单值函数，但元件之间却需要依据质量流量，并非与节点总压、总温相关的相似流量确定共同工作关系。因此，相比电阻电路，空气系统元件之间的匹配关系要复杂得多，这将在后续章节逐步探讨。

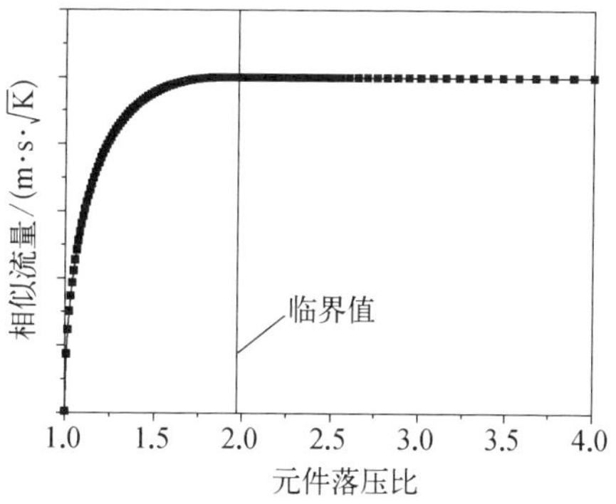

图 2.9　典型节流元件通用特性

（2）空气系统元件特性与电路网络电阻特性的非线性程度不同：电路网络中流经电阻的电流一般与其两端的电压差能在较大范围内维持近线性关系，如图 2.10(a)所示。但由于空气是可压缩气体，空气系统各节流元件的相对相似流量

(以临界相似流量为基准)与落压比的关系呈现显著的非线性变化,如图 2.10(b)所示：当两端落压比较小时,边界压力的微小波动,就会导致节流元件的相似流量出现较大幅度的相对变化,即元件流量对边界压力的敏感性极高;而在两端落压比超过一定数值的情况下,节流元件会进入“临界”状态,即气流最大速度达到声速。此时,式(2.8)中的密流函数 $q(\lambda_{out})$ 等于 1,元件相似流量将不受节流元件落压比变化的影响,并达到最大值：

$$W_{cor,\ max} = C_d K A_{out} \tag{2.12}$$

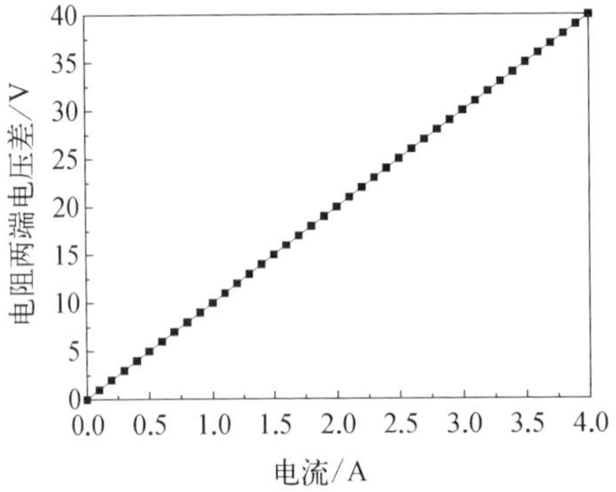

(a) 典型电阻元件特性

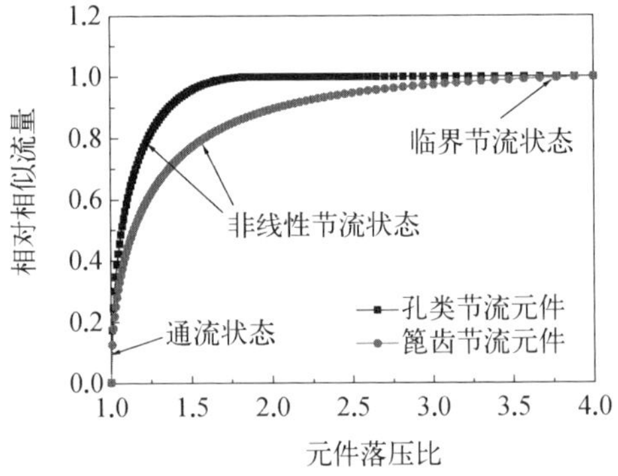

(b) 节流元件的不同工作状态

图 2.10　节流元件与电阻元件特性的差异

通常情况下,刚性节流元件的临界落压比在 1.9 左右,一些孔径较长的节流孔临界落压比可以达到 2 以上。对于齿数较多且间隙均匀的封严篦齿,在高落压比下,其临界截面通常是下游最后一道齿尖间隙,而上游各道篦齿则处于亚临界状态。这会导致多级封严篦齿的临界落压比显著大于常规刚性节流元件,最高可达 3 以上。

节流元件的上述非线性特征对空气系统稳定性具有显著影响,在工程实践中应当予以充分考虑和重视。为便于读者进一步深入理解,将空气系统元件的三种典型工作状态进一步补充说明如下。

(1) 通流状态。对于大多数空气系统节流元件,如果流经元件的相似流量不超临界状态相似流量的 20%,元件两端的相对压力差不会超过 1%。也就是元件的相似流量在这个范围内任意变化,其两端节点总压都能保持近似相等。空气系统元件的这种工作状态称为通流状态,设计为通流状态工作的元件称为通流元件。当然,通流状态并没有理论上严格意义上的界定。与具体的节流元件构型、尺寸和应用场景需求相关。例如,在流经节流孔元件的相似流量不超临界状态相似流量的 30%的情况下,元件两端的相对压力差约为 2.5%。这在对压力损失要求不高的流路中,也可以当作通流元件。对于篦齿元件,若元件的相似流量达到临界状态相似流量的 30%，两端的相对压力差可达 5%，通常就无法忽略其节流压降了。

（2）临界节流状态（临界状态）。理论上，元件两端落压比等于或大于临界落压比的工作状态分别称为临界状态和超临界工作状态。空气系统节流元件的主要功能是流量控制，即使是预旋喷嘴、冲击冷却孔等需要加速气体的高落压比元件，最多也仅需将气流加速至声速即可满足需求。即使在少数节流落压比大于临界落压比的情况下，也并不需要设置扩张流道，将气体加速至超声速。因此，整个空气系统网络内部的最高气流速度只能达到声速，而不会超过声速。本书从节流元件流量控制的角度，不再区分节流元件临界和超临界状态，而是将两者统称为临界节流状态（简称临界状态）。临界状态下流经元件的相对相似流量始终为 1，不受两端落压比变化的影响。虽然空气系统节流元件的实际临界落压比通常比会理论临界落压比（1.89）略高一些。但一般孔类节流元件在落压比达到 1.6 的情况下，其相似流量就能达到临界相似流量的 98%。在空气系统设计中，充分利用临界状态的节流孔特性是实现流量稳定控制的有效手段，但高落压比的节流会造成较大的冷气能量贬值，影响发动机性能。因此，为了降低空气系统冷气的能量贬值，一般并不需要让承担核心节流作用的元件落压比完全达到理论的临界落压比，在空气系统设计中，节流孔落压比达到 1.6 左右的近临界状态，就可以达到较稳定的流量控制效果。

（3）非线性节流状态（亚临界节流状态）。节流元件两端的落压比介于通流状态和临界节流状态之间时，元件相似流量与其两端落压比之间呈现显著的非线性对应关系。这时，节流元件工作于非线性节流状态（或亚临界节流状态，简称亚临界状态）。在空气系统设计中，为降低引气对性能的影响，会尽可能降低各支路引、排气压力比。因此，实际空气系统中的节流元件能达到临界落压比的数量很少，绝大部分节流元件都是工作在亚临界节流状态。

2.2.2　元件的共同工作关系

由于航空发动机空气系统网络的复杂性，并且空气系统节流元件特性具有强非线性特征。在空气系统流路中，各元件的匹配与电路网络也存在显著差异。

电路网络中流经电阻的电流与其两端电压的绝对值无关，仅与其两端电压差相关。而由于空气是可压缩气体，其密度受压力和温度的影响，空气系统节流元件两端的压力差并不是决定其流量的唯一因素，还与进口压力、温度的绝对值有关，这会导致空气系统网络串联流路的总流阻与各节流元件的相对位置相关。

以简单串联拓扑为例，对于只有两个元件的纯电阻串联电路，在两端电压差不变的情况下，串联电路的电流取决于两个电阻之和，与电阻的前后排列顺序无关。但是，对于由两个通流面积不同的节流孔串联而成的空气系统流路而言，在两端压力差不变的情况下，仅仅改变两个节流孔的前后顺序（如图 2.11 所示，上述两种串联布局分别称为“前小后大”和“前大后小”布局),就会导致串联流路的流量发生显著变化。当串联流路两端压力比较大,使得节流能力较强的元件达到临界状态时,整个串联流路的通流能力等于该节流元件在给定进口总压和总温下的临界流量。如图2.12所示,当节流面积较小的元件位于串联流路上游时,其进口总压相对较高,串联流路整体通流能力较强。当节流面积较小的元件位于串联流路下游时,其进口总压相对较低,串联流路整体通流能力较差。不仅如此,还能看到,相比单元件而言,“前小后大”和“前大后小”布局的临界落压比均有所增加,但前者的增幅要大得多。这是因为在高落压比下,气体流经串联流路的气体密度呈现沿程下降的趋势。对于“前小后大”布局,流经两个节流元件的体积流量与通流面积正相关,两个元件的落压比更均衡;对于“前大后小”布局,流经两个节流元件的体积流量与通流面积负相关,在下游节流元件达到临界状态时,上游节流元件更趋近于通流状态,且不再随下游元件落压比的增加而增加。

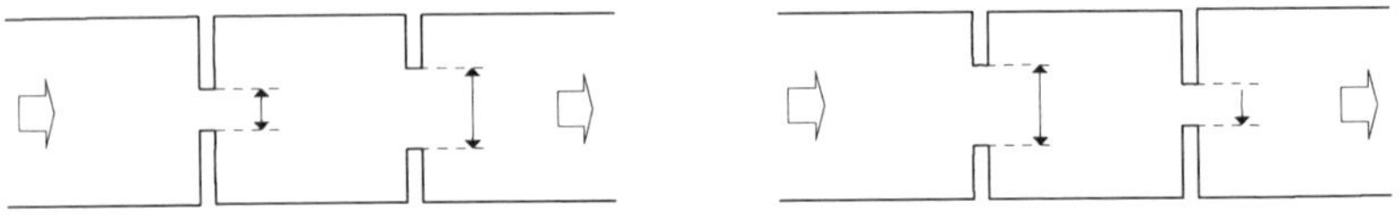
(a) 前小后大布局　　(b) 前大后小布局

图2.11　元件排布顺序示意图

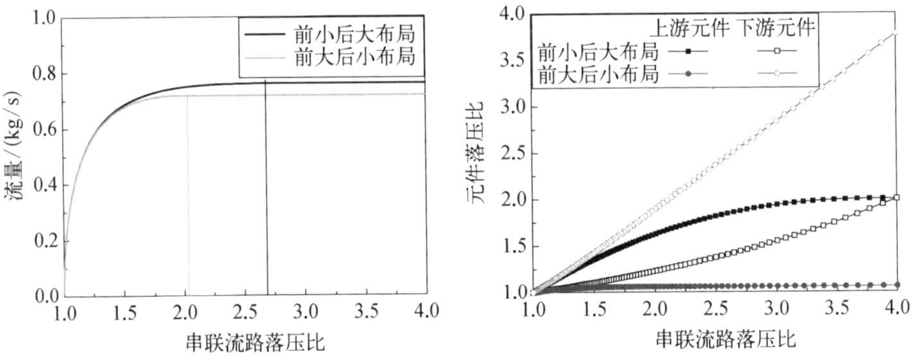

(a) 通流流量　　(b) 元件落压比

图2.12　元件排布顺序对串联流路的影响

空气系统网络工作状态还受到换热、旋转效应等因素的影响。空气系统工质与沿程壁面存在热交换,这会导致流体的温度沿流向发生或多或少的持续变化。同时,空气系统存在大量高速旋转的固壁边界造成风阻耗散,流体在离心力、科氏力场的作用下,沿程压力、温度和密度都呈现复杂的梯度分布。通常情况下,节流元件偏差导致的流量越少,该节流元件串联流路由换热或风阻造成的沿程温度变化也越大。不仅如此，即使在网络拓扑关系不变的情况下，空气系统各元件的空间布局的相对变化也会在一定程度上影响其通流能力。如图2.13所示，上下游节流孔采用交错布局，比同轴布局的气流动量损失要大一些，进而造成相对通流能力下降。当然，节流孔之间的这种耦合作用会随着两孔之间节点容腔尺度的增大而减弱。本书重点探讨空气系统网络拓扑的稳定性优化问题，不再对元件间在局部尺度上的细节耦合现象进行赘述，感兴趣的读者可参考相关研究。

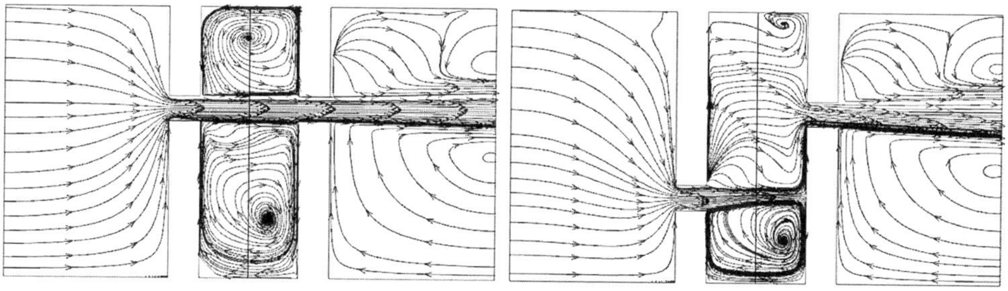

图2.13　上游孔在不同径向位置下孔-孔耦合模型子午面流线图

鉴于空气系统网络的复杂性，本节首先以具有2个元件的空气系统简单串、并联流路为例，说明空气系统相邻元件间的基本共同工作关系。空气系统分、汇流流路因涉及多种流路布局和元件的匹配，将在下一节的多元件匹配规律中深入剖析。

1. 串联流路元件的共同工作

首先分析具有上、下游串联关系的两个节流孔的基本共同工作关系，如图2.14所示，孔1代表上游元件，孔2代表下游元件。

依据式(2.7)的定量关系，以及两个元件的流量连续关系，有

$$\frac{p_1^* W_{cor1}}{\sqrt{T_1^*}} = \frac{p_2^* W_{cor2}}{\sqrt{T_2^*}} \tag{2.13}$$

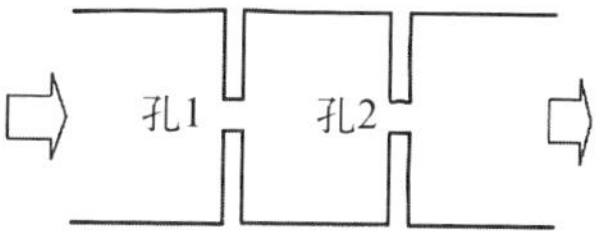

图2.14　双孔串联流路示意图

在串联流路中，若忽略风阻即传热效应的影响，气流总温相等，则有

$$p_1^* W_{cor1} = p_2^* W_{cor2} \tag{2.14}$$

其中，$\pi_{U1} = p_1^* / p_2^*$，因此式(2.14)可表示为

$$\pi_{U1} W_{cor1} = W_{cor2} \tag{2.15}$$

式(2.15)即为空气系统串联节流元件的共同工作方程。通过该方程可知，串联流路上、下游节流元件的共同工作关系与流体的总温无关，体现为元件之间的相似流量和落压比的对应关系。针对串联元件不同工作状态组合下的匹配规律，分别讨论如下。

(1) 孔 1 和孔 2 均为亚临界状态：由式(2.15)可得，两个节流孔落压比的定量关系可表示为式(2.16)。可以看出，孔 2 在特性图上的任意亚临界工作点都对应唯一的相似流量 W_{cor2}，对于每一个 W_{cor2}，都能确定孔 1 落压比 π_{U1} 与其相似流量 W_{cor1} 的反比例关系曲线，且与孔 1 的特性线都有唯一的交点。换而言之，两个节流孔在特性图上的工作点存在一一对应关系，如图 2.15 所示。这意味着在该串联流路上、下游边界节点压力的变化会同时对两个元件的流量和落压比造成影响，且下游孔 2 在同等边界偏差下受到的相对影响会更显著一些。

$$W_{cor1} = \frac{W_{cor2}}{\pi_{U1}} \tag{2.16}$$

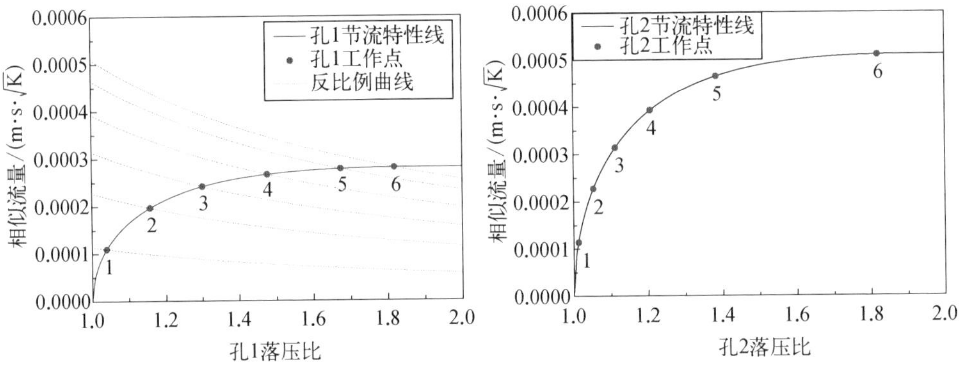

(a) 孔1　　(b) 孔2

图 2.15　孔 1 和孔 2 均为亚临界状态的共同工作关系

(2) 孔 1 为临界状态，孔 2 为亚临界状态：这种情况下，由于处在临界状态的孔 1 的相似流量 W_{cor1} 保持不变，孔 2 的相似流量 W_{cor2} 与孔 1 的落压比 π_{U1} 之间存在式(2.17)描述的正比关系。可以看出，孔 1 的落压比越高，孔 2 的相似流量越大，这说明两个节流孔在特性图上的工作点仍然存在一一对应关系，如图 2.16 所示。

$$W_{cor2} = \text{const} \cdot \pi_{U1} \tag{2.17}$$

其中，$\text{const} = W_{cor1.\max} = C_d K A_1$。

(3) 孔 1 为亚临界状态，孔 2 为临界状态。这种情况下，由于处于临界状态的孔 2 相似流量 W_{cor1} 保持不变，孔 1 的落压比则与孔 1 的相似流量之间存在式(2.18)描述的唯一反比例关系。该反比例关系所确定的函数曲线与孔 1 的节流特性线只有唯一交点。因此，只要孔 2 工作于临界状态，其落压比的任意变化对孔 1 的工作点均不产生影响，如图 2.17 所示。

$$\pi_{U1} = \frac{\text{const}}{W_{cor1}} \tag{2.18}$$

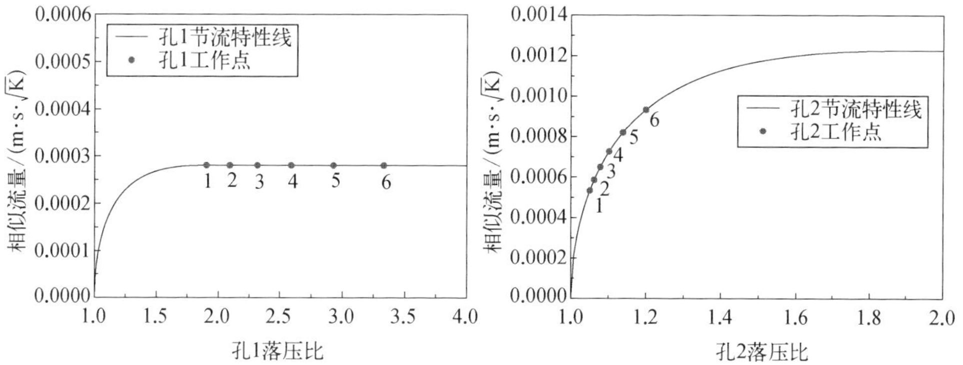

(a) 孔1　　(b) 孔2

图 2.16　孔 1 为临界状态,孔 2 为亚临界状态的共同工作关系

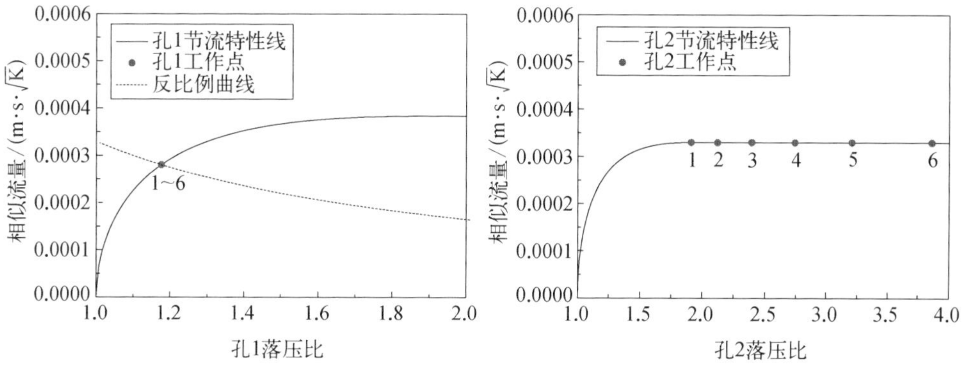

(a) 孔1　　(b) 孔2

图 2.17　孔 1 为亚临界状态,孔 2 为临界状态的共同工作关系

其中, $\mathrm{const} = W_{\mathrm{cor2.\,max}} = C_d KA$。

(4) 孔 1 为临界状态,孔 2 为临界状态: 这种情况下由于两个节流孔相似流量均保持不变,则依据孔 1 的落压比为描述的常数,若忽略两孔流量系数差异,孔 1 的落压比近似等于下游孔与上游孔的节流面积比。不难看出,无论孔 2 的落压比如何变化,只要孔 2 仍处于临界状态,孔 1 在节流特性线上只有唯一的工作点,如图 2.18 所示。

$$\pi_{\mathrm{U1}} = \mathrm{const} \tag{2.19}$$

其中, $\mathrm{const} = \dfrac{(W_{\mathrm{cor2}})_{\max}}{(W_{\mathrm{cor1}})_{\max}} = \dfrac{C_{d2}A_2}{C_{d1}A_1} \approx \dfrac{A_2}{A_1}$。

综上,对于串联流路相邻两个节流元件,可以总结为如下四个共同工作关系。

(1) 下游亚临界共同工作关系: 当下游节流元件工作于亚临界状态时,无论

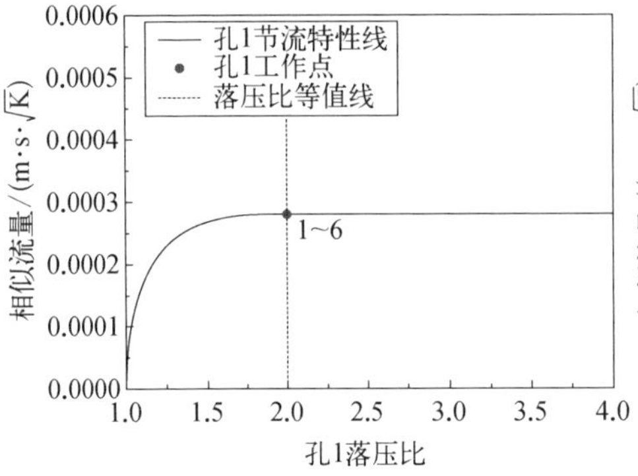

(a) 孔1

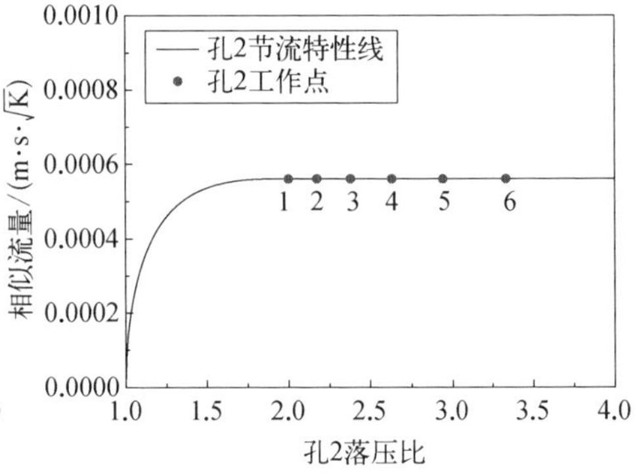

(b) 孔2

图 2.18　孔 1 为临界状态,孔 2 为临界状态的共同工作关系

上游节流元件是否临界,上下游相邻节流元件的工作点都存在唯一对应关系。

(2) 上游临界共同工作关系：当上游节流元件工作于临界状态时,无论下游元件是否临界,下游元件落压比都会受到边界节点压力的影响。

(3) 下游临界共同工作关系：当下游节流元件工作于临界状态时,无论上游节流元件是否临界,上节流元件都只有唯一的工作点,且与下游节流元件落压比无关。

(4) 任意临界共同工作关系：当任意一个节流元件工作于临界状态,其自身及上游元件(如果有)的相似流量保持不变。

可见,当串联流路中任意一个节流元件达到临界状态时,整个串联流路的相似流量都不受落压比变化的影响,相当于串联流路整体达到了临界状态。在该临界状态下,虽然串联流路中前面的节流元件仍然处于亚临界状态,但其流阻的存在会增加整个串联流路的临界落压比。这会导致多节流元件串联流路的节流特性与单节流元件有所不同。图 2.19(a)对比了两者的无量纲节流特性,可以看出,多节流元件串联流路的节流特性与多级篦齿元件相似,在相同落压比的亚临界状态下,其相对相似流量更小些。

从图 2.19(a)中还能明显地看出,相似流量随落压比增加的斜率存在一定差异,图 2.19(b)给出了上述斜率随落压比变化的定量关系。从本节的示例中可以看出,落压比 1.27 是一个临界点,当落压比小于该值时,串联流路相似流量随落压比增加的斜率要更小一些,当落压比大于该值时,单节流元件相似流量随落压比增加的斜率要更大一些。这意味着,在小落压比的节流流路中,采用串联流路更有利于降低流量对边界压力的敏感性。在大落压比的通流流路中,采用单个节流元件更有利于降低上述敏感性。

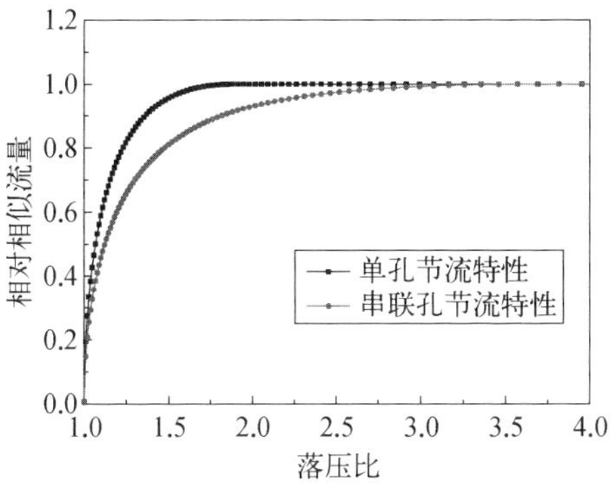

(a) 相对相似流量

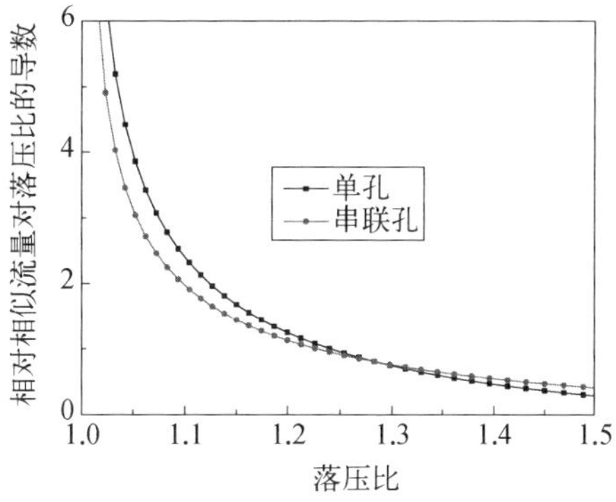

(b) 相对相似流量对落压比的导数

图 2.19　单孔与串联孔通用特性的差异

2. 并联流路元件的共同工作

空气系统并联流路的共同工作关系要简单很多。如图 2.20,假设编号分别为 1 和 2 的两个节流元件并联时,整个并联流路落压比 π_{UT} 及各节流元件的落压比相等,且并联流路相似流量 $W_{r.corT}$ 可以由各节流元件直接叠加,其共同工作关系如图 2.21 所示,可简要描述如下:

$$W_{r.corT} = W_{r.cor1} + W_{r.cor2} = f_1(\pi_{U1}) + f_2(\pi_{U2}) = f_T(\pi_{UT}) \tag{2.20}$$

$$\pi_{UT} = \pi_{U1} = \pi_{U2} \tag{2.21}$$

由以上共同工作关系可以得出推论:当多个节流元件并联时,各节流元件工作点存在逐点对应关系,如图 2.21 所示。即各节流元件的落压比会同步发生变化,并且整个并联流路的临界落压比等于各节流元件中的最大临界落压比。

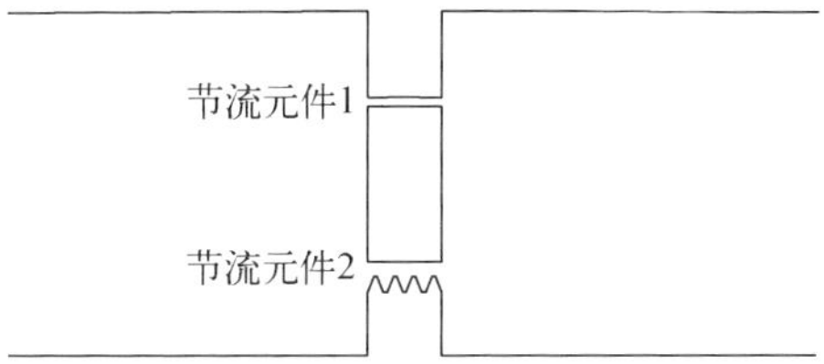

图 2.20　典型节流元件并联流路示意图

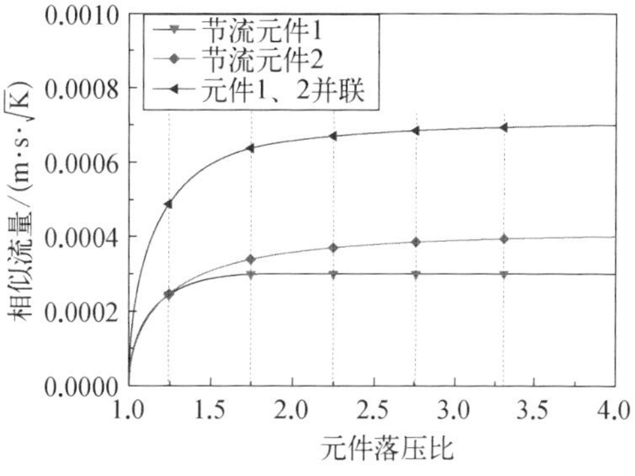

图 2.21　典型并联流路节流元件的共同工作关系

2.3　空气系统多元件稳态匹配规律

如第1.3节所述,航空发动机主流道内侧空气系统按照各气路上游引气来源的不同,可以分为不同的压力分区。每个分区都设有承担核心功能并控制核心腔室压力的主干流路,每个主干流路也都有能主控其流量的核心节流元件。图2.22给出了典型涡扇发动机高、中、低压分区的5个主干流路,其中包括高压分区两个相对独立的主干流路、中压分区的一个主干流路和低压分区的两个主干流路。

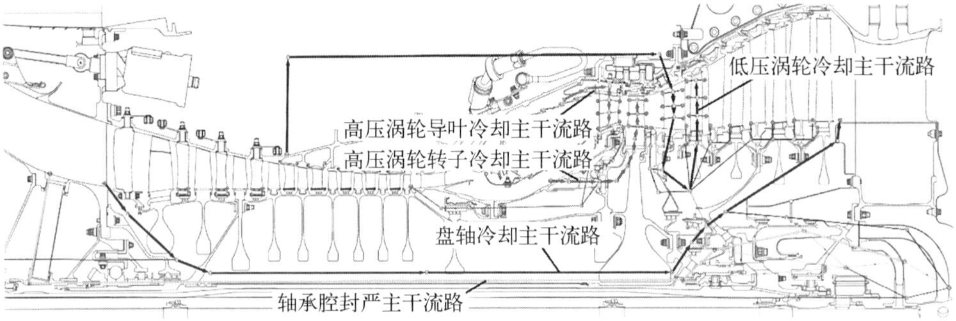

图2.22　涡扇发动机空气系统各压力分区典型主干流路示意图

(1) 高压涡轮导叶冷却主干流路:由燃烧室二股气流引气,经由集气腔进入高压涡轮导向器内部冷却通道,最后由高压导向器叶片表面气膜孔汇入主流道。该主干流路的核心功能是高压涡轮导向器冷却,并分流出少量冷气用于冷却涡轮外环。由于涡轮导向器前缘气膜孔出流压力的裕度需求,需要沿程干路上设有节流元件。

(2) 高压涡轮转子冷却主干流路:由燃烧室二股气流引气,经由预旋喷嘴、篦齿盘接收孔、涡轮盘前腔、叶片根部冷气通道、叶片内部冷却通道等流路,最后由高压涡轮叶片表面气膜孔汇入主流道。该主干流路的核心功能是高压涡轮盘/叶片冷却,并分流部分冷气用于高压涡轮前腔轮缘封严,同时承担高压转子轴向力控制功能。该主干流路的核心节流元件为预旋喷嘴。

(3) 低压涡轮冷却主干流路:由压气机中间级引气,经由引气管路、外机匣集气腔、低压涡轮一级导叶、节流孔、低压涡轮盘腔、低压涡轮叶片冷却通道等流路,最后由低压涡轮叶片表面气膜孔汇入主流道。该主干流路的核心功能是低压涡轮导向器、低压涡轮转子盘/叶片冷却,并分流部分冷气用于高压涡轮后腔轮缘封严,以及低压涡轮各级(末级后腔除外)轮缘封严,同时承担低压转子轴向力控制功能。该主干流路的核心节流元件为导向器内侧集气腔与低压涡轮盘腔之间的节流孔。

(4) 盘轴冷却主干流路：由压气机零级引气，经压气机盘心流路、高压涡轮盘心流路、低压涡轮盘心流路等，最后由低压涡轮末级轮缘汇入主流道。该主干流路的核心功能是压气机、高/低压涡轮盘轴冷却，核心节流元件是高压涡轮心腔下游的节流孔。由于该主干流路的引气压力较低，除了较少比例的冷气分流至轴承腔封严以外，沿程会汇入由其他高压分区泄漏进来的高温、高压冷气。

(5) 轴承腔封严主干流路：由压气机零级引气，在盘轴冷却主干流路内侧并与其并行，沿程经封严元件汇入轴承腔或盘轴冷却流路。该主干流路的核心功能是轴承腔封严，沿程干路上没有节流元件。由于该主干流路的引气压力较低，除了较少的比例的冷气分流至轴承腔封严以外，沿程会汇入由其他高压分区泄漏进来的高温、高压冷气。

可以看出，各分区主干流路应满足以下几个特征：

(1) 主干流路是由多个通流元件或刚性节流元件组成的功能流路；

(2) 如果主干流路上有刚性节流元件，其中应该有一个是能够主导整个主干流路流量的核心节流元件(如高压涡轮冷却主干流路)，其他非核心节流元件布局具有控制沿程压力分布的作用；

(3) 主干流路上不能有变形节流元件(如篦齿元件)，但其沿程可能存在由变形节流元件构成的分流或汇流支路。

(4) 如果主干流路(如高压涡轮导叶冷却流路，轴承腔封严流路)全部由通流元件构成，那么该主干流路只能从主流道同一等效截面引气，其沿程必然存在多个有节流元件(气膜孔、封严篦齿等)构成的分流支路。

因此，本节以空气系统主干流路抽象的多元件串联流路为对象，逐步剖析其沿程压力分布、核心节流元件通流面积的影响、非核心节流元件布局的影响，以及分/汇流支路偏差的影响，探讨典型空气系统主干流路多元件的匹配规律。

2.3.1　多元件串联流路沿程压力分布的基本规律

空气系统由于功能需求的多样性，其内部串联流路的元件数量远不止 2 个。为了便于读者理解空气系统串联流路多节流元件的非线性匹配机制，以图 2.23 所示的等几何参数的多节流元件串联流路为例，分析其匹配规律。如图 2.24 所示，当整个串联流路两端节点落压比较小时，相当于各元件工作与通流状态，沿程各节点的气体密度几乎不变，可近似看作不可压流体，沿程各节点压力变化很小，且基本呈线性分布。但随着串联流路落压比的不断增加，沿程各节点的气体密度和总压将呈现逐渐下降的趋势，各节流孔虽然仍然保持质量流量连续，但相似流量却是沿程逐渐增大的，进而造成各节流孔落压比也呈现沿程逐渐增大的趋势。当串联流路落压比增加至一个较高的数值后，该串联流路的最后一个节流孔将首先达到临界状态。若串联流路的落压比进一步增大,整个串联流路的流量都会由最后一个节流孔进入临界状态而保持不变。此时,只有最后一个节流孔的落压比还会继续增大,而其上游的所有节流孔落压比都将不再受串联流路出口压力的影响。

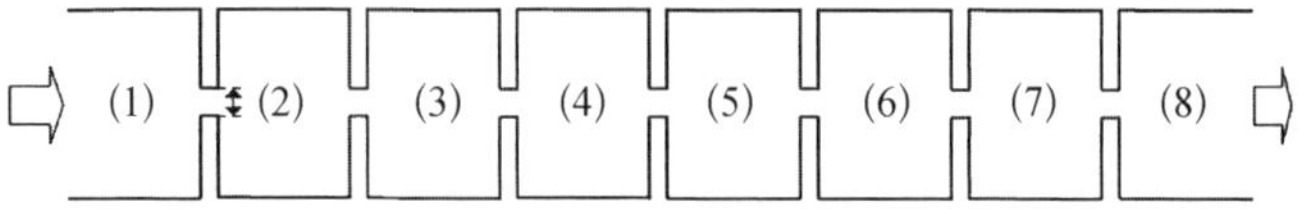

图 2.23　等几何孔多元件串联流路示意图

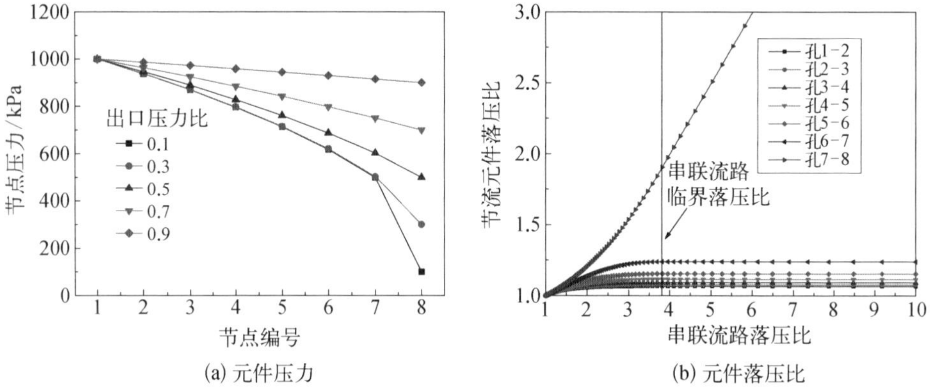

图 2.24　等几何孔多元件串联流路沿程压力分布的基本规律

2.3.2　核心节流元件通流面积的影响规律

在实际航空发动机空气系统中,串联流路中各节流元件几何参数并不会采用完全相等的设计。其中至少应有一个能够控制整个流路流量的核心节流元件,该核心节流元件通流面积会对整个串联流路的匹配特性带来显著影响。

假设图 2.25 中的中间孔为核心节流元件。图 2.26 给出了串联流路在落压比为 10 的情况下,中间孔节流面积对沿程节点压力分布的影响。可以看出,在串联流路所有节流孔通流面积相同的初始状态下,只有最后一个节流孔达到临界落压比。但随着中间孔相对节流面积的不断下降,中间孔的落压比开始大幅度增加,其他节流孔的落压比也随之发生变化。但由于临界现象的存在,其他节流孔的落压比的相对变化与其在串联流路中的相对位置有关。

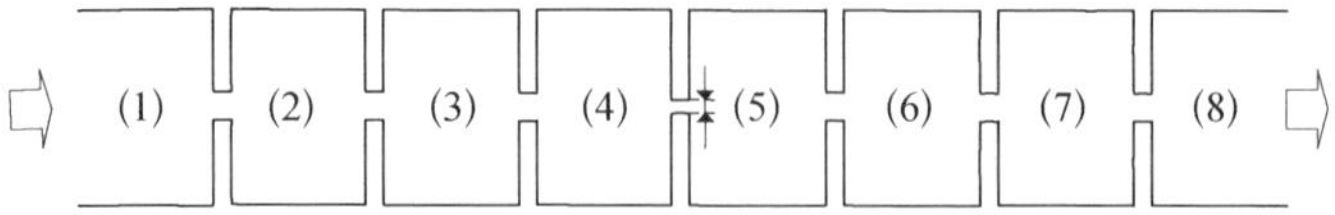

图 2.25　串联流路核心节流元件示意图

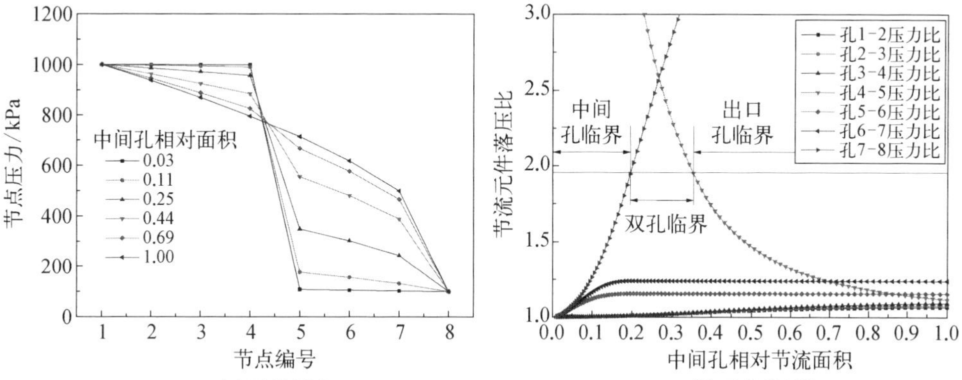

(a) 元件压力　　(b) 元件落压比

图 2.26　核心节流元件通流面积对串联流路沿程压力的影响规律

以中间节流孔为界，其上、下游流路受该节流孔通流面积的影响规律如下。

上游串联流路（节点 1~节点 4）：中间节流孔通流面积的下降直接降低了其相似流量，由于位于中间节流孔上游的上述各节流孔始终处于亚临界状态，因此上游各节流元件的相似流量、落压比也会随之下降。

下游串联流路（节点 5~节点 8）：中间节流孔通流面积的下降间接降低了节点 5 的压力，这相当于降低了节点 5 到节点 8 之间的串联流路的落压比。因此，处于临界状态的最后一个节流孔 7 的落压比会一直单调下降，其余两个节流孔（孔 5 和孔 6）的变化过程要复杂一些。在最后一个节流孔 7 落压比大于临界落压比时，依据前述的下游临界共同工作关系，孔 5 和孔 6 的相似流量和落压比均不会受中间节流孔通流面积的影响。但当最后一个节流孔 7 变成亚临界状态时，孔 5 和孔 6 的落压比会随着中间节流孔通流面积的下降而下降。

综上，核心节流元件通流面积对整个串联流路流量具有决定性影响，也会显著影响串联流路其他节流元件的共同工作点和串联流路沿程节点的总压分布。当核心节流元件通流面积显著小于其他节流元件通流元件时，其他节流元件将工作于通流状态，整个串联流路的相似流量随核心节流元件通流面积大小近似呈线性变化；当核心节流元件的通流面积与其他节流元件较为接近时，其他节流元件将工作于非线性节流状态，整个串联流路的相似流量随核心节流元件通流面积的增长趋势变缓。由此也对串联流路的整体特性产生了影响，导致串联流路的临界落压比随核心节流元件相对通流面积的增加而增加，如图 2.27 所示。

2.3.3　非核心节流元件布局的影响规律

如果高落压比串联流路中不设置达到临界或近临界状态核心节流元件，而是让元件通流面积沿流向按照一定规律（所有相邻节流元件上、下游面积比小于临界

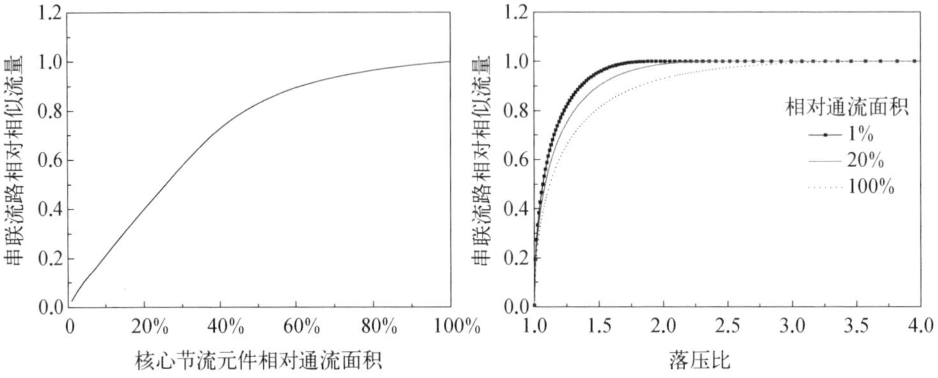

(a) 核心节流元件相对流面积影响　　(b) 串联流路整体特性

图 2.27　核心节流元件相对通流面积对串联流路特性的影响规律

压力比)逐渐增大,可以使得所有节流元件在串联流路高落压比情况下均能处于"非线性节流状态",称为"高落压比流阻均摊"串联流路布局,简称"流阻均摊"布局。在这种布局方式下,任意边界偏差都能对整个串联流路造成非线性影响,如图 2.28 所示。

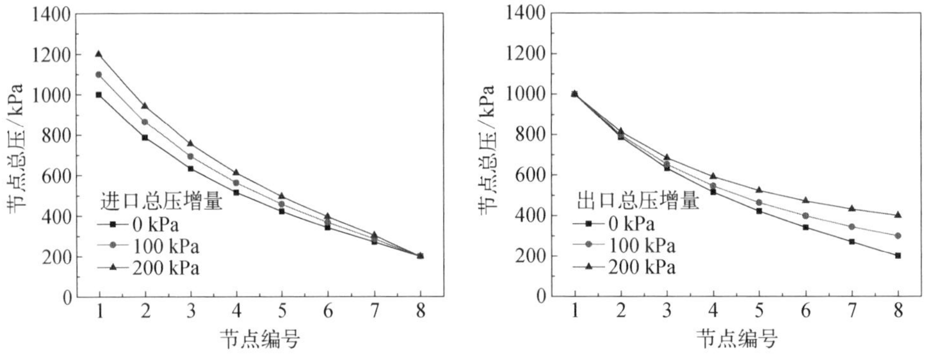

(a) 进口节点总压增量影响　　(b) 出口节点总压增量影响

图 2.28　边界压力偏差对"流阻均摊"布局沿程压力的影响

边界压力偏差对"流阻均摊"布局各分段流路落压比的影响如图 2.29 所示。上游边界节点总压的增加会造成串联流路上、下游元件落压比同时增大,且下游落压比的相对增幅更大;下游边界节点总压的增加会造成串联流路上、下游元件落压比同时减小,且下游落压比相对降幅更大。

图 2.30 给出了边界压力偏差对"流阻均摊"布局相似流量的影响。可以看出,由于整个流路中缺少临界元件,无法"隔离"下游偏差对上游流路的影响。因此,下游边界节点压力的增加会导致整个串联流路流量的下降。

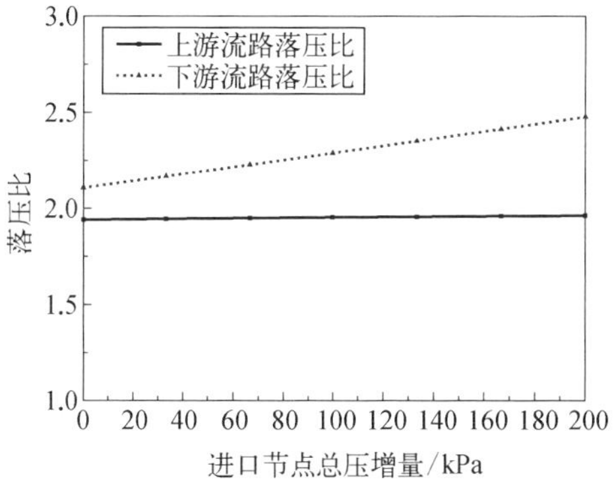

(a) 进口节点总压增量影响　　(b) 出口节点总压增量影响

图 2.29　边界压力偏差对“流阻均摊”布局各分段流路落压比的影响

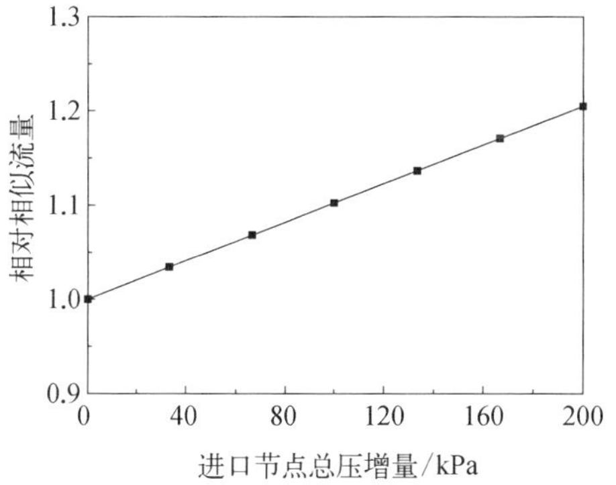

(a) 进口节点总压增量影响　　(b) 出口节点总压增量影响

图 2.30　边界压力偏差对“流阻均摊”布局相似流量的影响

显然,高落压比串联流路采用“流阻均摊”的布局方式,边界压力偏差总是能传递到整个流域,不利于沿程压力、流量的稳定控制。这也是航空发动机高落压比主干流路通常会采用临界或近临界核心节流元件进行流量控制,而不是“流阻均摊”布局的原因。

基于前面的分析可知,工作于临界或近临界状态的核心节流元件对保障空气系统功能流路流量和压力的稳定性是非常有效的。但航空发动机空气系统一般都会在满足功能需求的前提下尽量减少各流路的引、排气落压比。因此,极少出现同一个串联流路达到临界状态的元件数量超过 1 的情况。

我们在这里讨论串联流路中有 1 个临界状态核心节流元件的典型情况,那么该串联流路中其他非核心节流元件(工作于通流状态或及非线性节流状态)布局对整个流路的压力分布及边界偏差的敏感性均会产生显著的影响。这里以核心节流元件为界,在串联流路基准落压比为 10 的情况下,讨论上、下游节点总压变化对四种典型非核心节流元件布局沿程压力的规律。

（1）A 类串联布局：上游为通流元件，下游为通流元件。

（2）B 类串联布局：上游为节流元件，下游为通流元件。

（3）C 类串联布局：上游为通流元件，下游为节流元件。

（4）D 类串联布局：上游为节流元件，下游为节流元件。

对于 A 类串联布局，由于核心节流元件上、下游都是通流元件，流阻极小，核心节流元件上、下游各节点总压与其对应的边界节点总压将始终保持一致。沿程节点总压随边界节点总压的变化规律如图 2.31 所示，核心节流元件上游各节点总压随上游边界节点总压的增加而同步增加；下游各节点总压则始终保持不变，完全不受上游边界总压变化的影响。

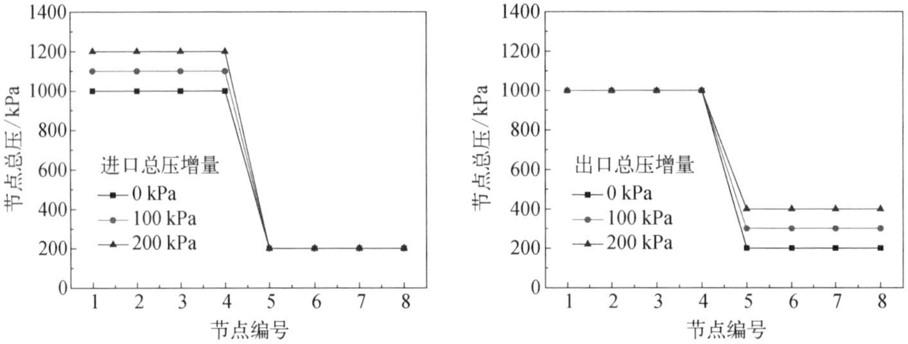

(a) 进口节点总压增量影响　(b) 出口节点总压增量影响

图 2.31　边界压力偏差对 A 类布局沿程压力的影响

图 2.32 给出了 A 类串联布局节点沿程压力随下游边界节点总压变化规律，与前述原理相同，核心节流元件上游各节点总压则始终保持不变，完全不受下游边界

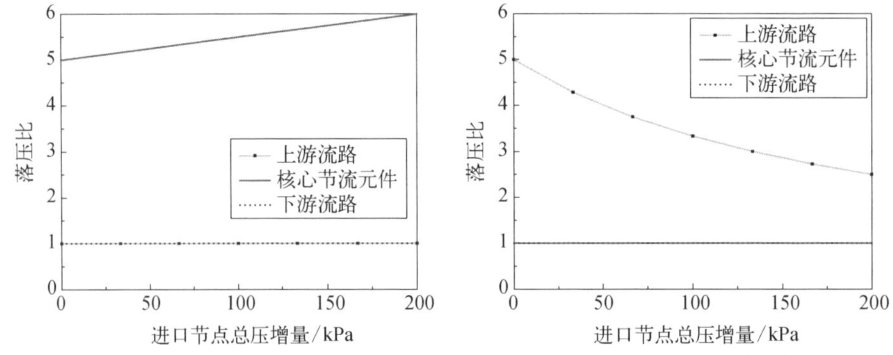

(a) 进口节点总压增量影响　(b) 出口节点总压增量影响

图 2.32　边界压力偏差对 A 类布局各分段流路落压比的影响

总压变化的影响，下游各节点总压随下游边界节点总压的增加而同步增加。

图 2.33 给出了串联 A 类串联布局的核心节流元件及其上下游流路落压比随进出口总压的变化情况。显而易见，上下游流路通流元件起到了与电路网络“导线”相似的作用，上下游流路的落压比基本上始终保持 1 不变。这种流路布局下，核心节流元件的落压比等于整个串联流路的落压比。

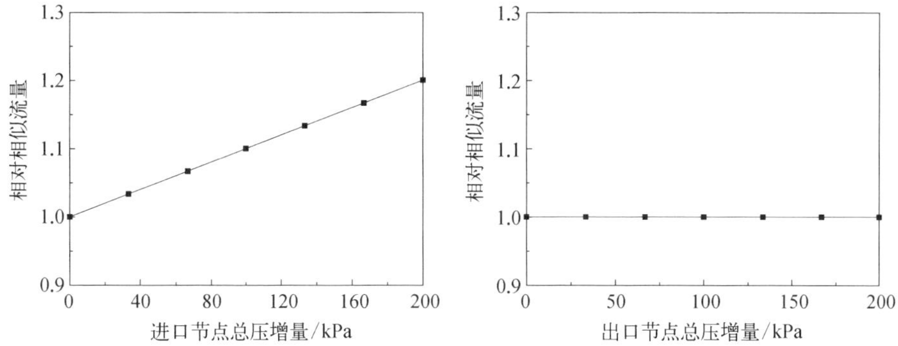

(a) 进口节点总压增量影响　(b) 出口节点总压增量影响

图 2.33　边界压力偏差对 A 类布局相似流量的影响

对于 B 类串联布局，由于串联流路核心节流元件上游的节流元件具有一定的流阻，上游各节点总压会出现较明显的沿程下降。下游通流元件流阻极小，各节点总压仍与其对应的边界节点总压始终保持一致。

图 2.34 给出了 B 类串联布局节点沿程压力随上游和下游边界节点总压的变化规律，由于核心节流元件工作于临界状态，使得其上游各节流元件的相似流量和落压比始终保持不变，核心节流元件上游各节点总压随上游边界节点总压的增加而同步增加。

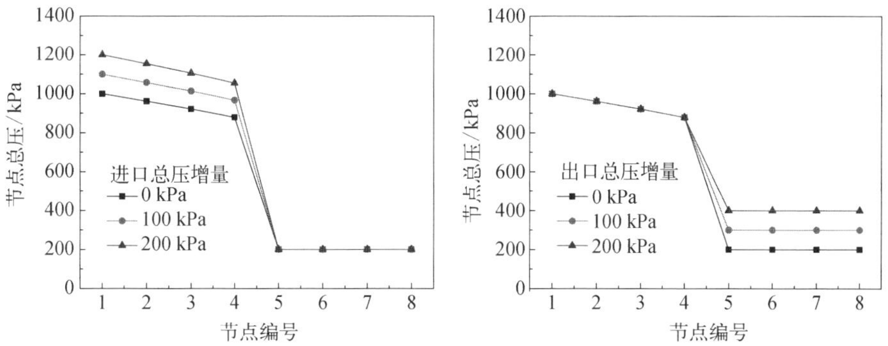

(a) 进口节点总压增量影响　(b) 出口节点总压增量影响

图 2.34　边界压力偏差对 B 类布局沿程压力的影响

图 2. 35 给出了 B 类串联布局节点沿程总压随下游边界节点总压的变化规律，其规律与 A 类串联布局相同，下游边界节点总压变化只影响核心节流元件落压比和下游节点总压，对核心节流元件上游节点总压完全没有影响。

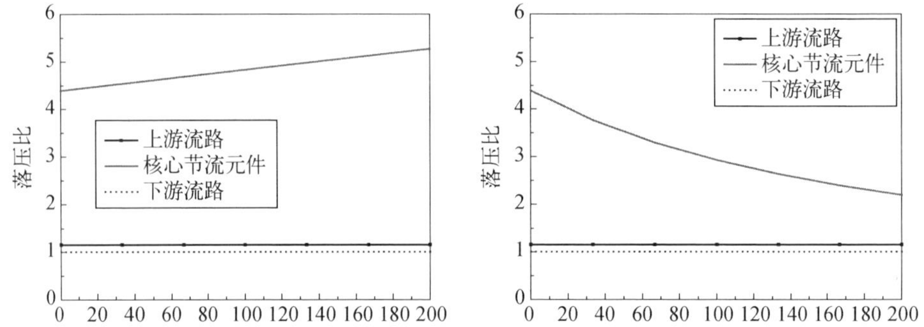

(a) 进口节点总压增量影响　　(b) 出口节点总压增量影响

图 2. 35　边界压力偏差对 B 类布局各分段流路落压比的影响

图 2. 36 给出了 B 类串联布局的核心节流元件及其上、下游流路落压比随进出口压力的变化情况。由于处于临界状态的核心节流元件上游各元件工作点保持不变，上下游边界节点压力变化并不会影响上游流路的总体落压比，只会导致核心节流元件落压比的发生相应的变化。

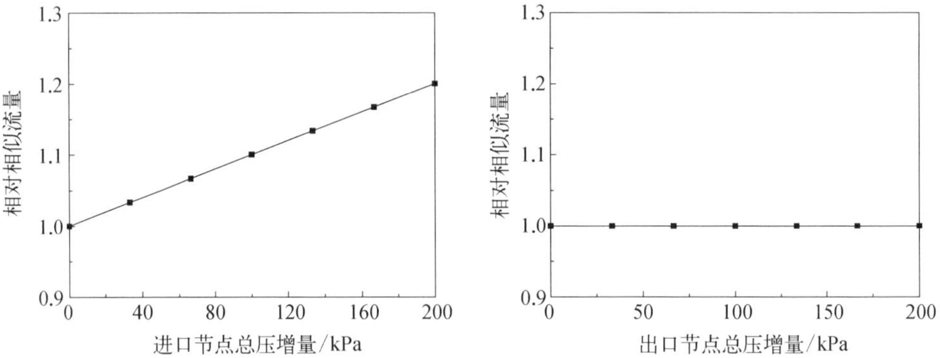

(a) 进口节点总压增量影响　　(b) 出口节点总压增量影响

图 2. 36　边界压力偏差对 B 类布局相对相似流量的影响

对于 C 类串联布局，虽然等同于 B 类串联布局的上下游节流元件类型进行了互换，但是却对沿程节点压力分布和边界偏差传递规律产生了显著影响。如图 2. 37 所示，在沿程节点压力分布方面，其上下游沿程压力分布规律与 B 类串联布局正好相反,其原理很容易理解,在此不作赘述。最主要的区别体现在上游边界节点总压偏差的影响上：B 类串联布局上、下游边界节点总压的变化只影响核心节流元件同侧对应流路中各节点总压,对另一侧节点总压几乎没产生影响。而 C 类串联布局由于前述“上游临界共同工作关系”,上游边界节点总压的变化对整个串联流路上下游节点压力都产生了较明显的影响。

同样依据前述串联元件共同工作关系,C 类串联布局中处于临界状态的核心节流元件,无法阻隔上游边界节点总压变化对下游元件落压比及串联流路相似流量的影响,如图 2.38 和图 2.39 所示。

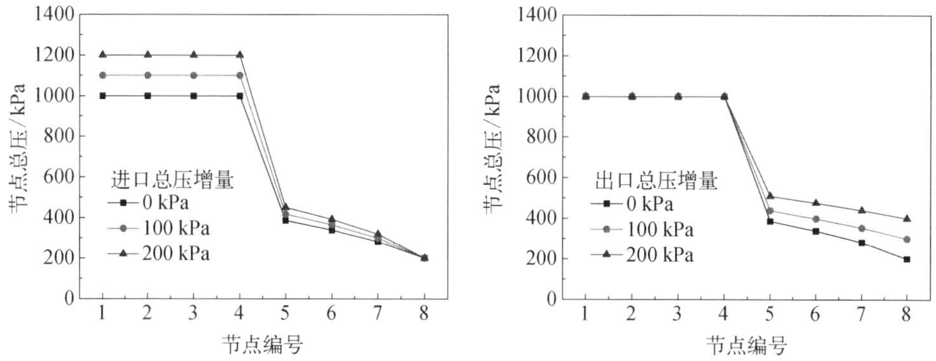

(a) 进口节点总压增量影响　　(b) 出口节点总压增量影响

图 2.37　边界压力偏差对 C 类布局沿程压力的影响

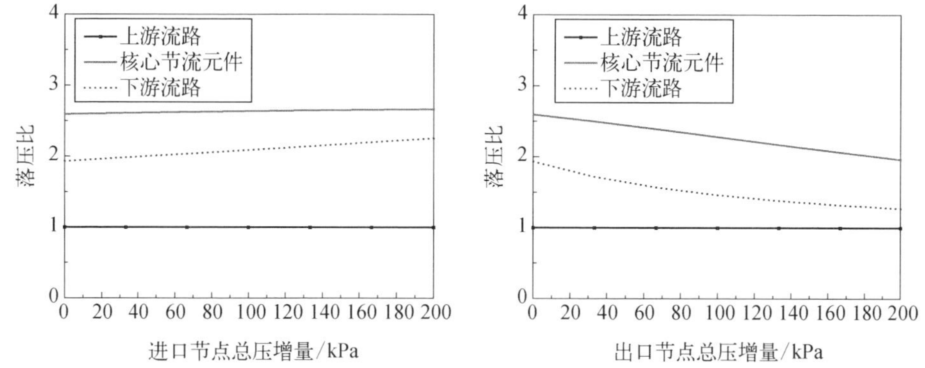

(a) 进口节点总压增量影响　　(b) 出口节点总压增量影响

图 2.38　边界压力偏差对 C 类布局各分段流路落压比的影响

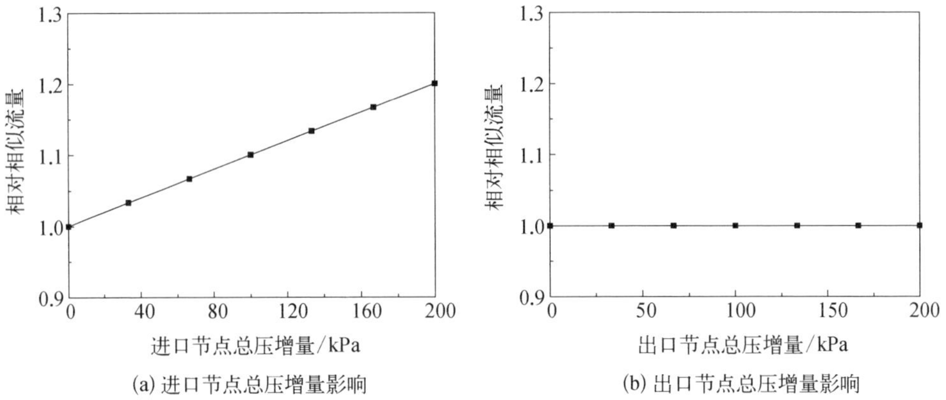

图 2.39　边界压力偏差对 C 类布局相似流量的影响

对于 D 类串联布局,等同于 B 类串联布局的上游节流元件由通流元件转变成节流元件,但是由于核心节流元件阻隔了下游边界总压变化对上游流路的影响,下游边界节点总压变化依然没有对上游节流元件工作状态产生影响,使得下界节点总压偏差对整个串联流路沿程节点总压分布的相对影响趋势与 B 类串联布局相似,如图 2.40~图 2.42 所示。最大的区别在于,由于 D 类串联布局下游是节流元件,因此上游节点总压偏差能够对下游流路压力分布和元件落压比产生影响,而 B 类串联布局下游的通流元件却能够屏蔽上述偏差影响。

表 2.1 总结了边界偏差对四类串联布局的影响规律,可以看出,串联流路中工作于临界状态的核心节流元件具有阻隔下游边界压力偏差向上游传递功能,但并不能阻隔上游边界压力偏差向下游的传递,只能实现单向隔离。工作于通流状态的元件通过将关键节点压力与边界节点"短路",有助于屏蔽其他外界偏差影响。

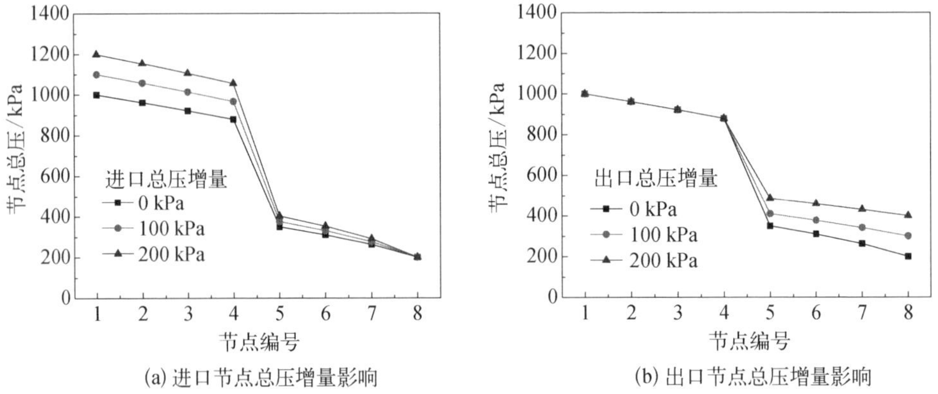

图 2.40　边界压力偏差对 D 类布局沿程压力的影响

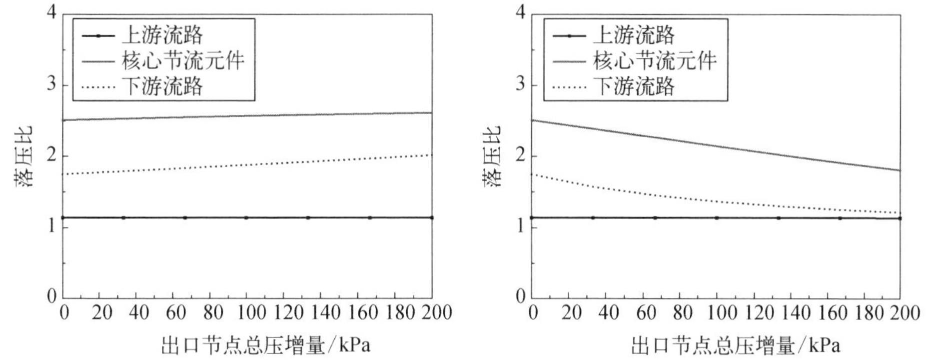

(a) 进口节点总压增量影响　　(b) 出口节点总压增量影响

图 2.41　边界压力偏差对 D 类布局各分段流路落压比的影响

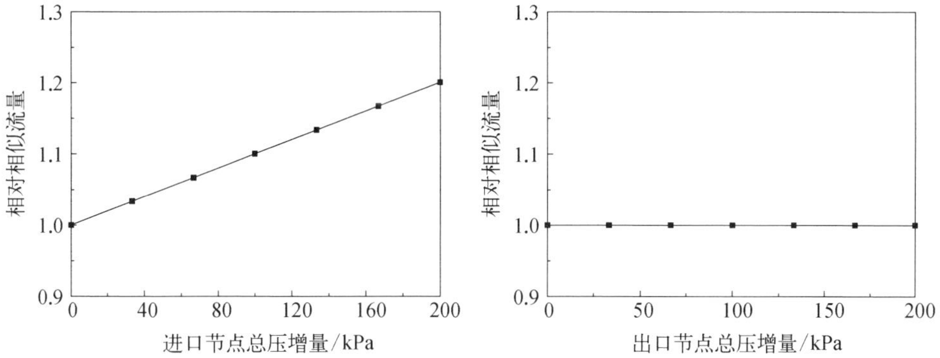

(a) 进口节点总压增量影响　　(b) 出口节点总压增量影响

图 2.42　边界压力偏差对 D 类布局相对相似流量的影响

表 2.1　关键参数与串联流路边界偏差的相关性

关键参数	A 类串联布局		B 类串联布局		C 类串联布局		D 类串联布局	
	上游压力偏差	下游压力偏差	上游压力偏差	下游压力偏差	上游压力偏差	下游压力偏差	上游压力偏差	下游压力偏差
总质量流量	正相关	无关	正相关	无关	正相关	无关	正相关	无关
上游流路压力	正相关	无关	正相关	无关	正相关	无关	正相关	无关
下游流路压力	无关	正相关	无关	正相关	正相关	正相关	正相关	正相关
上游流路落压比	无关	无关	正相关	无关	无关	无关	正相关	无关
下游流路落压比	无关	无关	无关	无关	正相关	负相关	正相关	负相关

2.3.4 分、汇流支路偏差的影响规律

1. 分流流路元件的影响

空气系统分流流路是空气系统引气主干流路分流为多个支路的流路结构。如图 2.43 所示，空气系统的分流流路主要有两类：第一类是从引气流路按功能需求主动设置的分流流路；另一类是为了防止气体沿着转、静封严结构从高压流路流向低压流路而被动形成的分流结构。前者大多数由刚性节流元件或大间隙转、静节流元件直接实现分流流量的控制，受工作偏差的影响较小；后者比较容易因为转、静封严间隙初始偏差、工作偏差、衰变偏差而影响空气系统相关流路的功能稳定性。

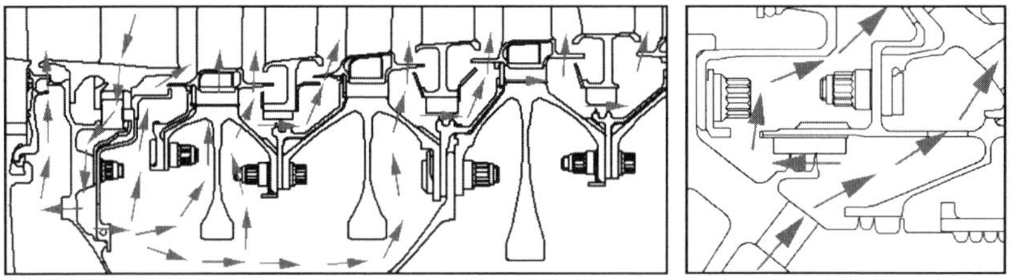

(a) 主动分流　　(b) 被动分流

图 2.43　空气系统典型分流流路

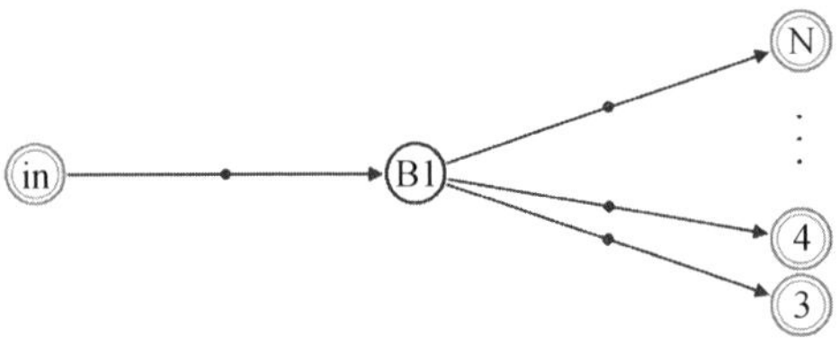

图 2.44　空气系统分流流路拓扑结构示意图

如图 2.44 所示，从拓扑上可以分为上游主干串/并联流路（或单元件）、分流节点、下游分支串/并联流路（或单元件）三部分。分流流路中各串/并联流路及元件除了要满足 2.2 节所描述的共同工作关系，其分流节点还需要满足流量连续和能量守恒关系。

假设与分流节点连接的节流元件中，有 N 个从该节点流出。则该分流节点的质量连续方程为

$$W_{\text{in},\,i} - \sum_{i=1}^{N} W_{\text{out},\,i} = 0 \tag{2.22}$$

从能量守恒方程的角度，若忽略分流节点的传热影响，则下游各支路的气体总温等于上游主干支路的总温，即

$$T^*_{\text{out},\,1} = T^*_{\text{out},\,2} = \cdots = T^*_{\text{out},\,N} = T^*_{\text{in}} \tag{2.23}$$

本书重点讨论第二类分流流路中篦齿偏差的影响。图 2.45 给出了四种典型分流布局，图 2.46~图 2.49 分别给出了分流支路篦齿偏差（增大 50%）对上述四类分流布局各元件工作点的影响。

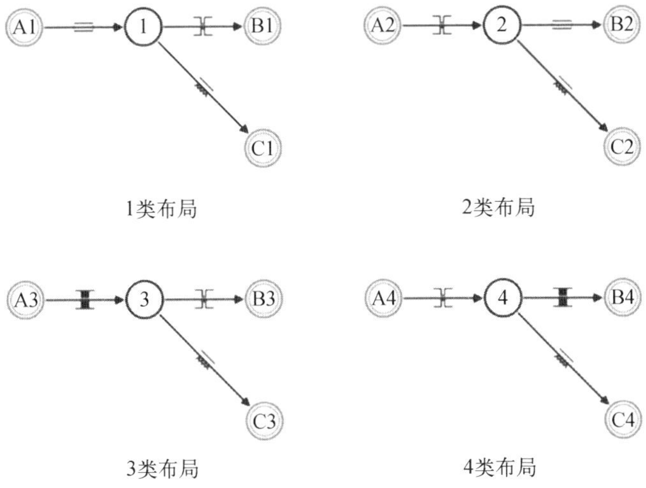

图 2.45　空气系统典型分流布局形式

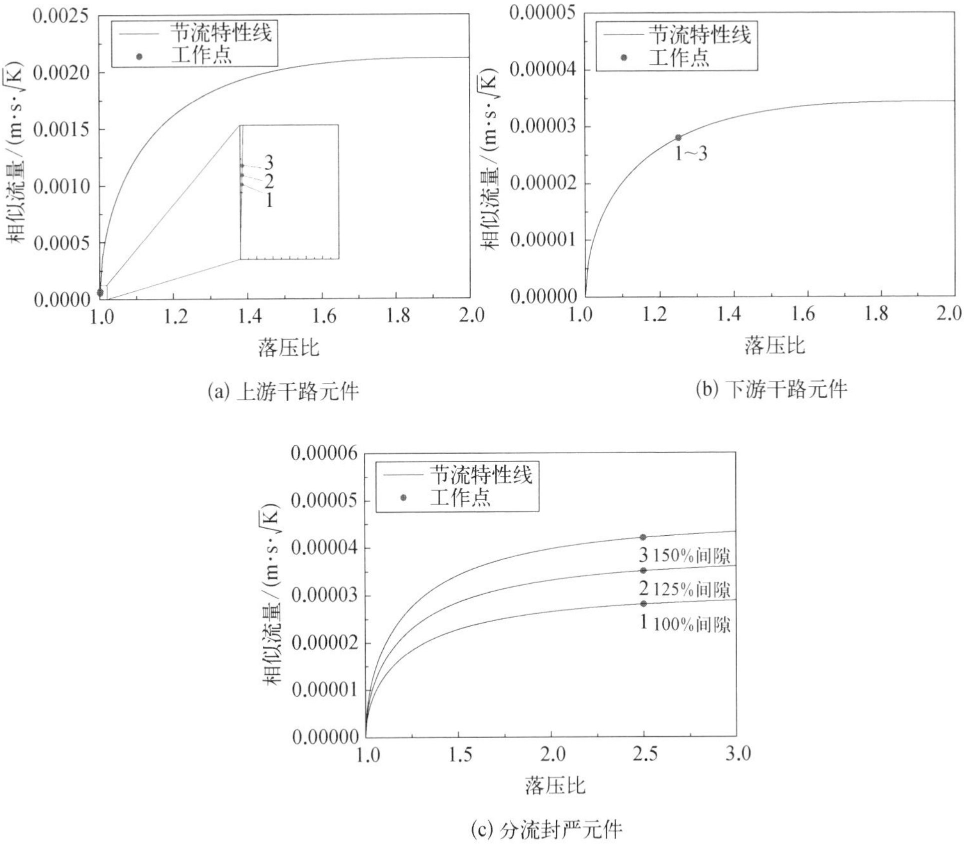

图 2.46　分流支路篦齿偏差对 1 类分流布局各元件工作点的影响

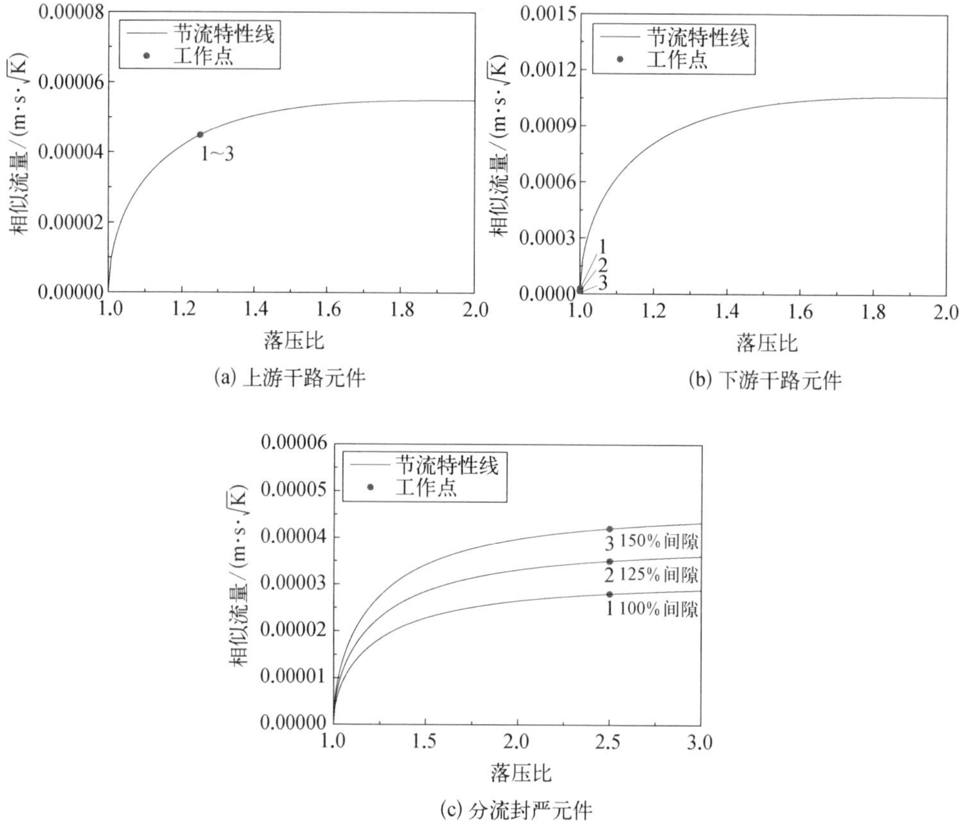

图 2.47　分流支路篦齿偏差对 2 类分流布局各元件工作点的影响

(1) 1 类分流布局：从通流元件和亚临界元件之间分流。在这种分流布局下，通流元件将分流节点和上游边界节点直接连通，其总压几乎不会受到篦齿间隙的影响。因此，分流节点下游的主干流路几乎不会受到篦齿间隙的影响。其上游通流元件落压比虽然几乎不受篦齿间隙的影响，但流量会随着篦齿间隙的增大而增大，且其相对增幅与篦齿元件流量增幅基本相等。

(2) 2 类分流布局：从亚临界元件和通流元件之间分流。在这种分流布局下，通流元件将分流节点和下游边界节点直接连通，其总压同样不会受到篦齿间隙的影响。分流节点上游的主干流路几乎不会受到篦齿间隙的影响。其下游通流元件落压比虽然几乎不受篦齿间隙的影响，但流量会随着篦齿间隙的增大而减少，且其相对降幅与篦齿元件流量增幅基本相等。

(3) 3 类分流布局：从临界元件与亚临界元件之间分流。在这种分流布局下，上游临界节流元件相似流量不再受下游篦齿元件间隙的影响，分流节点总压会随着篦齿间隙的增加而下降。由分流节点的流量连续关系，篦齿封严间隙的增加只会造成分流节点下游其他分流元件流量的下降,在封严篦齿间隙增加的情况下,其他分流元件的流量降幅等于封严篦齿流量的增幅。

（4）4 类分流布局：从亚临界元件与临界元件之间分流。在这种分流布局下，分流节点上游高压流路节流元件流量会随着篦齿封严间隙的增加而增加,而分流节点下游临界节流元件的相似流量并不会受到影响。但是,由于分流节点自身的总压会随着篦齿间隙的增加而下降,分流节点下游临界节流元件的质量流量也随之下降。可以看出,分流节点下游分流支路的临界节流元件并不能隔离其他支路的偏差影响。

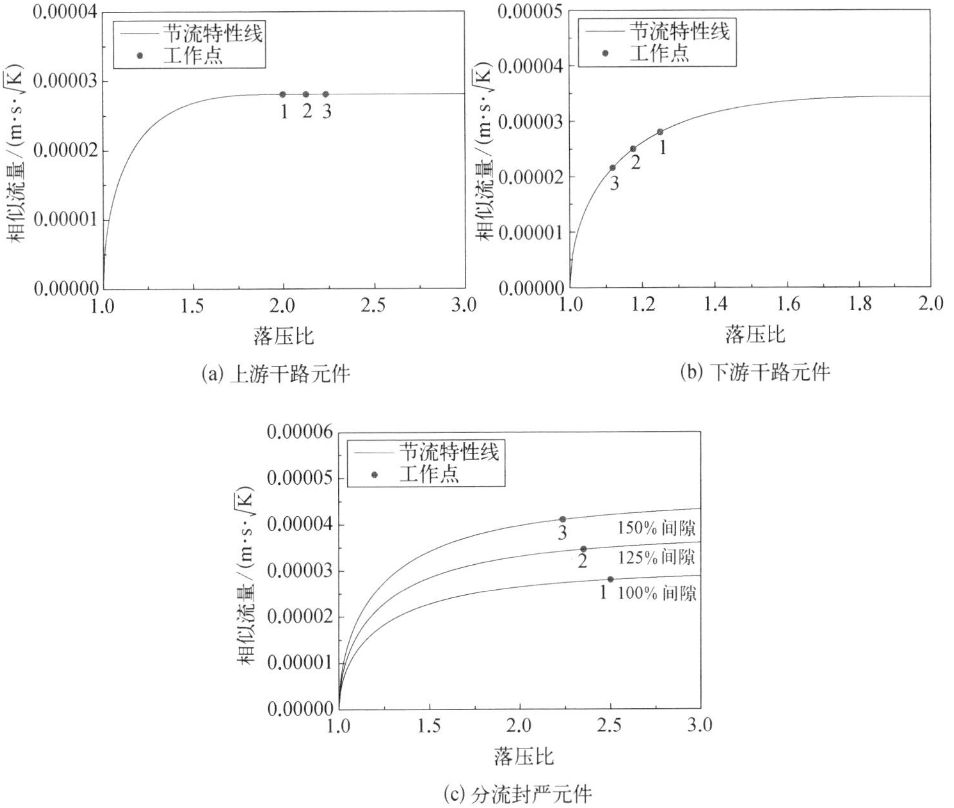

(a) 上游干路元件　(b) 下游干路元件　(c) 分流封严元件

图 2.48　分流支路篦齿偏差对 3 类分流布局各元件工作点的影响

图 2.50 给出了前面四种分流流路布局篦齿偏差的定量影响,可以得出如下结论。

（1）从各支路流量对篦齿偏差敏感性的角度,在以上四种分流布局中,1 类、2 类、3 类布局均具备一定的偏差“隔离”能力。其中,1 类分流布局能够“隔离”分流支路偏差对分流节点下游干路的影响;2 类和 3 类分流布局能够“隔离”分流支路

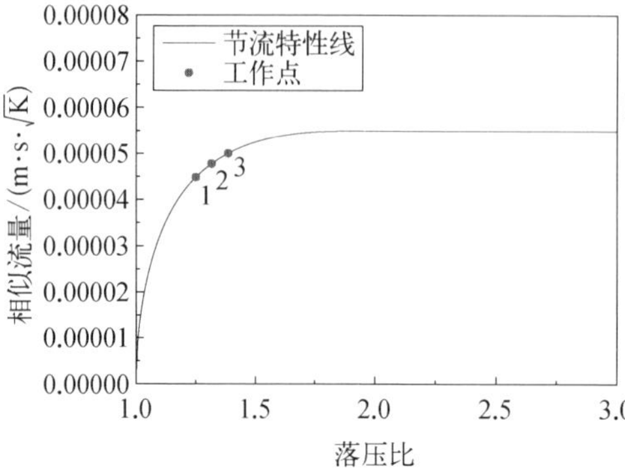

(a) 上游干路元件

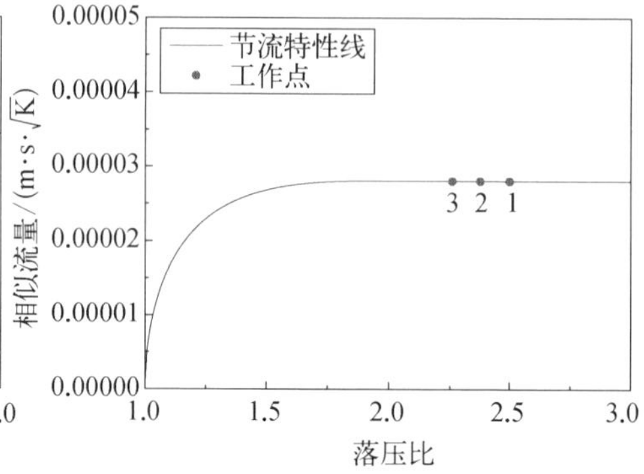

(b) 下游干路元件

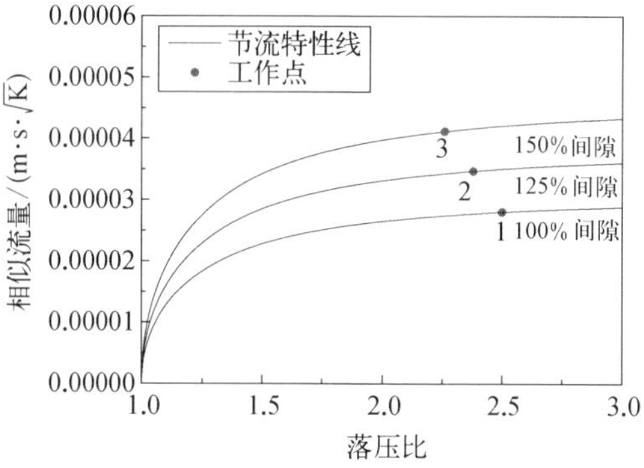

(c) 分流封严元件

图 2.49　分流支路篦齿偏差对 4 类分流布局各元件工作点的影响

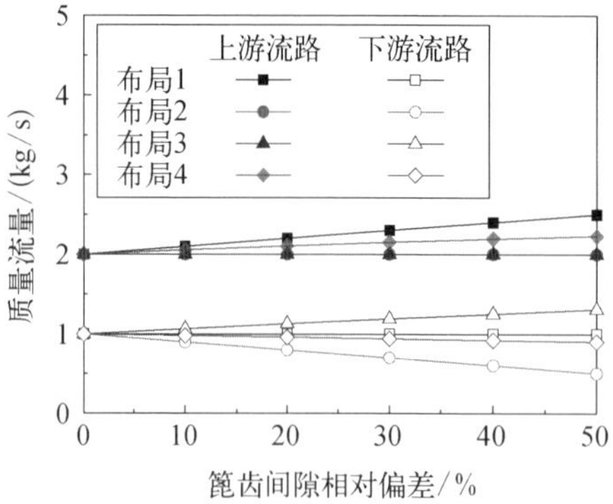

(a) 质量流量

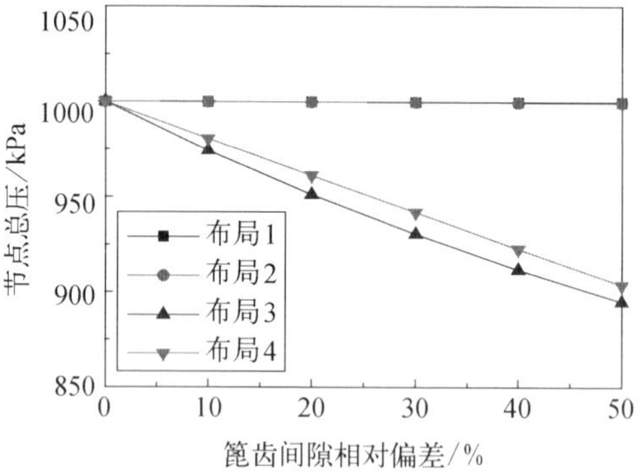

(b) 节点总压

图 2.50　四类分流布局篦齿偏差的影响

偏差对上游干路的影响;4类分流布局不具备偏差"隔离"能力,分流支路偏差能够对整个干路上、下游均造成影响。

(2) 从分流节点压力对篦齿偏差敏感性的角度,1类和2类分流布局能够"隔离"分流支路偏差的影响。3类分流布局和4类分流布局的分流节点总压对篦齿偏差较敏感。

表2.2总结了各种分流流路布局下各支路和分流节点参数与分流元件偏差的相关性。可以看出,不同类型的分流布局流量、压力等参数与分流支路篦齿偏差的相关性显著不同。在空气系统分流流路设计中,需要结合具体空气系统功能流路对流量、压力稳定性需求,以及结构限制和流路特点,充分、灵活地运用上述"隔离"原理。

表2.2　关键参数与分流支路篦齿偏差的相关性

	1类分流布局	2类分流布局	3类分流布局	4类分流布局
上游干路流量	正相关	无关	无关	正相关
下游干路流量	无关	负相关	负相关	负相关
分流节点总压	无关	无关	负相关	负相关

2. 汇流流路元件的影响

空气系统汇流流路是空气系统多个支路掺混后并再次流出的流路结构。如图2.51所示,空气系统的汇流流路也可以分为两类:第一类是从功能稳定性需求角度主动设置的汇流流路;另一类是为了防止气体沿着转、静封严结构从高压流路流向低压流路而被动形成的汇流结构。前者往往是为了降低篦齿类封严元件间隙偏差对空气系统功能影响的敏感性,后者是为了降低空气系统的能量贬值,而不得不在转、静结构件采取强效篦齿封严结构。因此,空气系统中绝大多数的汇流流路中都有至少一个篦齿封严元件。

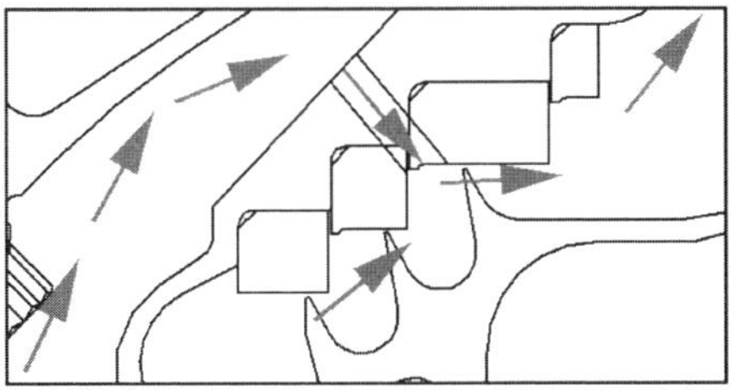

(a) 主动汇流

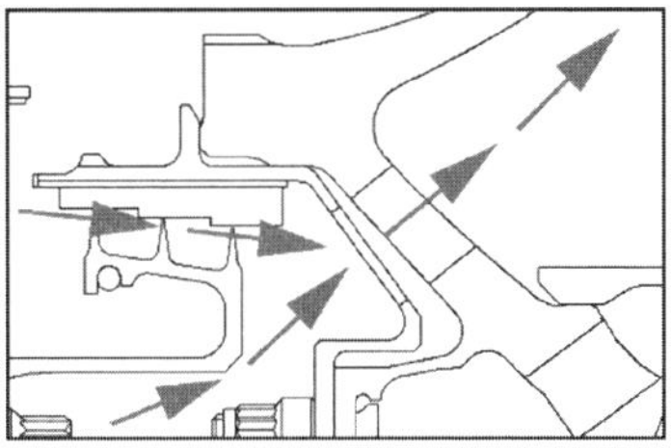

(b) 被动汇流

图2.51　空气系统典型汇流流路

如图 2.52 所示，从拓扑上可以分为上游各分支流路（或单元件）、汇流节点、下游串/并联流路（或单元件）这三部分。汇流流路中各串/并联流路及元件同样要满足 2.2 节所描述的共同工作关系，其分流节点也需要满足流量连续和能量守恒关系。

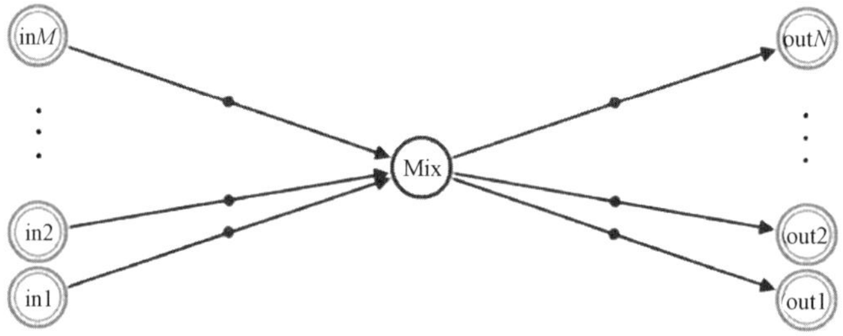

图 2.52 空气系统汇流流路拓扑结构示意图

假设与汇流节点连接的节流元件中，有 M 个流入该节点，有 N 个从该节点流出。则该汇流节点的质量连续和能量守恒方程分别为

$$\sum_{i=1}^{M} W_{\text{in},\,i} - \sum_{i=1}^{N} W_{\text{out},\,i} = 0 \tag{2.24}$$

$$\sum_{i=1}^{M} W_{\text{in},\,i} h^*_{\text{in},\,i} - \sum_{i=1}^{M} W_{\text{out},\,i} h^*_{\text{out},\,i} = 0 \tag{2.25}$$

为了便于讨论，上述多进多出的汇流节点可模化为由通流元件连接的两个节点。这样，多进多出的汇流流路可以抽象为一个“多进单出”的汇流流路和一个“单进多出”的分流流路的组合，如图 2.53 所示。

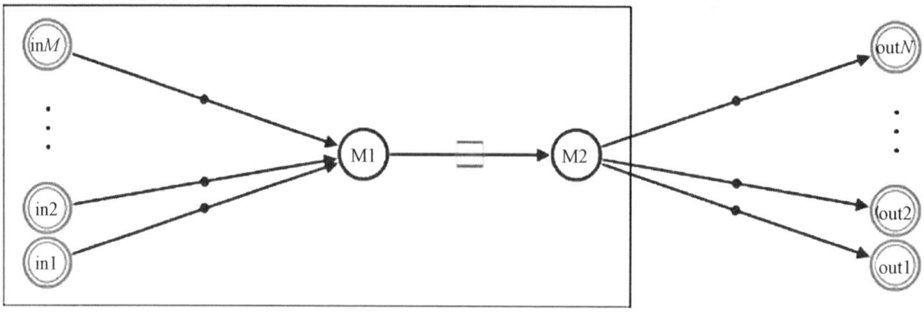

图 2.53 空气系统汇流流路拓扑结构简化示意图

航空发动机空气系统高压流路冷气经转、静封严元件流向低压流路的过程，大多数可视为 2 个汇流流路和 1 个出流流路的基本汇流结构，其汇流节点的守恒方

程可简化为

$$W_{in,1} + W_{in,2} = W_{out} \tag{2.26}$$

$$W_{in,1}h^*_{in,1} + W_{in,2}h^*_{in,2} = W_{out}h^*_{out} \tag{2.27}$$

以图 2.54 所示的四类典型汇流布局为例,假设两个汇流支路 A 和 C 初始流量相等,且 C 节点总温为 800 K,A 节点总温为 400 K,汇流后形成 B 支路,假设篦齿间隙相对增大 50%。图 2.55~图 2.58 分别给出了分流支路篦齿偏差对上述四类分流布局各元件工作点的影响。

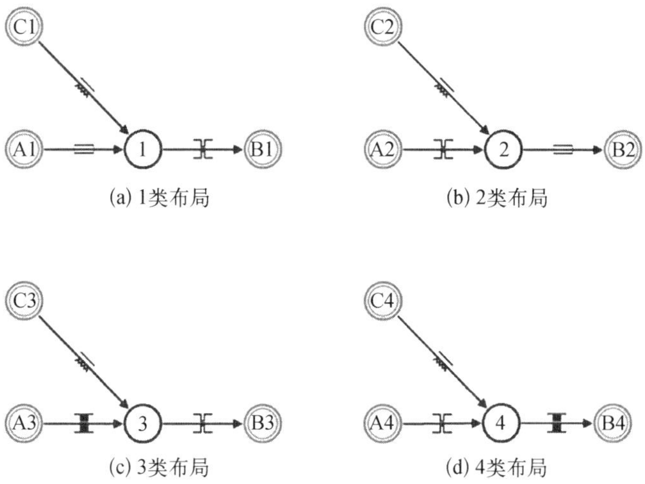

图 2.54　空气系统典型汇流布局形式

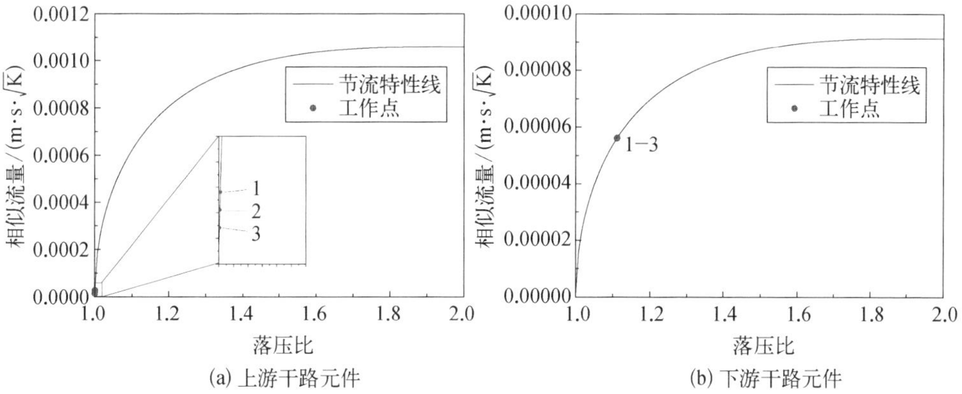

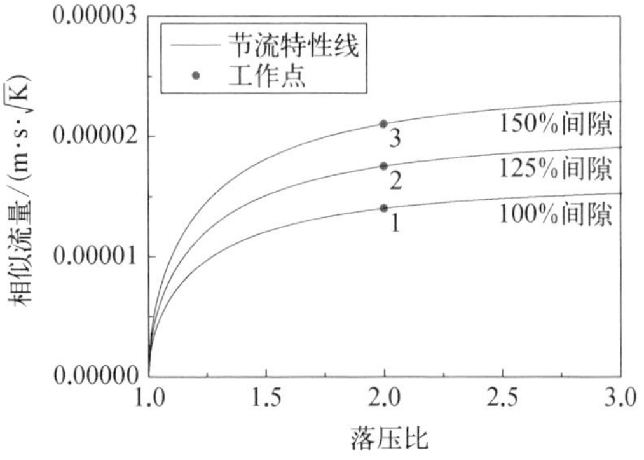

(c) 汇流封严元件

图 2.55　汇流支路篦齿偏差对 1 类汇流布局各元件工作点的影响

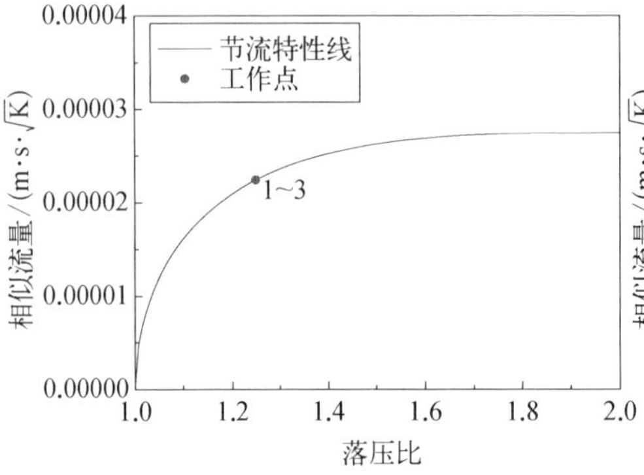

(a) 上游干路元件

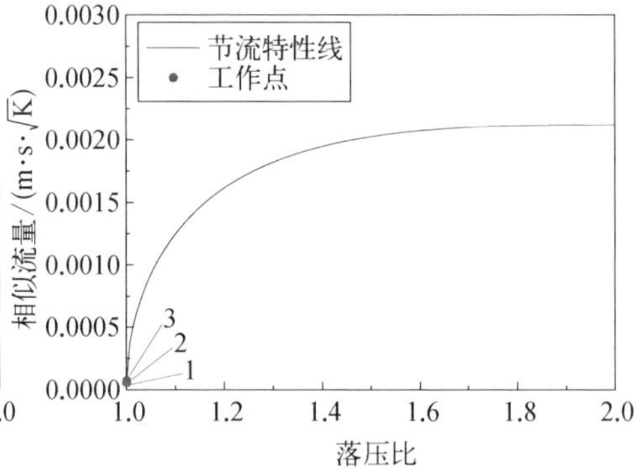

(b) 下游干路元件

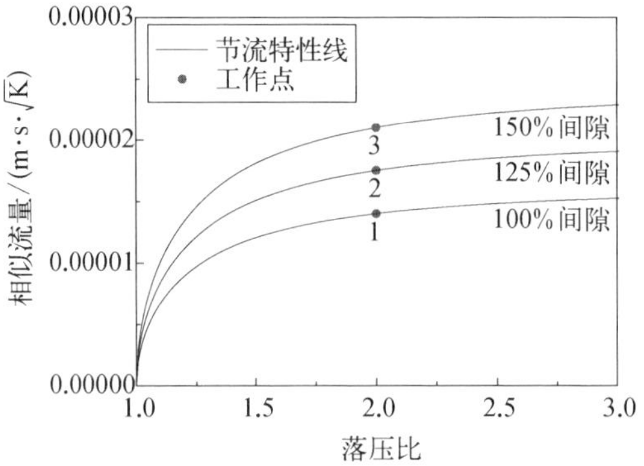

(c) 汇流封严元件

图 2.56　汇流支路篦齿偏差对 2 类汇流布局各元件工作点的影响

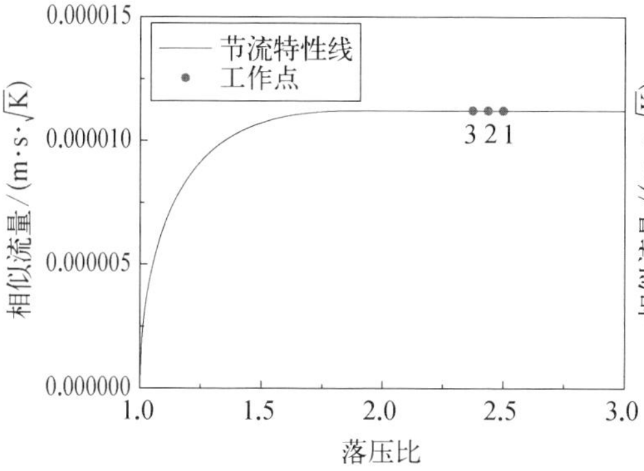

(a) 上游干路元件

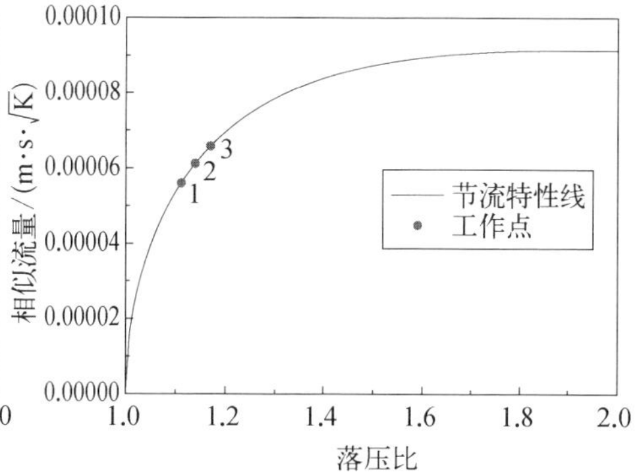

(b) 下游干路元件

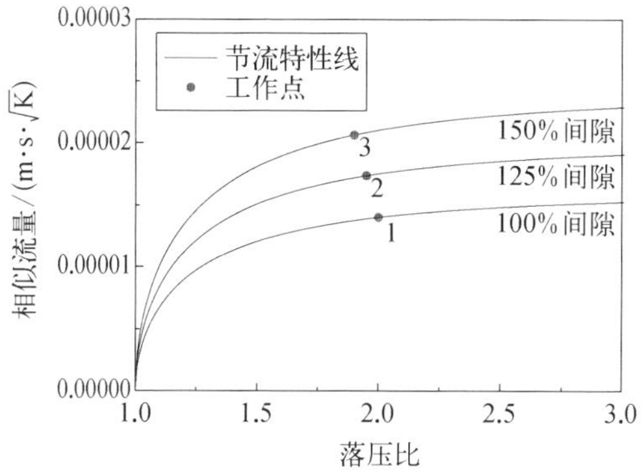

(c) 汇流封严元件

图 2.57　汇流支路篦齿偏差对 3 类汇流布局各元件工作点的影响

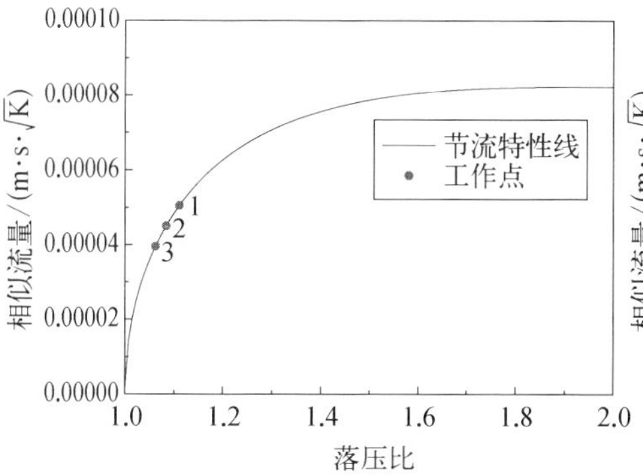

(a) 上游干路元件

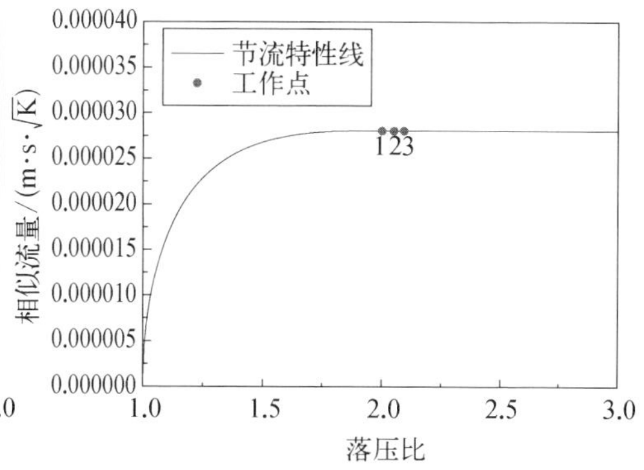

(b) 下游干路元件

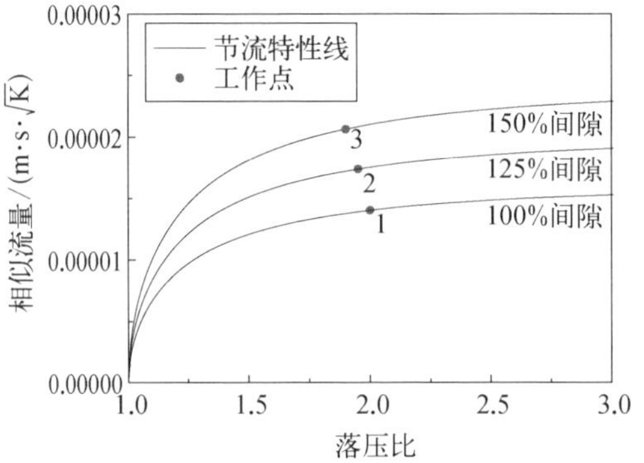

(c) 汇流封严元件

图 2.58　汇流支路篦齿偏差对 4 类汇流布局各元件工作点的影响

1 类汇流布局：向通流类元件和非线性节流类元件之间汇流。在这种汇流布局下，通流元件将汇流节点和上边界节点直接连通，其总压几乎不会受到篦齿间隙的影响，因此，篦齿元件的落压比将保持不变，其工作点会在落压比不变的情况下，由小间隙的工作线向大间隙的工作线移动（即相似流量增大）。汇流节点下游的出流流路工作点几乎不会受到篦齿间隙的影响，其上游通流元件落压比虽然几乎不受篦齿间隙的影响，但流量会随着篦齿间隙的增大而减小，且其相对降幅与篦齿元件的流量增幅基本相等。

2 类汇流布局：向非线性节流类元件和通流类元件之间汇流。在这种汇流布局下，通流元件将汇流节点和下边界节点直接连通，其总压几乎不会受到篦齿间隙的影响，因此，篦齿元件工作点移动上面的示例相同。汇流节点上游的汇流流路几乎不会受到篦齿间隙的影响。其下游通流元件落压比虽然几乎不受篦齿间隙的影响，但流量会随着篦齿间隙的增大而增大，且其相对增幅与篦齿元件的流量增幅基本相等。

3 类汇流布局：向临界节流元件与非线性节流元件之间汇流。在这种汇流布局下，上游临界节流元件相似流量不受汇流篦齿元件间隙的影响，但汇流节点总压会随着篦齿间隙的增加而增加。这使得汇流节点下游出流流路节流元件的工作点沿着落压比和相似流量增大的方向移动。同时，篦齿元件工作点在由小间隙工作线向大间隙工作线移动的过程中，其落压比也会随分流节点总压的增加而减少。由汇流节点的流量连续性，篦齿流量的增幅与汇流节点下游出口元件的流量增幅相同。

4 类汇流布局：向非线性节流元件与临界节流元件之间汇流。在这种汇流布局下，汇流节点的总压却会随篦齿间隙的增加而增加。因此，虽然汇流节点下游临界节流元件相似流量不会发生变化，但其质量流量仍会随汇流节点总压的增加而增加。而汇流节点上游的节流元件工作点则沿着落压比或相似流量减少的方向移动。可以看出,在该汇流布局下,汇流节点下游的临界节流元件无法阻隔上游汇流支路偏差的影响。

由于汇流流路大多数是发动机高温、高压流路的冷气沿封严元件向低压、低温流路掺混的过程。因此,在考虑汇流支路与汇流节点上游支路冷气温度差的情况下,汇流支路的偏差影响规律与分流支路略有不同。图 2.59 给出了前面四种汇流流路布局对篦齿偏差的定量影响,可以得出如下结论。

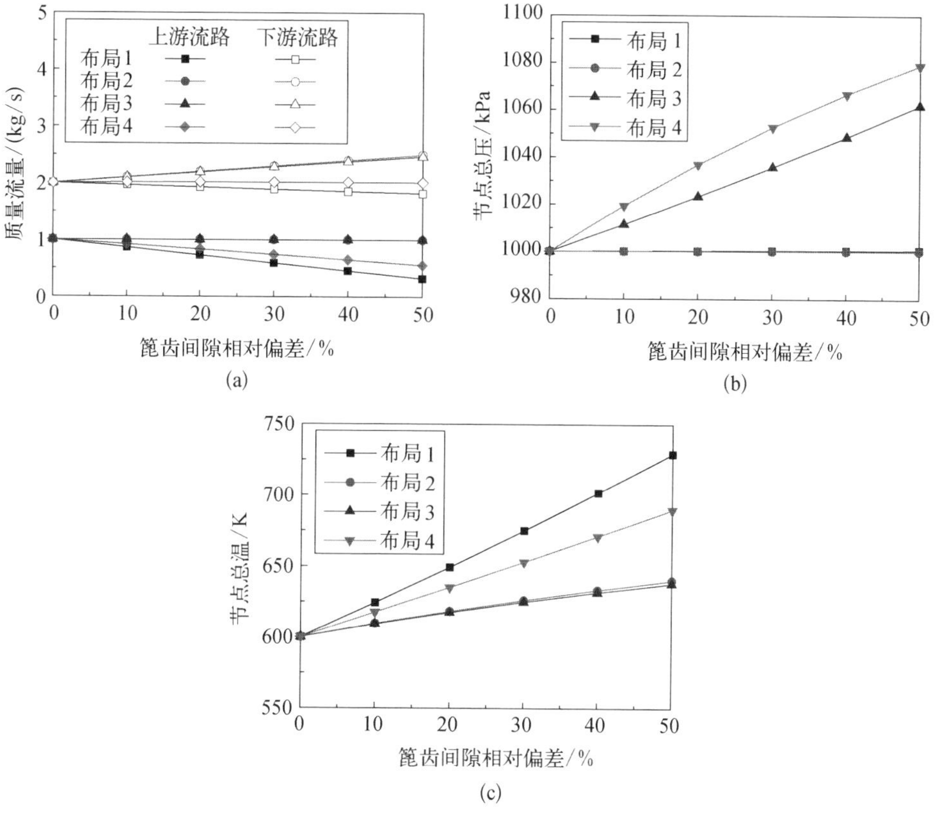

图 2.59　四类汇流布局对篦齿偏差的影响

(1) 从各支路流量对篦齿偏差敏感性的角度,与 1 类分流布局偏差影响机制略有不同:当温度较高的汇流支路封严篦齿间隙增大后,不仅直接造成汇流支路流量的增加,同时也造成进入掺混节点的高温气流比例的增加。如果掺混节点下游支路存在节流元件,汇流节点气体温度的增加(密度下降)会在一定程度上"抑制"下游节流元件质量流量的通流能力。因此,四类汇流布局会呈现出更复杂的偏差"抑制"或"隔离"特性。其中,1 类汇流布局不能完全"隔离"汇流支路篦齿偏差对汇流节点下游干路的影响，其下游干路流量与篦齿偏差呈现一定程度的负相关性；2 类和 3 类汇流布局依然能够“隔离”汇流支路偏差对汇流节点下游其他支路的影响，4 类汇流布局虽然不具备完全“隔离”汇流支路偏差的能力，但相比 4 类分流支路，能够更好地“抑制”汇流支路偏差对汇流节点下游其他支路的影响。

(2) 从汇流节点总压和总温对篦齿偏差敏感性的角度，可以看出，3 类汇流布局和 4 类汇流布局的汇流节点总压对篦齿偏差敏感较强，1 类汇流布局和 4 类汇流布局的汇流节点总温对篦齿偏差的敏感性较强，只有 2 类汇流布局的汇流节点的总压和总温对篦齿偏差的敏感性均比较弱。

表 2.3 总结了各种汇流流路布局下各支路和汇流节点参数与汇流元件偏差的相关性。可以看出，不同类型的汇流布局流量、压力、温度等参数与汇流支路篦齿偏差的相关性显著不同。在空气系统汇流流路设计中，需要结合具体空气系统功能流路对流量、压力、温度稳定性需求，充分、灵活地运用上述“隔离”原理。

表 2.3　关键参数与汇流支路篦齿偏差的相关性

	1 类汇流布局	2 类汇流布局	3 类汇流布局	4 类汇流布局
上游干路流量	负相关(强)	无关	无关	负相关(中)
下游干路流量	负相关(弱)	正相关(强)	正相关(强)	正相关(弱)
分流节点总压	无关	无关	正相关(中)	正相关(强)
分流节点总温	正相关(强)	正相关(弱)	正相关(弱)	正相关(中)

2.4　空气系统多元件动态响应特性

当航空发动机工作于过渡过程中，空气系统边界的变化会导致其不同分区、不同流域之间的瞬变响应速度存在显著的相对差异，对转子轴向力、涡轮盘腔封严压力差、滑油腔封严的压力差等载荷产生不可忽视的复杂影响。其影响机制主要包括三个方面。

(1) 气体惯性力效应，该效应在发动机工作于常规过渡过程时并不明显，但在出现突发失效的强瞬变过程中，空气系统阶跃性的边界变化可导致其内部长距离通气管路、通流缝中的气体惯性力成为影响发动机被动安全措施的不可忽视因素之一。

(2) 腔室容积效应，该效应对于发动机主流道和空气系统中流量较大的主干流路的影响有限，但在发动机快速机动过程中，空气系统低压分区流量较小、容腔较大的流路，有可能会产生不可忽视的影响。

（3）部件热容效应，该效应对于所有航空发动机空气系统的过渡过程都会产生不可忽视的影响，也是影响空气系统过渡过程篦齿封严间隙的主要因素之一。

2.4.1 部件热容效应

在快加速条件下，航空发动机从慢车加速到95%最大推力的时间通常不超过5 s。也就是说，其涡轮前温度、发动机转速、冷气引气温度、冷气引气压力在5 s量级的时间基本都能从慢车状态达到最大状态。但由于航空发动机封严环、篦齿盘、涡轮盘等结构件的质量、热容及换热热流相对差异较大，在发动机从一个稳定状态变化至另一个状态后，发动机不同的结构件或同一个结构件不同部位温度重新达到稳定的时间从数秒至数百秒的时间不等。这将导致空气系统气体工质与固体壁面之间，以及固体结构件不同区域（如封严篦齿转、静子）之间在过渡过程出现较明显的相对温度变化，并反过来影响空气系统的流动状态。

图2.60给出了发动机加速过程中涡轮盘缘和盘心平均温度的典型变化历程，由于流经预旋喷嘴的冷气直接冲击涡轮盘，并且涡轮动叶冷气也流经涡轮盘缘的供气通道，而涡轮盘心流路的冷却空气流量和流速均要比盘缘低得多。因此，冷气与涡轮盘缘之间的对流换热热流要比盘心大得多。这使得发动机加速过程中涡轮盘缘的温度增长速度要明显快于涡轮盘心。在发动机快加速后100 s时间量级，涡轮盘缘和盘心温差达到峰值，且比最大稳态值大一倍多。这种过渡过程大温度梯度导致涡轮热应力，是能够显著影响其低循环寿命及寿命期失效概率的危害性过渡过程载荷。

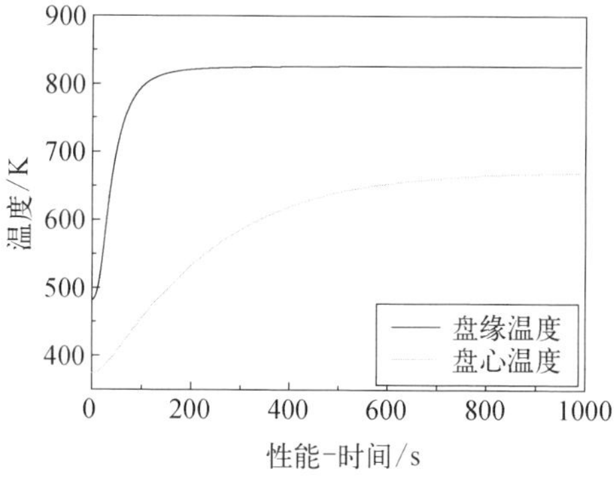

(a) 温度

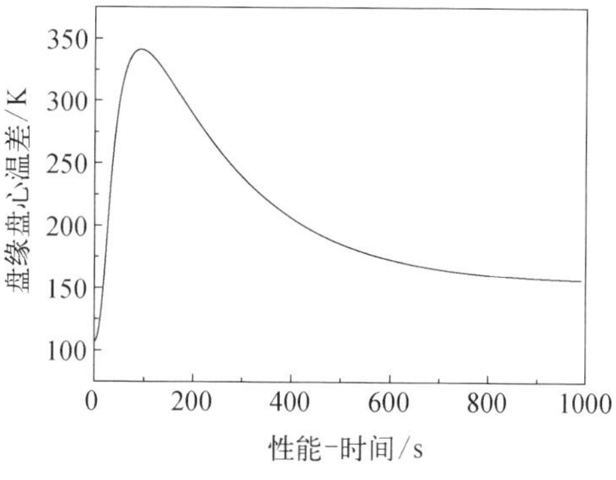

(b) 温差

图2.60 加速过程涡轮盘缘和盘心平均温度的典型变化过程

图 2.61 给出了航空发动机典型加速过程(及其热稳定过程中)中冷气温度、涡轮盘温度的相对变化历程。由于涡轮盘热容的存在,温度增加相对较慢。在发动机加速到最大状态的时间内,冷却气体的温度随着发动机转速的增加而快速响应,并迅速超过轮盘表面平均温度,使得冷气与涡轮盘存在逆向的温度差。显然,在发动机快速机动过程中,结构件表面温度与气流温度响应速度的显著差异可造成瞬态峰值换热热流比稳态最大值高出一个数量级左右。需要说明的是,部件热容效应对空气系统气路温度、压力的直接影响虽然已经不可忽视,但部件热容效应对空气系统的最大影响是其造成发动机不同结构件的温度响应速度差异,从而导致空气系统封严间隙的相对变化。

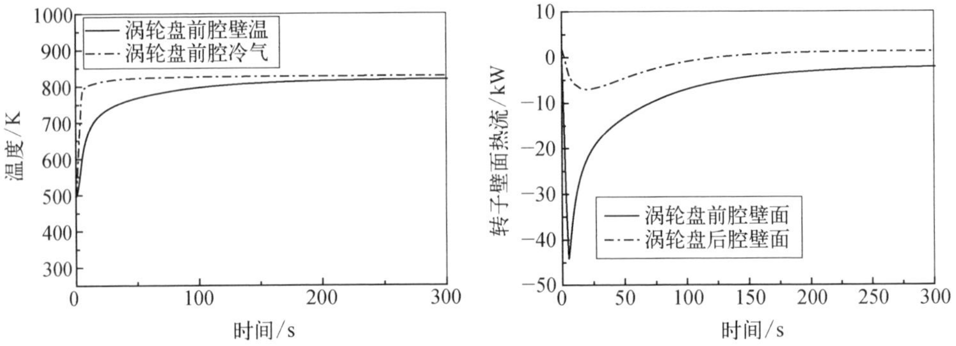

(a) 冷气与固壁温度的变化过程　(b) 转子壁面热流的变化过程

图 2.61　涡轮盘前腔壁面温度和冷气温度的变化过程

图 2.62 给出了发动机加速过程中封严篦齿静子封严环与篦齿转子平均温度的典型变化规律。由于篦齿盘热容量相对较大,温度上升较慢,静子薄壁件热容相

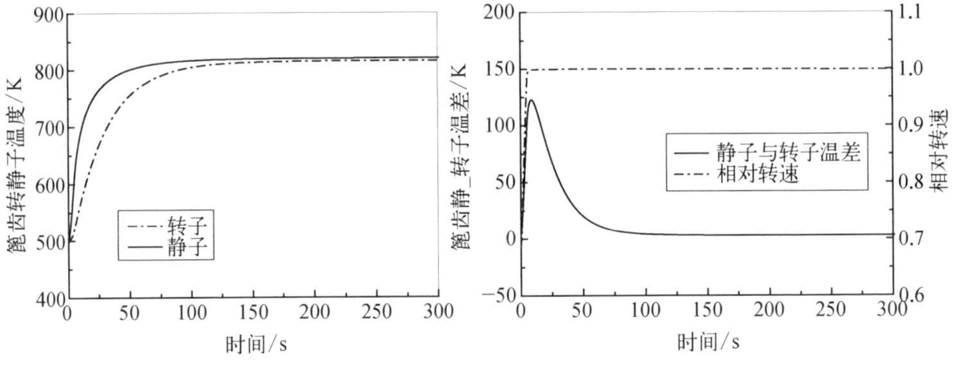

(a) 温度的变化过程　(b) 温差的变化过程

图 2.62　前挡板封严篦齿的温度与温差变化过程

对较小,温度上升较快,两者在快加速的过渡过程的平均温度差峰值比稳态最大值高 100 K 以上,这会导致封严篦齿转、静子结构件过渡过程的热形变量出现较大的相对差异。但相比离心力造成的形变,无论是转子还是静子结构,热形变的响应速率都要小得多。

图 2.63(a)给出了封严篦齿的转子和静子的几何尺寸在发动机加速过程中的典型变化历程。在加速过程的最初 5 s 内,发动机转速是影响转子形变的主导因素,使得转子形变快速增加。当发动机转速稳定在最大转速后,转、静子的形变主要由温度变化引起。由于静子薄壁件的热容相对较小,热稳定速度比转子更快,在 5~100 s 的时间内,其形变量就基本达到稳定,但转子形变量需要 400 s 左右才能基本达到稳定。

图 2.63(b)给出了封严篦齿间隙在整个加速过程中的变化历程,可以看出,篦齿间隙的形变历程都可以大体分为三个阶段。

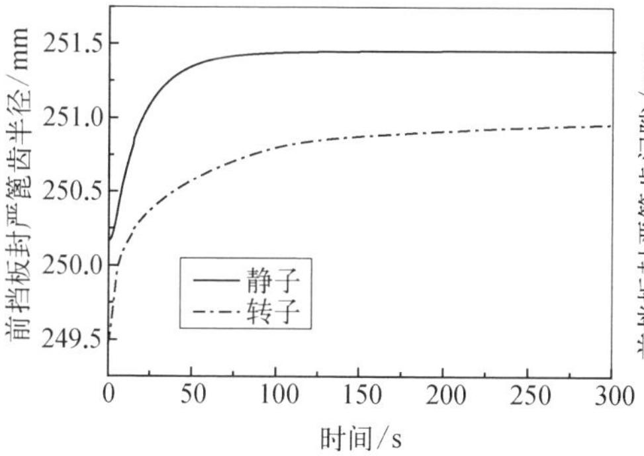

(a) 转子和静子的半径变化过程

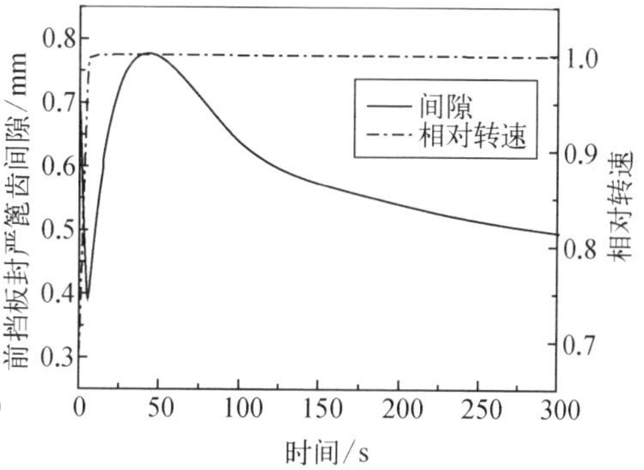

(b) 间隙的变化过程

图 2.63　前挡板封严篦齿的半径与间隙的变化过程

第一阶段: 0~5 s,该时间范围内,发动机转速快速增加,使得离心力造成的转子形变量成为影响篦齿间隙的主导因素,篦齿间隙在该过程快速下降。

第二阶段: 5~40 s,该时间范围内,静子薄壁件因热容相对较小,温度响应较快,使得静子件的热膨胀成为影响篦齿间隙的主导因素,篦齿间隙在该过程有所增大。

第三阶段: 40 s 以后,该时间范围内,静子温度快速增加并达到稳定,形变速度变化不大。转子缓慢的热膨胀过程成为影响篦齿间隙的主导因素,篦齿间隙逐渐减小并趋近最终稳定值。

2.4.2　腔室容积效应

在航空发动机过渡态工作过程中,发动机内部各腔室对气体的“存储”和“释放”[18-21]作用在不同程度上延缓了腔室内气体参数的响应速度。航空发动机内部腔室容积效应诱发的复杂瞬变载荷是其整机环境下内部气路多区域之间的一种系统匹配问题。尤其随着现代高性能航空发动机循环参数和机动性的不断提升,在其大幅度快速机动过程中,发动机主流道与空气系统之间,以及空气系统不同区域之间的瞬变响应速度会因容腔效应而产生不可忽视的差异,导致转子轴向力、涡轮盘腔封严压力差、滑油腔封严的压力差等载荷受到较大影响。

容腔充/放气的响应时间与容腔体积、容腔进出口有效面积及容腔气体、当地声速有关。文献[18]的研究表明,对于阶跃边界的单进/单出容腔而言,通常需要5倍左右的特征时间(characteristic time)才能基本达到新的压力平衡。特征时间 t_{char} 的表达式如下:

$$t_{\mathrm{char}} = \frac{V}{c_{\mathrm{V}} A_{\mathrm{T}}} \tag{2.28}$$

其中,c_{V} 表示容腔内部初始状态气体声速;A_{T} 为容腔与外界通气的喉道面积。t_{char} 从本质上反映了容腔对边界扰动的响应速度。容腔特征时间越大,容腔压力的响应速度越慢;反之则越快。

由于航空发动机内部容腔通常有多个进/出口,且发动机内部很多腔室是通过篦齿、石墨封严等流量系数较小的封严元件与外界进行质量和能量的交互。因此,本节定义的发动机内部容腔特征时间考虑了所有进/出口支路的影响:

$$t_{\mathrm{char}} = \frac{V}{c_{\mathrm{V}} \sum_{j=1}^{M} (A_{\mathrm{T},j} C_{\mathrm{d},j})} \tag{2.29}$$

其中,$A_{\mathrm{T},j}$ 和 $C_{\mathrm{d},j}$ 分别表示容腔第 j 支路的喉道面积和流量系数。对于主流道部件,$C_{\mathrm{d},j}$ 可直接取值1;对于空气系统各支路元件,$C_{\mathrm{d},j}$ 的具体取值或计算方法见文献[22],本书不再逐一赘述。

以图2.64所示典型双轴混合排气涡扇发动机为例。依据标准大气条件下的

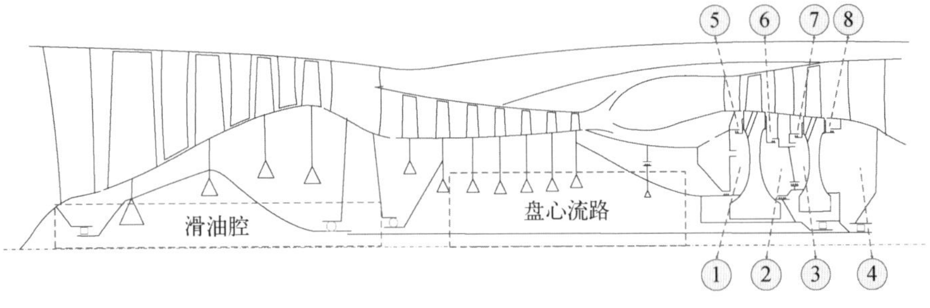

图2.64 双轴混合排气涡扇发动机示意图

1: 高压涡轮盘前腔;2: 高压涡轮盘后腔;3: 低压涡轮盘前腔;4: 低压涡轮盘后腔;5: 高压盘前封严;6: 高压盘后封严;7: 低压盘前封严;8: 低压盘后封严

发动机最大状态稳定工作参数确定各腔室初始气体声速 c_V。表 2.4 给出了典型小涵道比涡扇发动机内部主要腔室特征时间的典型数值。可以看出,发动机主流道容腔特征时间基本都在千分之一秒以下,且各部件特征时间的相对差异不超过 1 个量级。而空气系统各容腔特征时间之间的相对差异超过 2 个数量级,且总体上至少比主流道部件容腔大 1 个量级。

表 2.4　典型小涵道比涡扇发动机内部主要腔室特征时间

发动机内部腔室	特征时间/s
风扇容腔	7.73×10^{-4}
压气机容腔	5.42×10^{-4}
外涵道容腔	1.28×10^{-3}
燃烧室容腔	2.04×10^{-4}
高压涡轮容腔	1.28×10^{-4}
低压涡轮容腔	1.47×10^{-4}
混合室容腔	5.05×10^{-4}
高压涡轮盘前腔	5.98×10^{-3}
高压涡轮盘后腔	2.25×10^{-2}
低压涡轮盘前腔	7.04×10^{-3}
低压涡轮盘后腔	4.77×10^{-2}
高压转子盘心容腔	1.61×10^{-1}
发动机前滑油腔	6.40×10^{0}

为了便于分析,对于任意部件/元件及其组合控制体,均定义进出口流量的相对差异 θ_W,用以表征容腔效应在该流域的相对影响,即

$$\theta_W = \frac{\sum W_{in} - \sum W_{out}}{\sum W_{in}} \tag{2.30}$$

其中,$\sum W_{in}$ 表示所有流入该容腔控制体的工质流量之和;$\sum W_{out}$ 表示所有流出该容腔控制体的工质流量之和。

图 2.65 给出了空气系统内部主要腔室 θ_W 随时间的变化历程。可以看出，容腔效应对空气系统的相对影响要比主流道显著得多，并且不同腔室容积效应的影响存在巨大的差异。总体而言，涡轮盘后腔容积效应的影响要比前腔显著，低压涡轮盘腔容积效应的影响要比高压涡轮盘腔显著。发动机高压盘心流路是容积效应最明显的流路之一，该流路在过渡过程的 θ_W 接近 30%，这使得盘心流路进出口流量差与该支路的设计流量已经处于同等量级。这说明，容腔效应对发动机部分空气系统支路的影响不可忽视，能够导致发动机快速机动过程中空气系统不同流域之间响应时间的差异。

图 2.66 给出了容积效应在发动机整机系统环境下对高、低轮盘缘封严流量的相对影响。在大多数航空发动机的设计中，流量较大的预旋冷气和涡轮动叶冷气都会流经涡轮盘前腔，而涡轮盘后腔一般只保留较少的封严冷气。因此，容积效应会对涡轮盘后腔封严流量产生更加显著的影响。仿真结果也表明，高、低压盘前腔封严流量相对变化幅度均不超过 2%，但却分别造成高、低压盘后腔封严流量峰值相对降幅达到 11%和 17%，这在一定程度上增大了涡轮盘后腔瞬时燃气倒灌的风险。

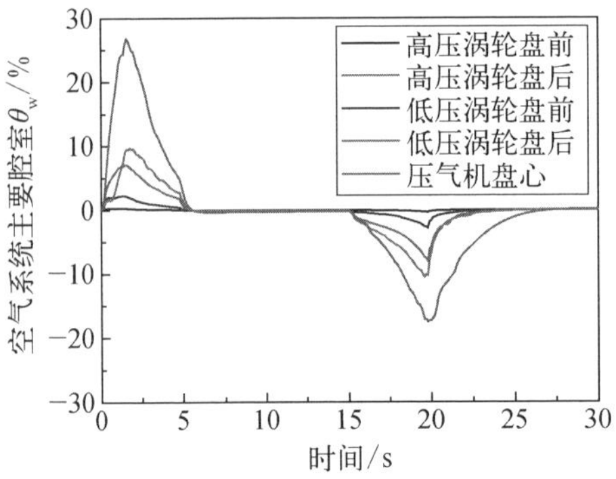

图 2.65　空气系统内部腔室相对进出流量差

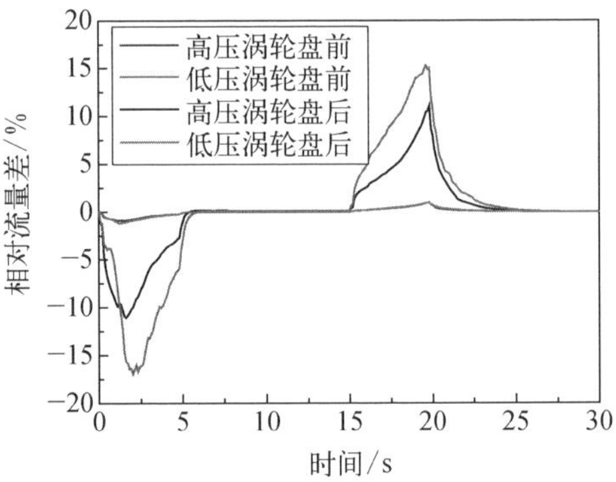

图 2.66　容腔效应对涡轮盘缘封严流量的影响

在常规的空气系统容积效应模拟中，通常假设容腔响应参数仅与时间有关，与空间无关，将容腔模化为适用集总参数描述的瞬态元件，并忽略容腔在充放气过程中气流与壁面间的传热。上述绝热假设在对发动机空气系统短时间快速瞬变过程的模拟中是适用的。空气系统内部容腔的瞬态变化过程必然伴随复杂的换热作用，在高精度瞬态空气系统分析中，如果空气系统容腔压力响应时间较长，传热效应对容腔瞬变历程的影响并不能完全忽略。

图 2.67 和图 2.68 分别为不同喷嘴喉道直径条件下的容腔压力和温度的瞬态响应历程。从图中可以直观地发现，随着喷嘴喉道直径的增大，容腔的响应时间缩短。喉道直径为 3.4 mm、5.0 mm、7.0 mm、9.0 mm 所对应的稳定时间分别为

1.7 s、2.9 s、5.3 s、12.9 s。在物理边界和初始条件不变的情况下，瞬时充气流量随着喷嘴喉道直径的增大而增大，流量的增大使得响应过程更迅速。温度的变化曲线时间轴对应压力的变化曲线。从温度的变化过程可以看出，不同几何条件下的温度也均呈现先升高后降低的变化趋势，但是温度的变化幅度以及温升阶段所占比例各不相同。随着喷嘴喉道直径的增大，温度上升的趋势愈发明显，变化幅度也越大。当喷嘴喉道直径较大时，充气流量大，初始阶段换热热流小，进气焓流更多地转化为气体内能，同时容腔内气体受到的压缩作用也更强，这种强压缩作用同样导致温度升高幅度更明显。另外，喷嘴喉道直径越大，在充气过程中温度更多地表现为上升趋势，因为此时充气过程迅速，换热的影响作用相对较弱。而对于较小的喉道直径，换热的影响作用则相对更强，导致温度在短时间内达到极大值后便开始降低。

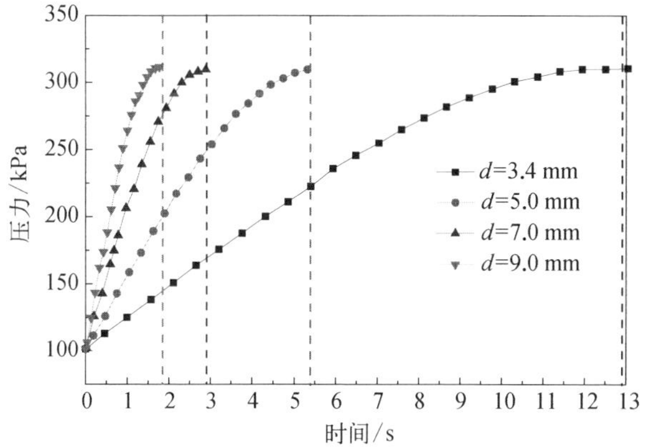

图 2.67　不同几何条件下的压力响应历程

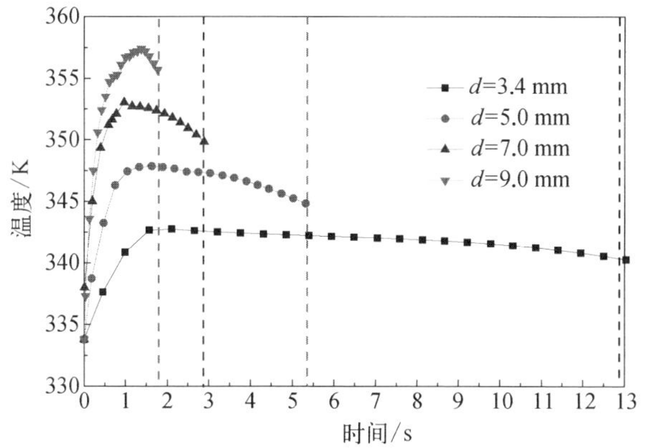

图 2.68　不同几何条件下的温度变化历程

2.4.3 管路惯性力效应

在稳态条件下，空气系统中的长管路阻力损失主要发生在进、出口，管道沿程压力一般变化平缓。在一般的发动机机动过程中，惯性力的影响较为有限，通常可以忽略。但在发动机出现极端的突发失效的强瞬变过程中，空气系统中的轴间隙、盘轴间隙、通气管路等具有一定长度的管道内气体的惯性和压缩性可能导致沿程气体参数出现剧烈突变。

图 2.69 给出了管道进口截面 A 和出口截面 B 的气流速度仿真结果。由图可见，在初始时刻，管道右端的突然开启首先导致截面 B 的静压瞬间下降，并形成一道膨胀波“逆流”向左端传导。因此，截面 A 的静压延迟约 2.7 ms 才出现下降。由于管道左端封闭，管道内气体向右的惯性力对左端形成“抽吸”作用，在 4 ms 的时刻，截面 A 的静压就迅速低于截面 B 的静压，并再次形成一个“顺流”膨胀波向右端传导。如此反复，管道两端静压经过多次交替下降，25 ms 之后全管道静压基本稳定在 100 kPa。

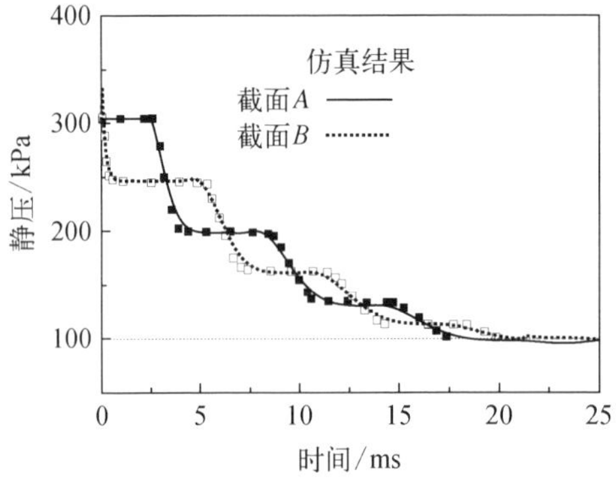

图 2.69 典型管道放气过程的压力演化历程

当发动机出现突发性失效事件时，空气系统内部管路、容腔与会产生复杂的耦合响应过程会诱发难以预测的继发性危险载荷，造成被动安全措施失效，给航空发动机带来潜在的安全性隐患。

如图 2.70 所示，仿真对象为某型发动机高压涡轮轴断裂失效后空气系统的强瞬变过程。在航空发动机的设计中，为了避免轴断裂失效引起涡轮盘超转破裂的

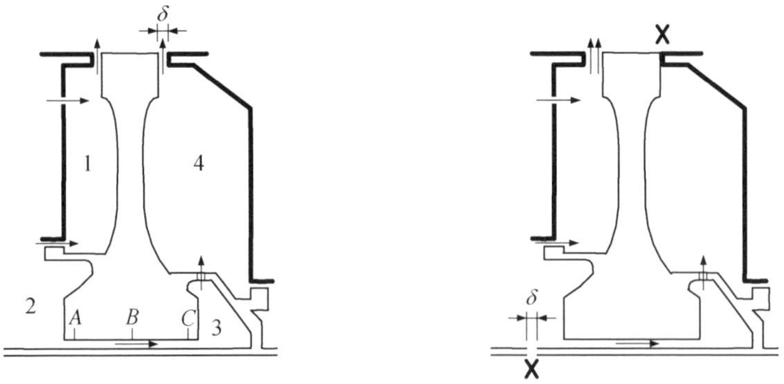

(a) 断裂前　　(b) 断裂后

图 2.70 涡轮轴断裂失效示意图

安全事故,涡轮后面的静子支撑结构需要具备让涡轮"刹车"的功能[23]。此时,涡轮的瞬间后移导致涡轮盘前、后盘腔体积和封严间隙的突变,进而引起空气系统的复杂响应过程。

图2.71给出了涡轮盘轴间隙 A、B、C 截面(参见图2.70)气体轴向速度随时间的变化过程。由图可见,初始状态三个截面的气流速度依次递增。这是因沿程流动阻力导致气体压力和密度依次下降。当发生轴断裂以后,靠近盘腔2的截面 A 的气流速度最先发生变化,中间的截面 B 次之,靠近盘腔3的截面 C 的气流速度响应最慢。这是因为,轴断裂导致的涡轮盘后移改变了盘腔2的体积,但对盘腔3的体积没有影响。因此,盘轴间隙的初始压力扰动是从左向右传导的,使得截面 C 的气流速度响应比截面 A 延迟大约0.7 ms。随着气流扰动在盘轴间隙两端之间不断反射和耗散,大约8 ms后,盘轴间隙各截面的速度差基本趋于稳定,并均随两端盘腔压力差的下降而下降。

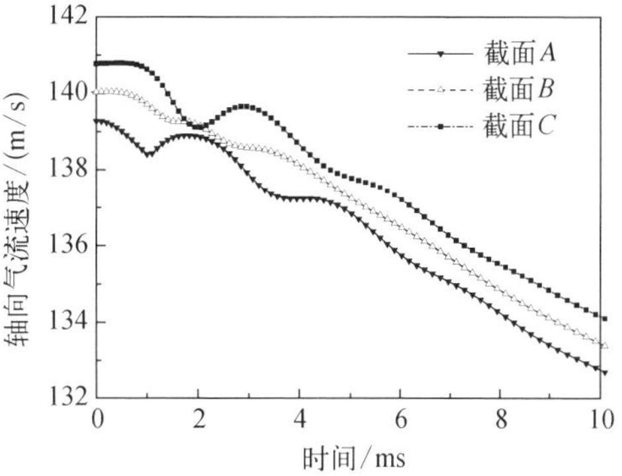

图2.71 盘轴间隙气流速度变化过程

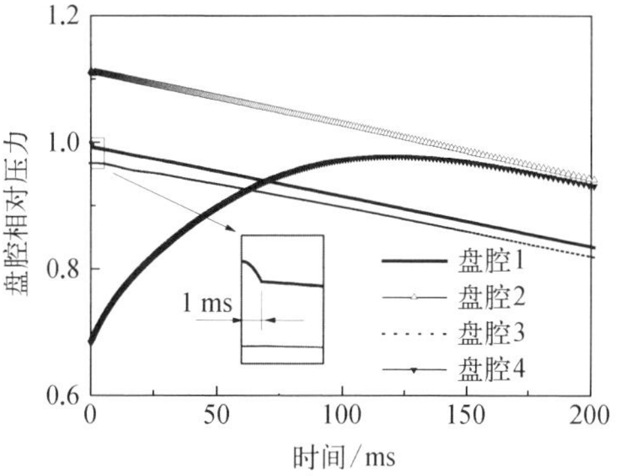

图2.72 盘腔压力的变化过程

图2.72给出了各盘腔平均压力与基准值(盘腔1初始时刻的平均压力)的比值随时间的变化过程。涡轮盘的后移导致各盘腔体积发生变化,在轴断裂发生的最初1 ms时间内,盘腔1、盘腔2的压力出现小幅度突降;盘腔4的压力小幅度突增;盘腔3的体积由于不受轮盘移动的影响,最初1 ms时间内几乎未发生压力变化;随着时间的增加,盘腔1、盘腔2和盘腔3内部压力都能随边界节点压力的下降而近似线性下降。但是,对于盘腔4而言,由于其出口封严间隙突然被堵住,内部压力在初始阶段迅速升高,在大约120 ms达到峰值,随后逐渐随整体系统边界压力的下降而进入下降的过程。

对比图2.71和图2.72还可以看出,虽然盘轴间隙内部的气体参数发生了持续数毫秒的振荡,但是由于其振荡幅度不大,并且盘轴间隙的容积远小于盘腔的容积。因此,在本算例中,相邻盘腔压力并未明显受到盘轴间隙气流振荡的影响。

以涡轮盘受到的综合轴向力(不包含涡轮叶片的气动力)的初始值为基准,图2.73给出了涡轮轴断裂失效后0.3 s时间内,涡轮盘所受的相对轴向力的变化历

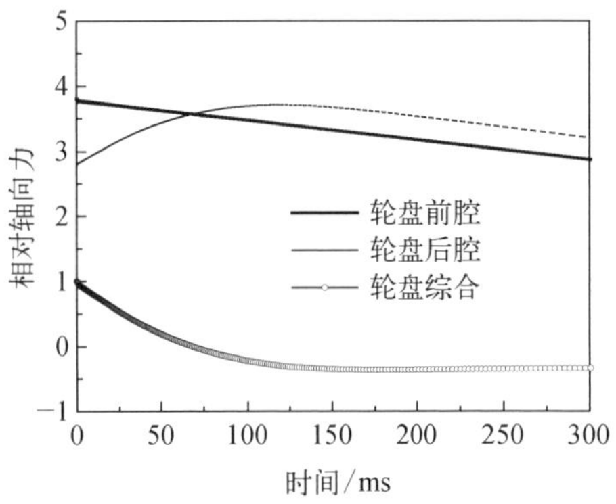

图 2.73 轴断裂失效后的轴向力瞬变过程

程。由图可见，涡轮轴的断裂导致了涡轮盘前、后各腔室向轮盘施加的轴向力出现一个此消彼长的过程，并导致涡轮盘所受综合轴向力在约 70 ms 的时间发生反向。这个向前的综合轴向力能够削弱涡轮的“刹车”效果。极端情况下，如果涡轮叶片受到向后的气动力，不足以抵消该轮盘反向的综合轴向力，静子支撑结构对涡轮盘的“刹车”作用将可能完全失效，极可能使得轴断裂事件演变为涡轮超转破裂的事故。

以上结果说明：对空气系统强瞬变特性进行准确和充分的评估，是有效抑制涡轮轴断裂这类突发失效事件演变为灾难性事故，实现航空发动机的被动安全设计的必要前提。

第 3 章 空气系统偏差及反馈机制

3.1 空气系统的偏差

3.1.1 偏差的来源

航空发动机空气系统是由腔室、管道元件和节流元件(如孔、缝和篦齿等)组成的复杂流体网络系统,承担轴向力控制、盘腔封严、冷却等多项功能性指标。首先,上述空气系统元件在加工、制造及装配过程中受到加工机床精度、材料特性分散性、环境变化、装配工艺水平等因素的影响,存在固有偏差,虽然随着材料技术进步、加工工艺优化、环控和测试技术的升级,此类偏差可降低,却无法从根本上消除。其次,航空发动机是复杂的气动-热力-机械系统,具有“强整体”“强耦合”“强瞬变”和“强非线性”的特点,主流道与空气系统在交互界面的耦合非定常干涉作用会造成空气系统工作边界参数的偏差;复杂系统环境下高强度气动力载荷、热应力载荷和离心力载荷作用会造成空气系统元件发生形变,造成关键几何参数偏差,这种偏差在发动机过渡过程中由于转、静子热响应的不协调而进一步凸显,数据表明,过渡过程间隙偏差可达稳定设计值的 3 倍以上。最后,空气系统各个元件在发动机服役过程中,在各种内因(材料老化等)、外因(物理磨损、意外烧蚀等)的交互作用下,其性能将不可避免地逐渐衰退,参数逐渐偏离设计水平。

总体而言,空气系统的偏差来源主要可分为工艺偏差、工作偏差和衰变偏差,前一种可视为先天的、固有的偏差,而后两种与实际发动机的工作状态或工作过程有关,是后天的偏差(图 3.1)。

1. 空气系统工艺(初始)偏差

工艺偏差是由制造公差、装配误差等原因造成的,这使得空气系统主要节流元件的特征几何参数,如节流孔的面积、篦齿封严间隙等偏离设计值,如图 3.2 所示。

加工制造过程的偏差主要包括:尺寸偏差(长度、宽度等)、形状偏差(平面度、圆度等)、表面质量偏差(平面粗糙度、平滑度)和位置偏差等,造成加工偏差的主要原因如下。

(1) 材料特性:材料的物理化学性质,如金属材料的弹性和塑性形变等,影响

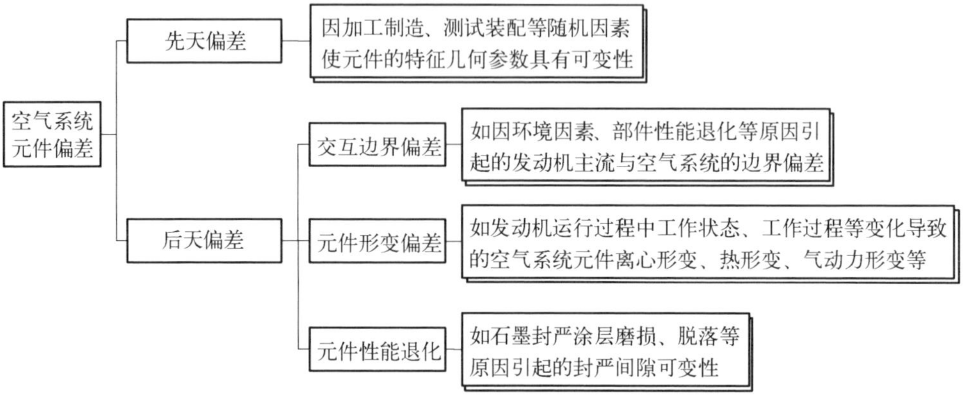

图 3.1　空气系统元件偏差分类

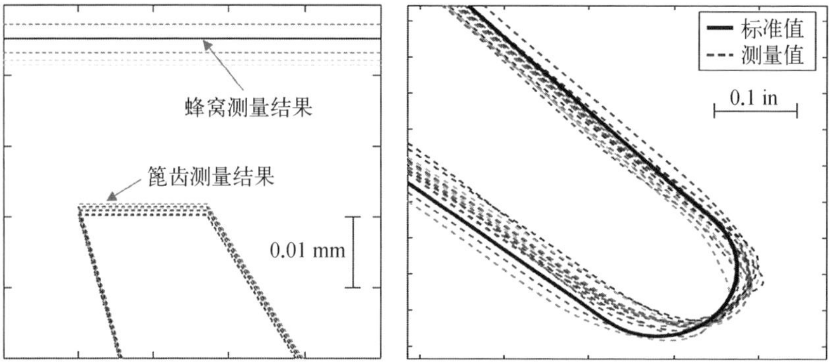

(a) 篦齿转子与静子　　(b) 叶片翼型[24]

图 3.2　工艺偏差示意图

加工精度和误差。

(2) 加工工艺：不同的加工方法(如铣削、车削、钻削等)和加工参数(如切削速度、进给速度、切削深度等)对材料的尺寸和形状产生影响。

(3) 机床精度：机床自身加工精度、稳定性等因素影响加工精度和质量。

(4) 夹持和定位：元件在加工过程中夹持和定位误差会累积到零件的加工误差上。

(5) 刀具磨损：刀具长时间使用导致磨损，加工过程中切削力发生变化，导致加工偏差。

(6) 环境因素：加工环境的温度和湿度等因素影响加工精度。

航空发动机是极其复杂的机械系统，通常由成千上万个零部件组成。这些零部件之间的相互作用和依赖关系复杂，零部件之间的配合精度要求非常高，装配过程中每一步都需精确到毫米甚至更小的尺度。对于空气系统而言，转静配合间隙往往承担着流量分配、转静封严和轴向力控制等空气系统核心功能,其尺寸偏差对发动机稳定运行影响显著。尽管各航空发动机制造商通常会采取严格的质量控制措施,但是导致装配偏差的因素依然存在。

(1) 零件加工偏差:发动机零件在加工过程(如定位面偏差、圆跳动偏差等)中存在的偏差会在装配过程中累积并直接影响整个装配质量。

(2) 材料特性:发动机使用的材料的热膨胀系数、强度、形变特性等影响装配过程中的偏差。

(3) 装配工艺:发动机装配工艺需要极高的精确度和严格的操作流程,精度不足(如同轴度等偏差)和操作不当会影响装配质量。

(4) 设计容差:航空发动机的设计需要考虑到各种工作状态,因此设置一定的容差范围,容差范围不合理也可能会导致装配偏差的增加。

(5) 环境因素:装配环境的温度、湿度和振动等影响装配质量。

(6) 人为因素:装配人员的技术水平、经验、态度等影响装配质量。

通常,在实际的发动机零件加工制造和装配过程中,通过提高加工设备精度、优化加工工艺、提高操作技能、定期设备维护保养、完善质量控制和检测等措施来减小零件尺寸的偏差范围;通过精确设计和完善规范、优化装配工艺流程、使用高精度夹具和模具,以及提升人员技术水平等措施减小转配带来的偏差,但由于加工装配影响因素的复杂性,以及设备自身和人员操作精度的限制,上述误差依然难以完全避免。

目前,航空发动机空气系统元件所采用的加工方法及装配精度如表3.1和表3.2所示。数控机床加工是最常用的零件加工方法,其精度主要受机床精度和加工参数影响,通常在几十微米到几百微米之间,磨削加工和激光加工通常可以提供更高的加工质量,精度大约在几微米甚至更低,后者主要用于形状复杂零件和微细结构的加工。

表3.1　航空发动机空气系统元件主要加工方法及装配精度

分类	加工方法	适用场景	精度
零件加工	数控机床加工	航空发动机零件加工最常用的方法	几十到几百微米
	磨削加工	高精度加工方法,常用于加工零件表面和精细尺寸	几微米甚至更小
	电火花加工	可用于加工复杂结构零件和小孔	几十到几百微米
	激光加工	可用于加工复杂形状的零件和微细结构	几微米
	化学加工	用于加工航空发动机中的特殊材料和结构	几十到几百微米

续 表

分 类	加工方法	适 用 场 景	精 度
打孔	钻孔	钻孔是一种常见的航空发动机零件打孔方法	几十到百微米
	铰孔	通过旋转刀具来加工孔的方法，可以提供较高的精度和表面质量	几十微米以下
	激光打孔	非接触式打孔方法，可以实现高精度和高速加工	几微米
	电火花打孔	用于加工小孔或特殊形状的孔	几十到几百微米
	超声波打孔	可用于硬度较高的材料加工，用于加工特殊形状的小孔或微细结构	几十微米以下

表 3.2 航空发动机主要装配过程精度

分 类	工艺方法	对 象 场 景	精 度
部装	转子堆叠	多级盘鼓级联装配过程，通过调整级间安装相位角优化组件同轴度	同轴度偏差优于 0.03~0.04 mm
	机匣假装	对半、分段机匣组合装配过程，通过选配、修配确保机匣同心度	机匣同心度偏差在几十微米范围内
传装	核心机装配	转子与机匣通过轴承形成核心机单元体，通过叶尖磨、选配修配等手段确保转静子径向和轴向间隙	叶尖间隙控制在 0.7~1.3 mm
	高、低压转子轴对中	实现高低压转子的装配	大尺寸范围内轴孔对中精度优于 0.1 mm
总装	管路装配	发动机燃油、滑油、冷气等管路装配，通过校形、拧紧等手段确保管路位置、间隙等	管路间隙装配精度在亚毫米范围内

节流孔是航空发动机空气系统中较为常见的一类元件，目前发动机最常见的打孔方法是钻孔，其精度取决于孔径和孔位精度，通常在几十到百微米量级。制造较高精度的配合孔可以使用铰孔的方法，将精度控制在几十微米以下。此外，如激光打孔、电火花打孔和超声波打孔等非常规打孔方法也逐渐应用于航空发动机中。

2. 空气系统工作偏差

工作偏差是指受发动机工作状态或工作过程中，空气系统的边界受到其与主流交互界面的耦合非定常干涉作用而存在的偏差；空气系统元件受到复杂系统环境多物理场耦合作用产生轴向或径向形变，其几何参数存在的偏差。空气系统的边界偏差主要由主流运行状态偏差、主流道性能偏差、引/汇流边界流动非定常性、过渡过程瞬态非均衡效应等因素导致,其直接影响空气系统各支路流量,以及各元件进/出口压力和工作状态等。按照其造成偏差形变的原因,空气系统的元件偏差可分为热变形偏差、气动力形变偏差、离心形变偏差。其中,发动机转子同时受热应力载荷、离心力载荷和气动力载荷影响而产生径向和轴向的形变;发动机静子受到热应力载荷和气动力载荷的影响而产生径向和轴向的形变。对于发动机空气系统典型转静配合封严间隙而言,径向形变造成的间隙偏差值可达到其初始间隙的2倍以上(图3.3),轴向转静子相对位移量可达4 mm(图3.4)。元件偏差直接影响其流阻特性,继而通过空气系统网络对发动机的总体性能和安全稳定运行造成影响。

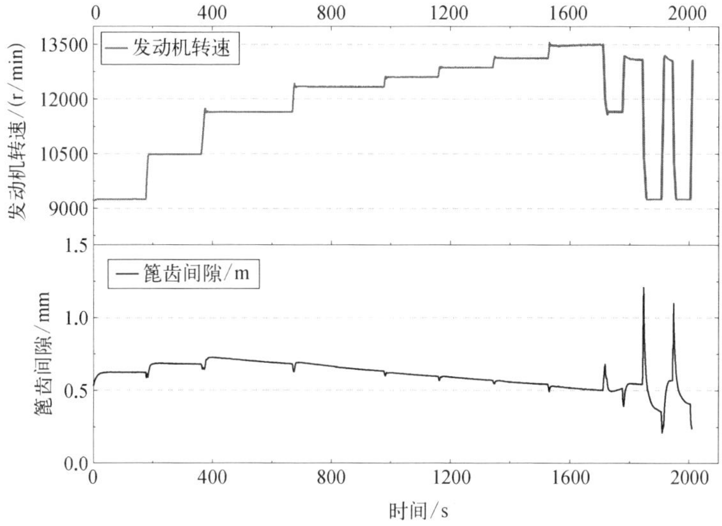

图3.3 热应力+离心力作用下卸荷腔篦齿径向形变及间隙的变化示意

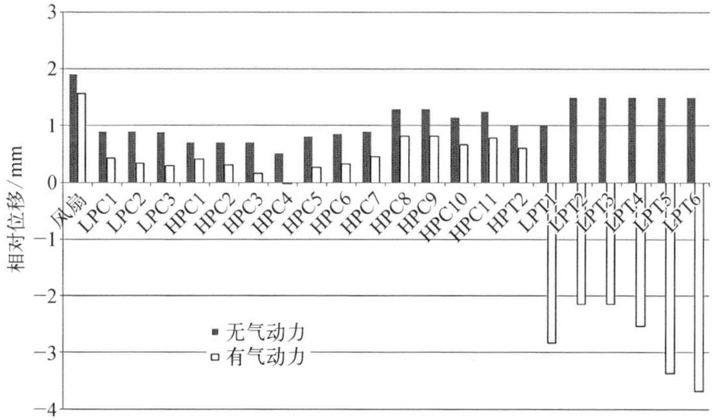

图3.4 气动力作用下发动机转子-静子相对轴向位移示例[25]

LPC 表示低压压缩机;HPC 表示高压压缩机;HPT 表示高压涡轮;LPT 表示低压涡轮

1) 空气系统边界偏差

航空发动机具有“强整体”“强耦合”的特点,主流道与空气系统间存在引气和汇流气路匹配耦合、多物理场耦合作用和非线性反馈关系,因此当发动机主流道工作状态存在偏差时,将直接影响空气系统引气和汇流边界的状态,从而影响空气系统各项功能指标的实现。同样的,空气系统受主流道影响导致的功能偏差也会反馈给主流部件并最终达到自平衡状态。主流道对空气系统的影响及导致的边界偏差主要包括以下几类,其示意图如图 3.5 所示。

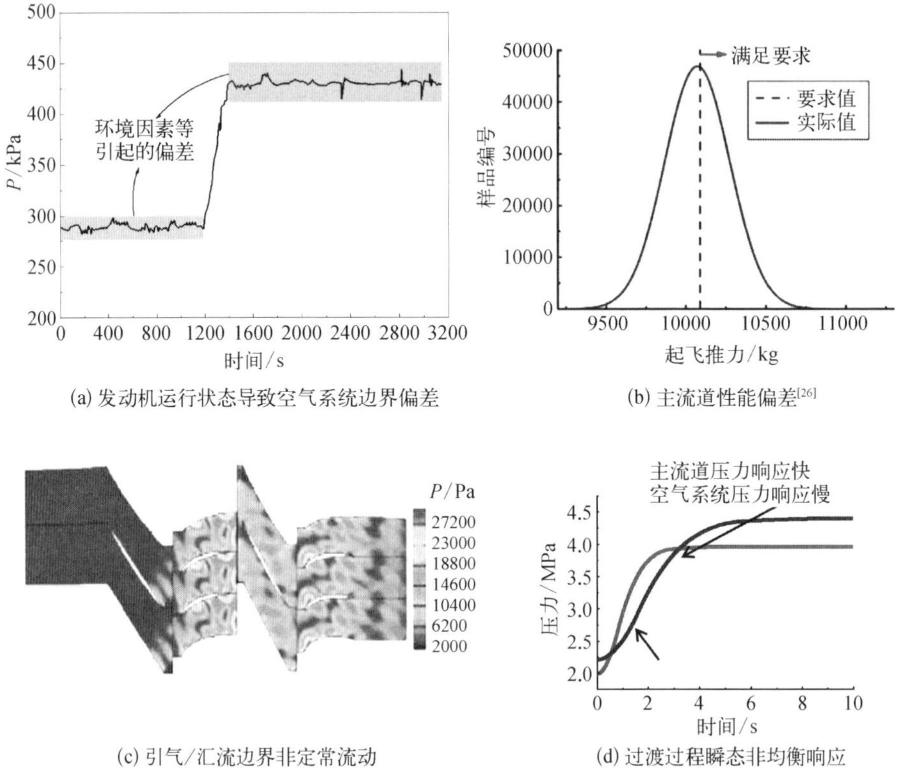

图 3.5 导致空气系统边界偏差因素示意图

(1) 发动机运行状态偏差:航空发动机在同一工况下运行时,受外部环境及内部因素偏差的影响,会造成发动机运行状态偏差,并始终处于动态调节过程。外部环境因素主要包括因海拔、气候条件导致的来流温度、压力和湿度等的差异。内部因素主要包括燃油偏差(燃油品质差异、喷射不均匀)、转速控制偏差、主流部件(压气机、燃烧室、涡轮等)工作状态偏差等。

(2) 主流道性能偏差:即使同一批次发动机也可能由于制造、运营和维护过程中的一些因素而导致较为明显的性能差异,使得空气系统边界存在偏差。制造方面,同一批次的不同发动机在加工装配过程中必然存在微小的差异,相同型号的发动机配件也存在微小的尺寸、重量和材料差异。运营方面,同一批次不同发动机执行不同的任务、采取不同的监测调整策略等都会导致发动机间的性能偏差。维护方面,不同维护历史和维护程序也会导致同一批次不同发动机性能存在差异。

(3) 引气/汇流边界非定常流动:空气系统的部分引气和汇流边界位于压气机和涡轮转子前后。压力机和涡轮来流自身存在一定的非均匀和非定常性,加之叶片运动引起的气流速度方向变化,叶片间隙可能引起的气流脱离和回流,以及流体机械前后的涡旋结构,最终导致空气系统引气/汇流边界存在非定常偏差。

(4) 过渡过程瞬态非均衡响应:发动机空气系统由若干大小腔室连接而成,存在明显的容腔效应。发动机在过渡过程中,空气系统与主流响应速度不同,空气系统内部各支路间的响应也不均衡,导致空气系统边界存在响应延迟和超调的现象。

2) 空气系统元件离心力形变偏差

航空发动机作为高转速的机械系统,各转动部件(如旋转盘、叶片等)受到离心力的影响会产生径向形变。式(3.1)可用于简单等厚旋转盘离心力形变计算,其离心力形变量与材料性质、旋转速度和旋转半径有关。发动机中高半径旋转盘,其离心形变量可占径向总形变量的60%~70%(图3.6)。相同的,空气系统中的部分旋转部件(如篦齿盘等)通过安装节与高半径的涡轮盘或压气机盘相连接,其离心力形变量也会受到主流道部件的影响。此外,发动机转子部件具有惯性,在加减速过程中离心力形变也会存在一定的延迟和响应时间,一般是在秒量级,远远小于热应力形变相应时间,因此一般情况下可认为离心力形变与转速是同步变化的。

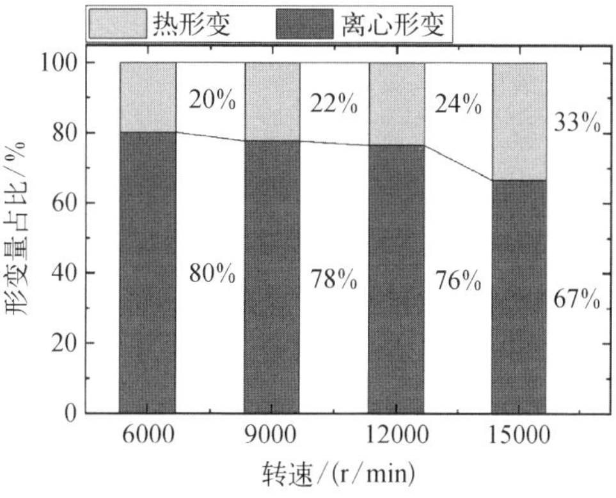

图 3.6　篦齿间隙离心形变、热变形占总形变量的比例变化趋势

$$u = \frac{1}{4E}(1 - \upsilon)\rho\omega^2 r_{\text{out}}^3 \tag{3.1}$$

其中,u 为形变量(m);E 为弹性模量(kPa);υ 为泊松比;ρ 为密度(kg/m^3);ω 为转速(rad/s);r 为旋转盘外径(m)。

3）空气系统元件热应力形变偏差

航空发动机空气系统元件在高温环境下工作，会因为温度变化而引起转静子尺寸和形状变化，即热应力形变。热应力形变程度与材料性质（热膨胀系数）和温度分布有关。对于温度较为均匀的静止薄壁结构件，热应力形变可用式（3.2）求得。对于旋转盘，其温度沿径向存在明显的梯度，式（3.3）可用于计算简单等厚旋转盘的离心力形变。

静子形变：

$$u_s = \alpha_s R_{in} T_s \tag{3.2}$$

其中，u_s 为静子热变形量（m）；α_s 为静子线膨胀系数；R_{in} 为静子内壁半径（m）；T_s 为静子温度（K）。

转子形变：

$$\begin{aligned} u_r &= \frac{1+\upsilon_r}{1-\upsilon_r}\frac{\alpha_r}{r_{out}}\left[\int_{r_i}^{r_{out}} tr\mathrm{d}r + \left(r_{in}^2 + \frac{1-3\upsilon_r}{1+\upsilon_r}r_{out}^2\right)\frac{1}{r_{out}^2 - r_{in}^2}\int_{r_{in}}^{r_{out}} tr\mathrm{d}r\right] \\ &= \frac{1+\upsilon_r}{1-\upsilon_r}\frac{\alpha_r}{r_{out}}\left[\sum_{i=1}^{n} T(r_i) r_i \Delta r_i + \left(r_{in}^2 + \frac{1-3\upsilon_r}{1+\upsilon_r}r_{out}^2\right)\frac{1}{r_{out}^2 - r_{in}^2}\sum_{i=1}^{n} T(r_i) r_i \Delta r_i\right] \end{aligned} \tag{3.3}$$

其中，u_r 为转子热变形量（m）；υ_r 为转子泊松比；α_r 为转子线膨胀系数；r_{out} 为转子外径（m）；r_i 为转子第 i 块分区内径（m）；t 为转子盘温度分布函数（K）；r 为半径（m）；r_{in} 为转子内径（m）；$T(r_i)$ 为转子温度沿半径分布函数（K）；Δr_i 为转子第 i 块分区长度（m）。

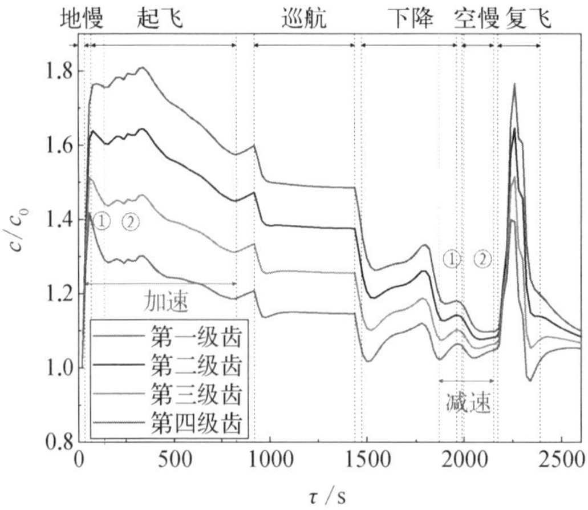

图 3.7 发动机过渡过程中因转静子热响应不协调导致的显著间隙偏差

航空发动机的主流道与空气系统在实际运行过程中，流动与换热高度耦合，主流道发生的热量通过热传导、热对流和热辐射等多种方式实时影响空气系统各个部件的热应力。由于发动机各部件材料和结构不同，其热响应时间存在显著差异，这种差异也显示在过渡过程中发动机各部分热应力形变上（图 3.7）。以封严篦齿为例，其静子通常与薄壁结构件相连接，热容小、热响应速度较快；而出于承载力的考虑，转子普遍存在结构厚重、热容大、热响应速度较慢的问题。这种响应速度差异导致了过渡过程篦齿间隙始终处于动态演化过程中,可能大幅度偏离设计值,甚至发生转静子摩碰。

4) 空气系统元件气动力形变偏差

航空发动机空气系统各个截面、腔室压力分布不同,因此各个结构件均承受一定程度的气动力而产生气动力形变。从发动机整体来说,空气系统的核心功能之一就是轴向力控制,燃气涡轮发动机主流空气对压气机施加的轴向力向前,向涡轮施加的轴向力向后,很多情况下两者并不能完全抵消,因此需要空气系统将轴向力控制在轴承核载的范围内。然而,上述不同方向的轴向力作用在转子上,会导致发动机转子在轴向方向被拉长,从而影响空气系统各个位置上的转静配合位置关系。从空气系统局部来说,被薄壁结构分隔的腔室如果存在明显的压差,也会导致薄壁件的形变,其中最为显著的是篦齿封严静子发生气动力形变导致的封严间隙偏差,式(3.4)可用于计算环形鼓筒受气动力的形变量,气动力形变量与部件材料性质(弹性模量)、结构特征和所受气动力大小有关。

$$u_{s2}=\frac{1}{E_s(R_{out}^2-R_{in}^2)}\left[(1-\upsilon_s)R_{in}(P_{in}R_{in}^2-P_{out}R_{out}^2)-(1+\upsilon_s)R_{in}R_{out}^2(P_{out}-P_{in})\right] \tag{3.4}$$

其中,u_{s2} 为静子压力形变量(m);E_s 为静子弹性模量(kPa);R_{in} 为静子内壁半径(m);R_{out} 为静子外壁半径(m);υ_s 为静子泊松比;P_{in} 为静子内压力(kPa);P_{out} 为静子外压力(kPa)

发动机过渡过程中,各个截面、腔室的压力实时变化,整体的轴向力也随时间发生变化,如图3.8所示。因为压力扰动在发动机尺度上的传播时间为毫秒量级,所以气动力的自身响应时间远小于热应力与离心力的响应时间,正常情况下可忽略气动力形变偏差的瞬态滞后效应。

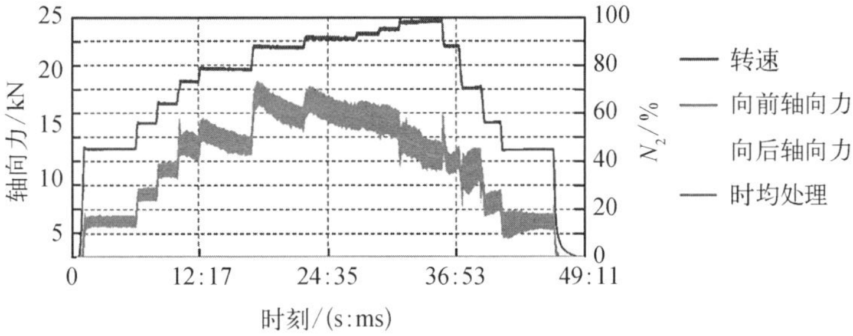

图3.8 转子气动轴向力的变化历程示意图

3. 空气系统衰变偏差

空气系统衰变偏差是指发动机服役过程中空气系统各个元件在各种内因、外因交互作用下,其性能逐渐降低,无法达到原设计水平,导致发动机性能退化和空气系统各项安全性功能设计裕度降低。一般情况下,空气系统衰变偏差可分为以下几类。

1）无相对运动连接结构密封退化

流路气密性退化：航空发动机不同结构件通过安装节连接,在发动机服役初期,安装节位置气密性良好,空气系统通过这些微小缝隙的漏气量较小,可忽略。这些安装节处于发动机处于高温、高压和高频振动的恶劣环境下,随着服役时间变长,必然导致密封件磨损和疲劳、密封件材料劣化和变形、连接位置松动等情况的发生,上述因素都会造成安装节位置密封性下降,空气系统的随机性漏气量增大。

2）转静子物理磨损

空气系统封严元件对于空气系统维持各个流路压力平衡,正常行使功能有着重要作用,封严性能的退化、结构故障是导致空气系统性能发生偏差主要原因之一[27,28]。篦齿是空气系统中最常见的转静封严元件,如之前所述,当发动机处于过渡工况时,转子和静子的径向和轴向变形不协调,极易造成间隙摩碰。为避免齿尖因与静子碰撞而损坏,采用了软质的静子表面涂层或蜂窝结构,允许齿尖嵌入静子。这就造成了随着发动机服役时间的增长,篦齿齿尖会发生明显磨损,可以发现篦齿静子因摩擦形成了明显的凹槽,使得间隙内的气流结构发生重大变化,进而改变篦齿的泄漏特性。图 3.9 给出了在长时间飞行后发动机篦齿转静子的摩碰情况。

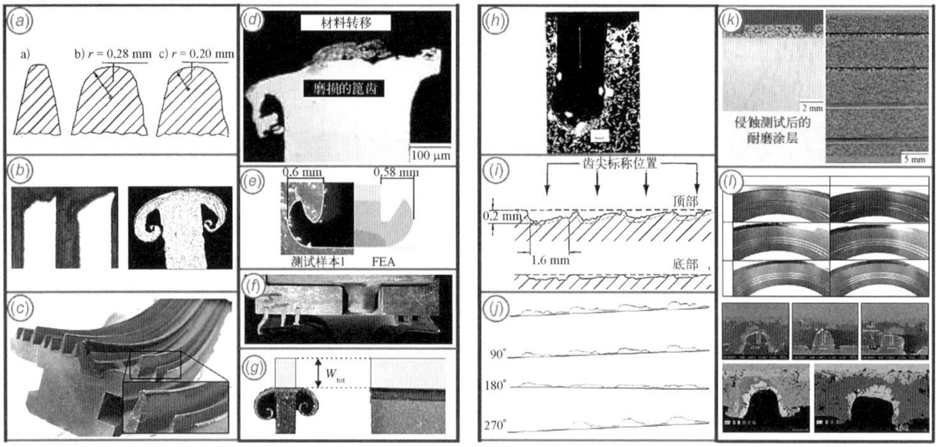

(a) 转子磨损　　　　(b) 静子磨损

图 3.9　篦齿封严转、静子摩碰情况[29]

FEA 表示有限元分析

此外,石墨密封环具有优良的耐高温性、自润滑性、低摩擦系数、耐磨损性、耐化学腐蚀性和良好的导热性,其热膨胀系数小,能够适应高低温变化频繁的工作环境，也在空气系统机械密封中得到了广泛应用[30]。石墨封严环组件除了起封严作用外，还起到定心作用，封严环组件不仅会受到转子对它的冲击力。随着发动机转速逐渐上升，可能会发生轻微摩碰，随着发动机服役时间的增加，磨损程度也会增加，造成封严性能的衰退，进而对油路密封造成影响。

刷式封严通过密集的金属或非金属刷丝与旋转轴或相邻部件接触，产生阻碍气体泄漏的封严效果。刷式封严具有在高速旋转条件下封严效果好、对微小轴向和径向运动适应性强、结构简单和易于安装维护等优点，在航空发动机空气系统封严中逐渐得到了应用。然而，刷式封严在长期使用过程中，刷丝与发动机部件之间的长期摩擦会导致刷丝逐渐磨损，刷丝长度减小，在高温和振动环境中，刷丝材料可能发生老化，变得脆化，密封能力下降，导致气体泄漏量增加。

3）灰尘堵塞

飞行器在极端恶劣的环境中运行时，环境中的沙粒或者火山灰等外来粒子进入空气系统（图3.10）。这些外来粒子有可能导致气膜孔的局部或者全部堵塞，也有可能会沉积在气膜孔附近导致冷却特性的改变，气膜孔的堵塞和热表面沉积直接导致发动机空气系统出流边界偏差，使空气系统功能失效，可能引发灾难性的事故。

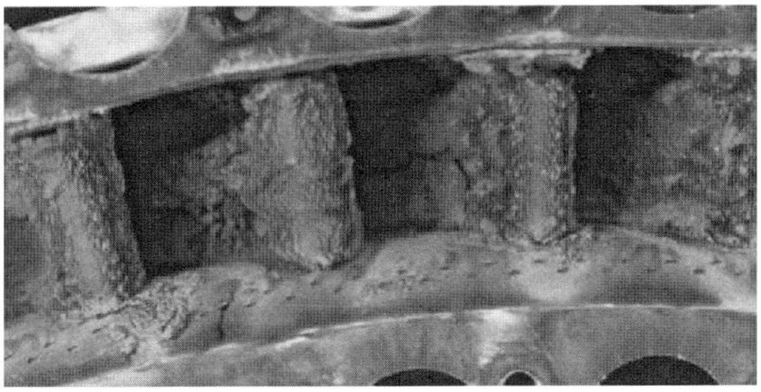

(a) 导向叶片灰尘沉积

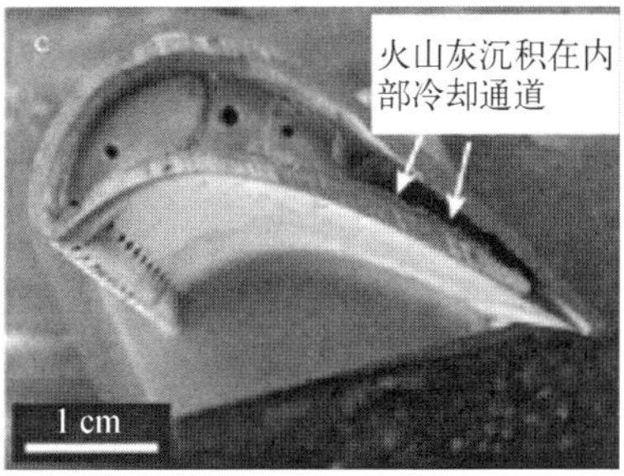

(b) 涡轮叶片内部沉积

图3.10　涡轮叶片沉积情况

4）高温烧蚀

对于航空发动机来说，涡轮是其最主要的热端部件之一，由于航空发动机燃烧室的喷嘴积炭、燃油品质不良、气流结构异常等，燃烧室出口存在着明显的周向和径向温度不均匀，形成热斑。热斑会引起发动机超温或局部超温，这样的高温超出涡轮材料能够承受的最大温度，在持久的高温环境下，涡轮叶栅必然会出现一定范围的烧蚀现象，如图3.11所示，改变空气系统的出流边界，继而将影响空气系统其他功能的正常实现。

图 3.11　高温燃气下涡轮叶片的烧蚀状况

3.1.2　偏差的随机性

由于航空发动机制造误差和运行状态变化,实际几何形状和设计几何形状之间总是存在偏差。这种几何偏差具有显著的不确定性特征,导致航空发动机性能的分散,从而降低制造合格率和使用寿命。如图 3.12 所示,航空发动机几乎每一个部件都会受到几何不确定性的影响,而随着性能和可靠性要求的不断提高,几何不确定性对性能影响的定量研究受到越来越多的重视。

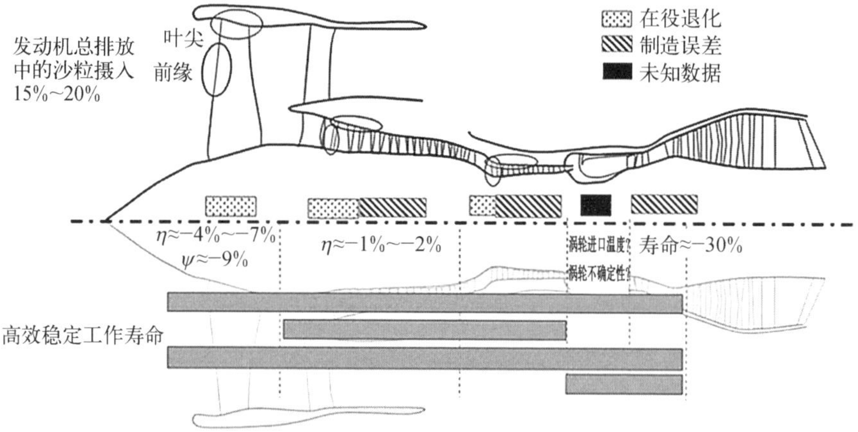

图 3.12　涡轮风扇发动机在役退化和制造误差引起的不确定性[31]

针对航空发动机空气系统中的几何不确定性,美国普拉特 · 惠特尼集团有限公司(简称普 · 惠公司)[32]空气系统设计部门的工程师曾在研究中对空气系统中几类节流元件几何不确定性的平均标准差进行了估计,如表 3.3 所示,从表中可以看出,普 · 惠公司的工程师采用标准差来描述各个节流元件几何偏差的随机性,然而,用标准差只能描述元件几何偏差随机性的大小,尚无法对这些节流元件几何偏差随机性进行更准确的描述,如随机分布类型、随机分布的独立性与相关性等。

表3.3 空气系统各节流元件平均标准差估计值[32]

节流元件	平均标准差	主要因素
孔	3%	流通面积
喷嘴	3%	流通面积
腔室半径	0.03%	热形变
篦齿间隙	15%	热形变

对于工艺偏差的随机性,具体可表现为同型号多台发动机中零部件尺寸的统计分布规律。工艺偏差的随机性主要取决于制造工艺、装配方法和质量控制水平等。

对于制造工艺,航空发动机的零部件通常采用高精度的加工设备和严格的质量控制来保证尺寸的一致性,且为大批量生产,制造过程中的尺寸误差多由随机因素(如机床振动、刀具磨损、材料均匀性等)引起,这些综合因素及尺寸误差的累积效应往往使最终的使尺寸趋近于正态分布,同时,如果各个零件的尺寸分布均接近于正态分布且相互独立,根据中心极限定理,装配尺寸链的分布也会接近正态分布。对于装配方法,当采用完全互换法装配(如标准连接件、机匣等)时,通常可以假设零件尺寸满足正态分布,因为正态分布可以较好地描述随机误差的影响;当采用不完全互换法装配时(如涡轮叶片、压气机叶片、涡轮盘、燃烧室组件等),零件尺寸可能不满足正态分布(如多峰分布、偏正态分布),此时不能采用正态分布假设,但若零件尺寸的统计结果近似满足正态分布,仍可采用正态分布假设和概率法计算装配精度,但需关注结果的可靠性。对于质量控制,在制造过程中,通过统计过程控制和六西格玛等方法,可以确保零件尺寸分布稳定且接近正态分布,从而提高互换性。

然而,在实际工程中,即使不满足正态分布,也常常基于简化计算或工程经验假设尺寸分布为正态分布,但对于小批量生产、非随机误差和复杂零件等特殊情况,则要考虑采用正态分布假设时分析结果的可靠性。

因此,对于航空发动机空气系统中工艺偏差的随机性,通常采用历史数据统计和正态分布假设的方式进行定量描述。以篦齿间隙工艺偏差为例,其随机性如图3.13所示,需要说明的是,尽管篦齿间隙的工艺偏差随机性符合正态分布,但是由于制造公差、质检、筛选等环节的存在,篦齿间隙工艺偏差的随机性可能并不是完整的正态分布。

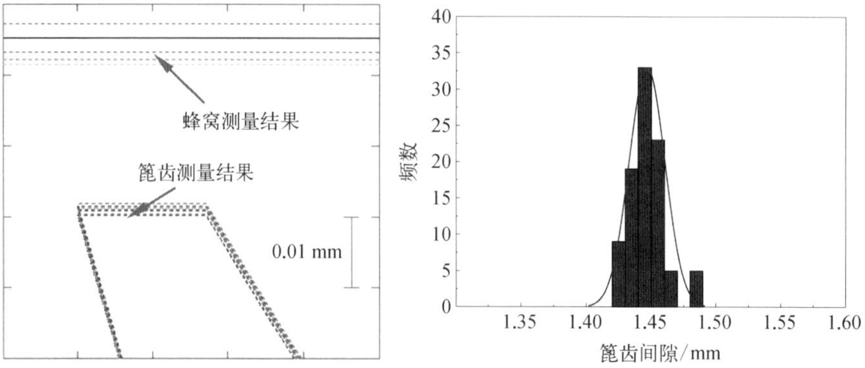

图 3.13 篦齿间隙工艺偏差随机性示意图

对于工作偏差的随机性，具体可表现为单台发动机同一工作状态下工作偏差的随机性，也可表现为多台发动机同一工作状态下工作偏差的随机性。前者对应于由工作状态引起的随机性，体现了单台发动机工作偏差的随机性；后者则对应受工艺偏差影响的工作偏差随机性，体现了同型号多台发动机工作偏差的随机性。然而由于工作过程中的几何参数无法直接获得，目前对于工作偏差的随机性尚无完备的量化方法，借助数值仿真工具，采用统计与分布假设相结合的方式仍是一种较为可行的方法。以篦齿工作间隙为例，其随机性如图 3.14 所示。

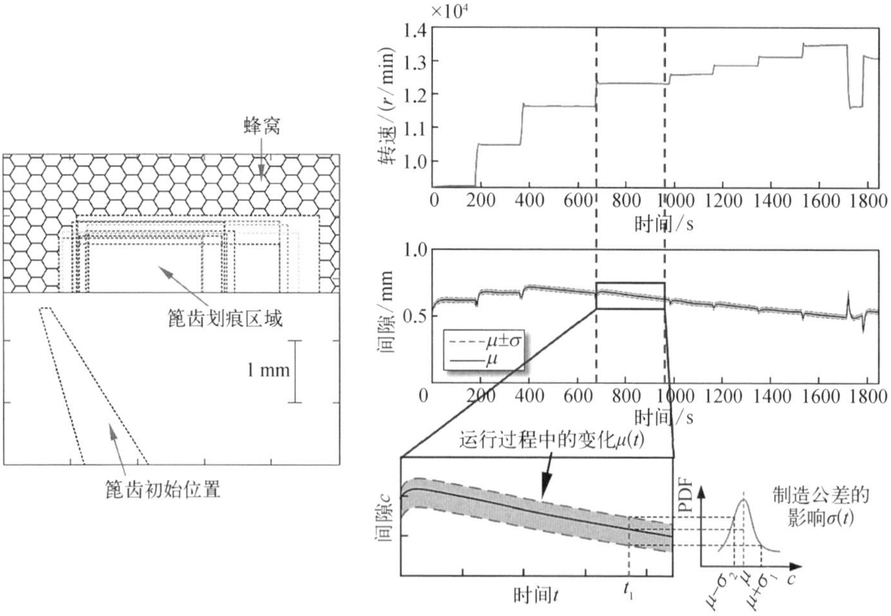

图 3.14 篦齿工作间隙偏差随机性示意图

PDF 表示概率密度函数

3.2　空气系统偏差传递路径

航空发动机空气系统不同流路的功能不同,其流量、压力、温度等参数的稳定性要求也有所不同。对于热端部件冷却和防燃气入侵功能流路,需要重点保障其功能流路的流量稳定性;而对于轴向力控制功能流路,需要重点保障其关键腔室压力的稳定性;对于轴承腔封严功能流路,需要兼顾温度和压力的稳定性;对于气膜即冲击冷却功能流路,需要兼顾流量和压力的稳定性。

在明确空气系统各功能流路对流量、压力、温度等参数的稳定性控制需求的基础上,按照前面2.3节所述原理,在空气系统设计中,首先以主干流路功能稳定性控制为目标,完成通流元件和刚性节流元件(包括核心节流元件和非核心节流元件)的布局。在此基础上,基于同样的原理,以主干流路为引气边界,完成各分、汇流支路的布局。表3.4~表3.6给出了能够"隔离"或"抑制"空气系统偏差的流路布局,要点如下。

表3.4　能够"隔离"或"抑制"空气系统下游边界偏差的流路布局

关 键 参 数	"隔离"下游边界偏差的流路	"抑制"下游边界偏差的流路
流量控制优先	A类串联布局 B类串联布局 C类串联布局 D类串联布局	有近临界节流元件的串联流路
压力控制优先	A类串联布局上游 B类串联布局上游 C类串联布局上游 D类串联布局上游	C类串联布局下游 D类串联布局下游

表3.5　能够"隔离"或"抑制"空气系统分流偏差的流路布局

关 键 参 数	"隔离"分流偏差的流路	"抑制"分流偏差的流路
流量控制优先	1类汇流布局下游 2类汇流布局上游 3类汇流布局上游	
压力控制优先	1类分流布局 2类分流布局	

表 3.6 能够“隔离”或“抑制”空气系统汇流偏差的流路布局

关键参数	“隔离”汇流偏差的流路	“抑制”汇流偏差的流路
流量控制优先	2 类汇流布局上游 3 类汇流布局上游	1 类汇流布局下游 4 类汇流布局下游
压力控制优先	1 类汇流布局 2 类汇流布局	3 类汇流布局
温度控制优先		2 类汇流布局 3 类汇流布局

(1) 对于流量稳定性控制需求优先的流路,只要在主干流路上采用临界状态的刚性节流元件对干路流量进行总体控制,就能实现对其下游偏差的完全“隔离”。如果主干串联流路的落压比较低,无法支撑节流元件达到临界状态,也要尽可能将整个流路的沿程压降分摊到单个核心节流元件上,避免“流阻均摊”,以尽可能增加其对下游偏差影响的“抑制”效果。

(2) 对于压力稳定性控制需求优先的流路,可利用临界节流元件对下游偏差进行完全“隔离”(如各类包含临界核心节流元件的串联流路),也可利用通流元件将重要腔室与发动机主流道“短路”,从而屏蔽空气系统其他流路偏差影响(如 1 类或 2 类分流布局,1 类或 2 类汇流布局)。

(3) 对于温度稳定性控制需求优先的流路。如果换热及风阻温升较小,其温度的稳定性直接取决于上游引气边界温度的稳定性。如果换热及风阻温升较大,其温度的稳定性与流量的稳定性直接相关,本质上等同于对流量的稳定性的需求。如果汇流流路中的汇流温度较高,将无法完全“隔离”汇流支路偏差对温度的影响,但采用 2.3 节中的 2 类或 3 类汇流布局能够在一定程度上“抑制”汇流支路偏差影响,1 类和 4 类汇流布局对汇流支路偏差的“抑制”作用较差,不建议应用于对温度稳定性需求较高的功能支路。

3.2.1 区域内偏差传递

以 CFM56 发动机为例,简要剖析其各压力分区流路布局及偏差传递/抑制原理。

1. 高压分区典型偏差传递

图 3.15 给出了主流道内侧高压分区主要流路布局(主流道外侧相对独立的高压涡轮导向器冷却流路不在此详细讨论),其主干流路采用了近临界的预旋喷嘴作为核心节流元件。核心节流元件下游节点汇入了由压气机末级泄漏的汇流支路,并分流出用于涡轮盘前腔封严的分流支路,其偏差传递和抑制原理如下。

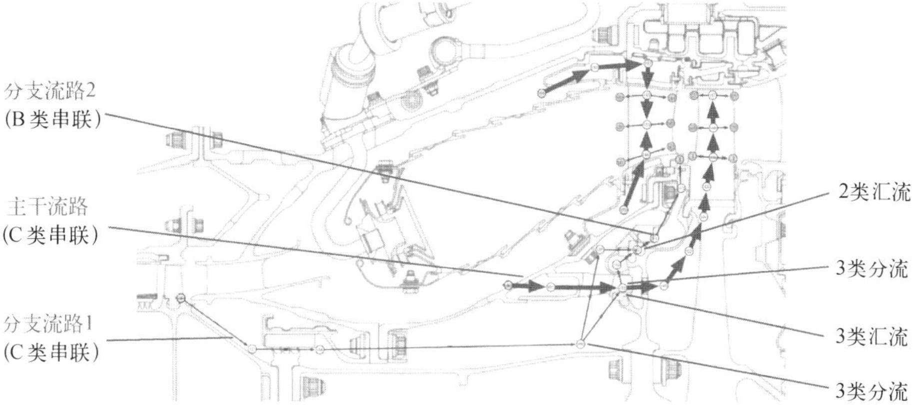

图3.15　高压分区干路及其分、汇流流路布局

1）在流量控制方面

主干流路核心节流元件（预旋喷嘴）上游通气孔为通流元件，下游排入主流道的气膜孔具有一定节流作用。因此，该主干流路可视为C类串联布局，其近临界状态的预旋喷嘴具有极好的流量控制效果。该分区中的主要分、汇流支路均采用了2类或3类分、汇流布局，这两种在临界节流元件下游的分、汇流结构几乎能够完全“隔离”支路偏差对主干流路总引气流量的影响，而这两个分、汇流流路的流量要比主干流路小一个量级。而主干流路下游向涡轮转子叶片的供气通道为通流类元件，叶片表面气膜冷气占比较高的前缘气膜孔落压比通常仅在1.1左右，比较接近通流状态，分、汇流流路的偏差对主干流路下游流量的影响也比较有限。

2）在压力控制方面

高压分区的主要支路包括：由压气机末级向下游涡轮盘腔泄漏的封严支路，以及用于防止高压涡轮盘前腔燃气入侵的封严支路，这两个支路均需要由转、静封严篦齿进行节流。但为了降低上述变形元件偏差影响，上述两个支路分别采用了C类串联布局和B类串联布局，利用与引气、汇流边界节点相连的通流元件以尽可能稳定对轴向力影响较大的腔压。同时，还从压气机后轴颈封严流路后分流一部分冷气直接汇入涡轮盘前腔封严冷气中，这种设计能够显著降低变形元件对卸荷腔压气机和封严冷气流量的影响，进一步提高高压转子轴向力和涡轮盘前封严气流量的稳定性。

3）在温度控制方面

该分区所有流路都是从发动机主流道最高压力和温度的位置引气，不会出现其他压力分区不同温度冷气向该分区的泄漏和掺混。能够导致各流路之间出现温差的主要因素是预旋喷嘴导致旋转盘腔的相对温降，以及压气机盘后封严流路的风阻温升，两个流路因篦齿间隙的偏差会影响涡轮盘前腔掺混温度的稳定性，但幅度有限。因此,需要尽可能抑制封严流路的风阻,减少其温升,以降低涡轮盘前腔温度及其离散度。

2. 中压分区典型偏差传递

航空发动机主流道内侧中压分区典型流路如图 3.16 所示,其主干流路采用了近临界的节流孔作为核心节流元件。核心节流元件上游分流出高压涡轮盘后腔轮缘冷气,核心节流元件下游分流出低压涡轮各级轮缘封严冷气。其偏差传递和抑制原理如下。

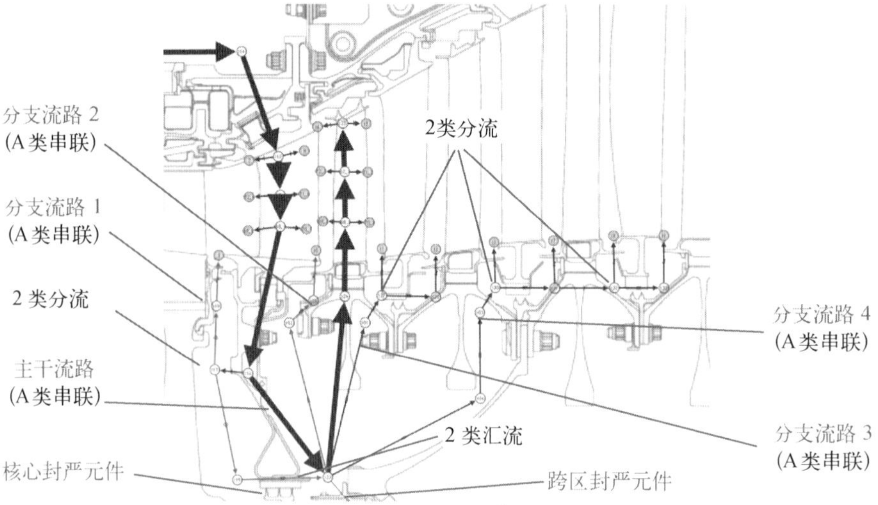

图 3.16 中压分区干路及其分、汇流流路布局

1）在流量控制方面

中压分区干路核心节流元件及其上游分流支路都采用了刚性节流元件,通流面积偏差及其对干路总流量的影响很小。核心节流元件下游各分流支路中,除了低压涡轮盘前的分支流路为通流元件以外,其他分流支路流量都由刚性节流元件进行节流。因此,该干路总体上可视为 A 类串联布局,具有较好的流量总控能力。对于每一个刚性节流元件下游细分支路,均采用了 2 类分流布局,从而隔离了细分支路篦齿间隙偏差对上游干路的影响。在该流路布局下,仍有两个篦齿会影响低压涡轮盘前腔封严冷气分流支路流量：一个用于阻挡高压涡轮盘后腔冷气向低压涡轮盘前腔泄漏,另一个用于阻挡低压涡轮盘前腔向空气系统低压分区泄漏。从设计上,为降低这两个篦齿偏差的影响：一方面,需要尽可能降低篦齿半径,控制其泄漏量和间隙;另一方面,需要控制其工作偏差在整机环境中的反馈作用,使其能够通过负反馈作用抑制偏差的增长。这将在后续章节中进一步阐述。

2）在压力控制方面

中压分区中的高压涡轮盘后腔（分支流路 1）、低压涡轮盘前腔流路（分支流路 2）直接影响高、低压转子轴向力。因此，上述涡轮轮缘封严仅采用一道篦齿且使用了较大的封严间隙，主要用于局部燃气入侵流入盘腔内部，基本不具备节流作用，相当于流阻较小的通流类元件将这两个腔室与主流道汇流边界直接连接，大幅度降低腔压对封严间隙的敏感性。整个中压分区内部只有一个核心封严元件（封严篦齿），该篦齿用于防止高压涡轮盘后腔向低压涡轮盘前腔的渗漏，采用较低的半径，使得篦齿的泄漏量及其对间隙偏差的影响都能控制在较低的水平。

3）在温度控制方面

除了高压涡轮盘后腔轮缘高压涡轮叶片根部榫槽、盖板等位置有极少量高压区冷气渗漏，以及局部少量的燃气入侵影响以外，整个中压分区若忽略风阻和传热效应，各流路总温理论上是一样的。因此，空气系统元件偏差并不会对各流路温度分布产生显著影响，只需要在设计中尽量抑制风阻温升即可。

3. 低压分区典型偏差传递

航空发动机空气系统低压分区冷气主要用于盘轴冷却和轴承腔封严。其中，轴承腔封严冷气可能由于轴承支点布局的需求，从主流道不同位置分别引气。对于图 3.17 的示例，其分区主要可以分为两个并列的主干流路：第一个是流量相对较大的盘轴冷却流路，由压气机零级引气，分别经由压气机盘腔、涡轮盘腔，最后汇入低压涡轮末级；第二个是流量相对较小的前、后轴承腔封严流路，同样是由压气机零级引气。由于轴承腔封严冷气的干路均为通流元件，相当于每一个轴承腔封严支路都是 1 类分流布局，其控制各轴承腔封严元件偏差影响的原理可直接参考 2.3.4 节，这里不再赘述。本节重点讨论盘轴冷却流路偏差传递和抑制原理。

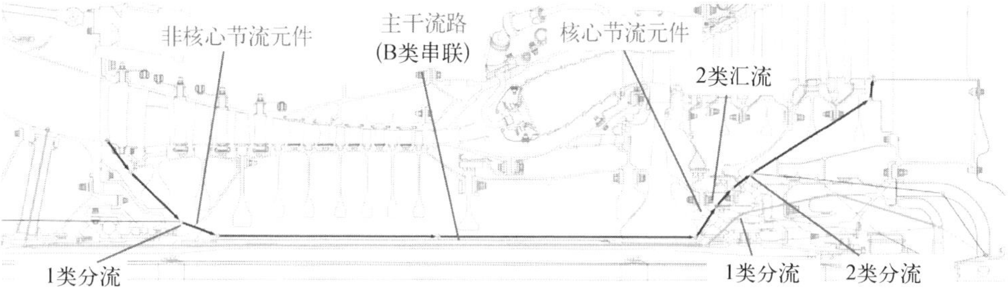

图 3.17　低压分区干路及其分、汇流流路布局

1）在流量控制方面

低压分区盘轴冷却干路采用 B 类串联布局，其核心节流元件位于高压涡轮盘与高压轴连接的锥壁孔，其上、下游流路均为通流元件。由于其核心节流元件上游从高压压气机零级到高压涡轮末级盘心之间无分、汇流支路，能够实现对高压压气机盘心和涡轮盘心冷却空气流量的精确控制。该流路高压压气机零级位置采用了1类分流布局，极好地抑制分流支路封严元件偏差对下游流量的影响。核心节流元件下游经篦齿元件汇入了由空气系统中压分区和轴承腔封严流路泄漏的冷气，且为2类汇流布局，较好地隔离了汇流支路封严元件偏差对核心节流元件上游冷气流量的影响。核心节流元件下游只有一个2类分流支路，该分流支路封严元件偏差对核心节流元件上游流量的影响也同样得到了有效隔离。

2）在压力控制方面

低压分区涉及的高压压气机盘前腔、低压涡轮盘后腔流路直接影响高、低压转子轴向力。因此，上述压气机和涡轮盘缘也采用了大间隙的通流类元件将这两个腔室与主流道汇流边界直接连接，能够大幅度降低腔压对封严间隙的敏感性。

3）在温度控制方面

导致盘轴冷却流路温升的主要因素有换热、风阻及从中压分区渗漏的高温气体掺混。沿程换热是功能需求，因此，从流动与换热的相似比拟的角度，在给定引气边界下实现流量的稳定控制也就保障了换热功能的稳定性。风阻耗散是在任何空气系统流路的设计中都需要尽量抑制的。为降低下游流路温度对汇流支路封严元件的偏差敏感性，采用了第2类汇流布局。即便如此，对该流路下游温升影响最大的因素仍然是高温汇流气体掺混。在空气系统设计中，控制上述跨区封严元件偏差，是保障空气系统稳定性设计的关键。

综上，在空气系统各分区流路设计中，首先需要以功能稳定性需求为目标进行流路拓扑的总体布局。对于以压力控制需求为主的流路（如高压涡轮导向器冷却流路，轴承腔封严流路），其主干流路应采用全通流类布局，并与主流道引气边界直接连通；对于以流量控制需求为主的流路，应采用核心节流元件控制总流量，并通过合理的通流元件及非核心节流元件布局，进行沿程腔压的调控。从温度控制的角度，需要尽可能抑制各流路的风阻耗散，并减少不同温度水平的功能流路经过变形节流元件的掺混。

对于按照上述原则布局的空气系统流路，影响各功能流路稳定性的主要因素包括以下几种。

（1）全通流类干路的各分流支路偏差（如高压涡轮导向器气膜孔衰变偏差、轴承腔封严元件运行偏差及衰变等），导致干路及分流支路流量及其相关功能受到影响。

（2）具有核心节流元件的干路下游分、汇流支路偏差（例如，从高压涡轮预旋喷嘴下游集气腔经封严篦齿分流出的防燃气入侵封严冷气，从高压涡轮盘后腔经封严篦齿分流并汇入低压涡轮盘腔的冷气），除了影响分流支路本身的流量，也会影响分流节点腔室压力、下游干路及其他分流支路流量。

需要说明的是,为了降低分、汇流支路封严元件偏差影响。对于必须采用变形节流元件的分、汇流支路,要尽量避免在核心节流元件上游布局分、汇流流路。因为,上述布局方式会使干路流量、沿程压力对支路封严间隙偏差的敏感性增加,增大空气系统稳定性的控制难度。

3.2.2 跨区域偏差传递

在航空发动机空气系统设计中,为减小冷气的能量贬值,需要尽可能避免冷气从高压的分区向低压分区泄漏。以CFM56发动机空气系统为例,其高压分区与中压分区之间的跨区流动几乎被完全物理隔离(只有高压涡轮叶根榫槽和挡板的微小渗漏),中压分区与低压分区之间仅有一个低半径封严篦齿。因此,空气系统各分区间直接通过质量输运产生的交互影响总体比较有限。但是,空气系统各压力分区的偏差会基于复杂的匹配耦合机制形成间接的跨区传递。

1. 高压分区向其他分区的偏差传递

空气系统高压分区冷气最主要的特点是压力大、温度高,其且流量在空气系统引气中的相对占比也是最多的。其中,用于冷却高压转子叶片和高压涡轮轮缘封严的冷气都排入主流道高压涡轮导向器之后,在高压涡轮中基本上不做功。另外,从发动机主流道部件的共同工作关系上看,上述冷气流量的偏差也会影响处于临界工作状态的高、低压涡轮导向器的流量连续关系和高、低压涡轮转子的功平衡关系,进而在一定幅度内影响高压涡轮的膨胀比。因此,虽然在航空发动机空气系统设计中能够避免高压分区高品质冷气向其他压力分区的质量输运,但是,发动机高压分区空气系统核心元件和各支路偏差却仍然可能对其他分区,甚至整机性能产生较明显的影响,其偏差传递主要路径如图3.18所示。

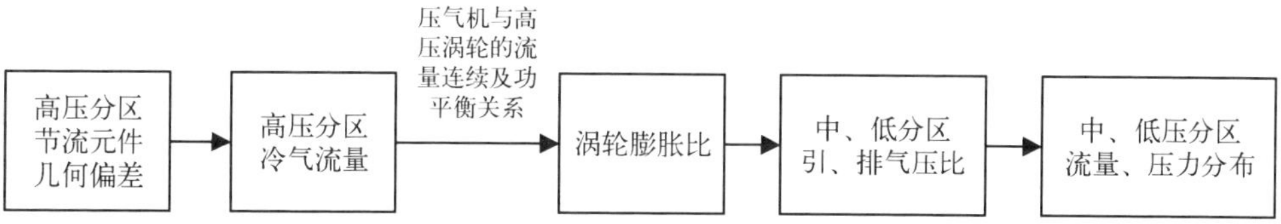

图3.18 高压分区向其他分区的偏差传递原理

2. 中压分区向其他分区的偏差传递

相比高压分区,中压分区空气系统的压力、温度及流量占比都会有所下降,分区内元件偏差对其他分区的相对影响要比高分区小一些。但是,中压分区核心节流元件偏差会影响压气机级间引气比例,以及高、低压涡轮流量连续关系和功平衡关系的相对变化,其对高压压气机工作点及整机匹配状态的影响有时也不能完全忽视,如图3.19所示。不仅如此,中压分区与低压分区之间的封严篦齿也无法完全隔离两个分区间的冷气输运，这也导致中压分区和低压分区之间具有更直接的偏差传递路径。

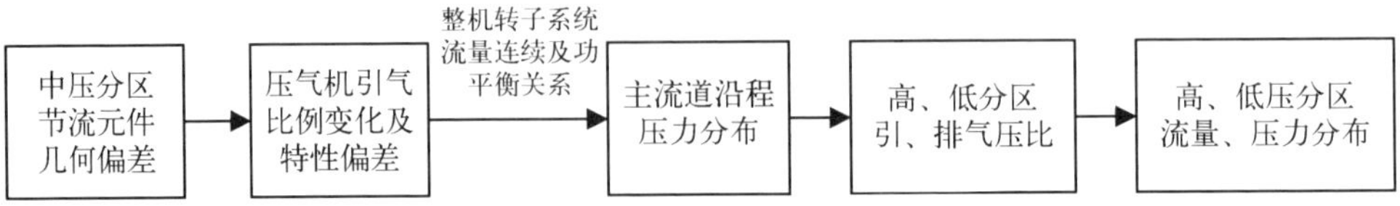

图 3.19　中压分区向其他分区的偏差传递原理

3. 低压分区向其他分区的偏差传递

低压分区空气系统的压力、温度最低，流量占比最小。大多数情况下，分区内元件偏差所导致的空气系统流量的绝对变化量及其对主流道的直接影响都较为有效。但是，低压分区空气系统承担盘轴冷却功能，其冷却效果的偏差能够影响压气机、涡轮等部件的工作间隙，进而导致上述部件效率发生变化，使得主流道部件的共同工作状态发生偏移。不仅如此，由于低压分区空气系统引、排气边界压力比相对较小，往往不足以支撑其干路核心节流元件达到临界状态，主流道工作状态导致的引、排气边界压力比变化也会反过来影响低压分区空气系统的流量和换热能力。其交互反馈原理如图 3.20 所示。

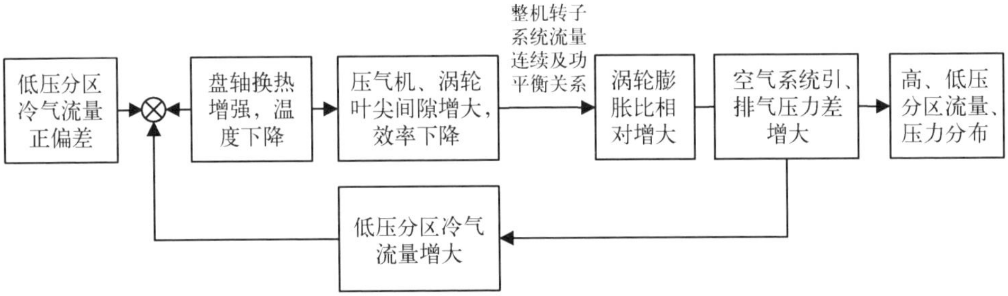

图 3.20　低压分区向其他分区的偏差传递原理

从图 3.20 可以看出，若低压分区盘轴冷却流路的流量出现正偏差，从而导致其换热相对增强，压气机和涡轮盘的工作温度随之下降，进而增大上述部件的工作间隙，并造成效率的下降。这将会进一步导致盘轴冷却流路引、排气边界压力比的增大，从而反过来促进盘轴冷却流路的流量的增长。显然，这是一种基于多物理机制的主流道与空气系统跨流域耦合偏差放大的正反馈机制。如果低压分区空气系统盘轴冷却流路核心节流元件的设计落压比很小（处于近通流状态），那将导致盘轴冷却流路的流量对引、排气边界偏差的敏感性极高，严重的情况下，可导致发动机主流道部件效率及排气温度离散度的大幅度增长。

3.2.3 空气系统各分区流路布局原则

空气系统各分区按照功能需求和排气压力的不同,还可以划分为不同的流域和功能支路。其分区划分及内部流域布局总体原则是:① 在满足功能需求的前提下,应尽可能降低空气系统冷气的总熵产,以减少对发动机性能的影响;② 在实现空气系统功能的前提下,应尽可能降低局部元件偏差或失效对空气系统的系统影响。因此,在空气系统正向设计过程中应当遵循的具体原则主要如下。

1. 各分区相对独立原则

空气系统从主流道不同位置引气的相对压力差较大。为了有效保障各分区的压力、温度满足空气系统各功能需求,并减少冷气的浪费,在空气系统设计中需要避免跨区穿越,并通过设置相应的密封结构阻隔或抑制空气系统的高压分区向低压分区的泄漏,以尽量保证各压力分区的冷气"专气专用"。尤其是压气机末级引气高压区(核心机空气系统流路)应与其他压力分区相对独立,以便于在发动机型号系列化发展过程中,可采用通用核心机策略降低研发周期和成本。同时,空气系统相对独立的压力分区,也能够降低局部空气系统异常引发整机空气系统功能失效的风险。

2. 核心节流元件流量总控原则

为了保证各分区排入主流道的总体流量可控,每个分区都应设置能够控制整个分区流量的核心节流元件。核心节流元件的数量宜少不宜多,应以转子、静子结构件上易于精确控制通流面积的孔、预旋喷嘴为主。在特定结构布局限制下,可以采用转、静封严结构(如篦齿)进行辅助流量控制,但要避免完全依赖转、静封严结构控制整个分区流量,以保障节流性能的稳定性。在满足功能需求和结构限制的条件下,各核心节流元件上游流路的流阻应尽量小。各核心节流元件下游流路虽然也会通过转、静结构件、节流孔或转静封严元件按需隔离出若干压力不同的腔室,但上述节流孔/封严元件流量或两端的落压比应显著小于该分区的核心节流元件,其通流能力的相对变化不应对整个分区的流量有显著影响。这样布局的好处是,只要能够保证核心节流元件功能有效性,即使各分区支路节流/封严元件局部失效,一般也不会造成分区整体流量和功能失控,有利于降低空气系统功能失效造成的危害性等级。

3. 主干支路低阻通流原则

空气系统各压力分区流量最大的主干支路一般是承担重要热端部件冷却功能的支路。主干支路通常是以涡轮叶片等部件表面"非均压边界节流排气",或涡轮盘腔"转静封严低流阻排气"这两种方式排气。这两种排气方式虽然都需要针对出口边界附近的节流元件设计必要的流阻,以维持所需的功能腔压。但是,主干支路的排气流阻应当在满足支路功能的前提下尽量取小,以降低对冷却空气引气压力的需求。也就是说,主干支路出口边界附近的最小节流落压比一般远小于临界落压比,节流效应比较有限,主要用于维持最低的功能腔压。主干支路的流量主要依靠其所在分区落压比最大的核心节流元件进行总量控制。这样布局不仅有利于减少冷却空气节流造成的品质下降,同时也有利于将整个流路的节流落压比集中于核心节流元件(如预旋喷嘴),以提升核心节流元件预旋温降等功能,并提高整个流域流量的稳定性。

4. 主干支路高压排气原则

虽然发动机内侧空气系统各分区的引气来源(压力、温度)相对单一,但却有多个不同排气压力的出流边界。空气系统各分区引气压力必须满足排气压力最高的支路需求。如果某分区流量较小的支路压力显著高于流量最大的主干支路压力,就会导致该分区的上游引气压力大幅度超出主干支路需求,从而造成冷气浪费。因此,各压力分区中如果出现排气压力明显高于其他支路而流量极小的支路,就应当将上述高压小流量支路划分到更高压的分区中,或设置完全独立的引、排气流路。流量较大的主干支路应为该分区排气压力最高的支路,流量需求较小的支路排气压力均应小于主干支路排气压力。

5. 高落压比支路刚性元件节流原则

现代先进航空发动机增压比最高可达 40 以上,空气系统的最高引、排气压力可达 20 倍以上,但受航空发动机结构布局限制,空气系统压力分区不可能精确匹配所有功能支路最优需求,有极大可能存在部分空气系统功能支路的引排气落压比远大于临界落压比的情况。在空气系统流路分区布局中,是依据大流量主干支路确定分区最高引排气压力的,因此上述高落压比功能支路只能是流量需求相对较小的支路。对于这类高落压比小流量支路,若以转静封严元件为主进行节流,将极难保持该流路功能的稳定性。因此,需要尽可能通过结构布局,利用(上游)转子、静子结构件上的固壁孔进行节流泄压,增大下游流路的体积流量,避免下游转静封严元件承担过多节流功能而影响功能稳定性。

3.3 空气系统偏差反馈

3.3.1 反馈系统基本要素

实际发动机空气系统中各类元件的流动特性大多数与其周围系统密切相关,其两者之间形成了存在诸多匹配、耦合、随动关系的子系统。航空发动机空气系统元件工作状态发生的变化会导致其所处系统环境的变化,航空发动机系统环境的变化也会导致各元件工作状态的变化。随着航空发动机性能的不断提高和任务剖面的不断增多,上述复杂交互关系变得越来越复杂,越来越不可忽视。因此,空气系统元件不仅仅是流体网络中的冷气通流结构,在广义上,空气系统元件是空气系统元件与其周围环境形成的一个通过动态交互作用的自平衡子系统,如图 3.21 所示。

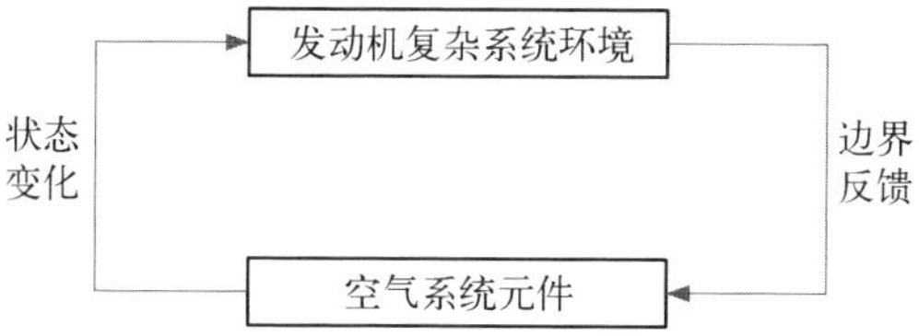

图3.21　空气系统元件与发动机复杂系统环境之间的自平衡机制

变形元件在发动机工作过程中，空气系统内部元件都将会由于其所处的自平衡子系统产生的气动力、热应力等载荷的变化而发生不可避免的几何形变，使得空气系统元件的通流能力（封严间隙、当量面积等）也时刻发生变化，进而显著影响发动机空气系统各处冷却空气的流量分布、温度分布和压力分布，甚至会影响航空发动机主流道部件的匹配工作状态。因此，空气系统流动状态及其沿程部件的温度场和变形元件的几何形变的演化在本质上是动态耦合的。换而言之，航空发动机空气系统与其所处的复杂系统环境是基于复杂多物理场、非线性耦合机制而形成的自平衡反馈系统。

在反馈系统中，初始状态、反馈过程及平衡状态是实现反馈控制的三个基本要素，它们之间相互作用，共同决定了系统的动态行为和稳定性。

1. *初始状态*

初始状态是指反馈系统在开始运行或接收外部输入时的状态。这个状态可以是系统的物理状态（如温度、压力、位置等），也可以是系统的运行状态。初始状态决定了系统反馈过程的起点，对系统的后续行为和性能有重要影响。

2. *反馈过程*

反馈过程是指系统通过某种机制将输出信号的一部分或全部反馈到输入端，与原始输入信号一起作为新的输入信号来控制系统的过程。反馈可以是正反馈，也可以是负反馈。正反馈会放大系统的偏差，使系统偏离平衡状态；而负反馈则会减小系统的偏差，使系统趋向于平衡状态。

在反馈过程中，系统会根据反馈信号不断调整其输出，以减小或消除偏差。这个过程是动态的，会随着时间的推移而不断变化。通过反馈过程，系统能够对外界扰动或内部变化作出响应，保持其稳定性和性能。

3. *平衡状态*

平衡状态是指反馈系统在一定条件下达到的一种稳定状态，在这种状态下，系统的输出不再随时间变化或变化很小，且能够抵抗一定的外界扰动而保持稳定。平衡状态是反馈系统追求的目标之一，也是衡量系统性能好坏的重要指标之一。

在反馈系统中，平衡状态的稳定性取决于多个因素，包括反馈机制的设计、系统参数的匹配等。当系统受到外界扰动或内部参数变化时，如果能够迅速调整其输出以恢复平衡状态，则说明系统具有较好的鲁棒性和稳定性。

3.3.2 空气系统偏差反馈机制

航空发动机空气系统各分区不同压力的功能流路之间，以及各分区之间，必须通过转、静封严元件控制各流路、各分区之间的冷气流动。这些变形元件在发动机工作过程中受到离心力、热应力、气动力等载荷的耦合作用会出现几何偏差，进而影响空气系统的功能稳定性。空气系统鲁棒性设计的核心是通过建立空气系统与发动机复杂系统环境之间的合理反馈机制，抑制发动机运行状态变化及空气系统变形元件几何偏差对空气系统功能的影响，使得空气系统具备对偏差扰动具有足够的抵抗能力。

偏差反馈机制，简而言之，就是通过检测系统输出与目标值之间的偏差，并据此产生负向的反馈信号，以调整系统的输入或操作，从而减小或消除偏差。这种机制的核心在于前面提到的“负反馈”的概念，即反馈信号与系统输出之间的反向关系。当系统输出偏离目标值时，负反馈机制会自动产生与系统输出方向相反的反馈信号，以纠正偏差，使系统回到目标状态。这是自然界与人类社会中普遍存在的自我调节机制，是维护系统稳定性的重要机制。本小节旨在深入探讨偏差负反馈机制的基本原理、应用领域，以及其对我们的启示与意义，提供一个全面而深入的视角，以更好地在航空发动机空气系统中理解和应用这一机制。

对于航空发动机空气系统，由于初始偏差（加工偏差、运行偏差或衰变偏差）使得空气系统元件偏离了设计状态，如果其引发的演化链条倾向于使空气系统的偏差越来越大，则这种反馈机制是正反馈机制；如果其引发的演化链条倾向于让空气系统的偏差越来越小，则这种反馈机制是负反馈机制。

在航空发动机空气系统中，导致结构件发生形变的因素包括离心力、热应力、气动力。其中，离心力直接取决于发动机的转速，其受空气系统工作状态变化的影响较小，大多数情况下可以忽略不计。空气系统偏差反馈主要是初始偏差对空气系统温度场、压力场产生影响，导致固体结构因热应力和气动力的变化造成变形元件产生反馈偏差。因此，空气系统的偏差反馈机制可以分为两大类：热变形反馈和气动反馈机制。

1. 热变形反馈机制

所谓热变形反馈机制，是指空气系统的初始偏差导致了结构件温度发生变化而导致热变形，进而引发空气系统朝向初始偏差扩大或缩小的机制。引发航空发动机结构件温度场的热量来源有两种：第一种是发动机主流道燃气通过与固体壁面的换热和固体导热作用将热量传导给结构件；第二种是高速旋转的空气系统固体边界与空气系统冷气的相对运动导致的风阻生热，再通过被风阻加热的气体与结构件的传热作用传导给结构件。

1）对流热变形负反馈

空气系统节流元件形变量发生变化，导致其通流能力发生变化时，将影响其上、下游气路与周围固体壁面的换热性能及其温度分布，从而对节流元件的形变量产生反馈作用。如图 3.22 所示，由中心进气孔、旋转盘腔、封严篦齿组成的空气系统及其固体壁面构成子系统就是一个典型的热变形反馈子系统。如果将该空气系统子系统所处的系统环境抽象并简化为进口压力、进口温度和出口温度固定，静子为理想刚体，转子为线膨胀系数不为零的热胀材料，涡轮盘缘为等热流的边界条件。那么该系统将构成图 3.23 所示的反馈逻辑，当篦齿间隙（节流面积）出现初始

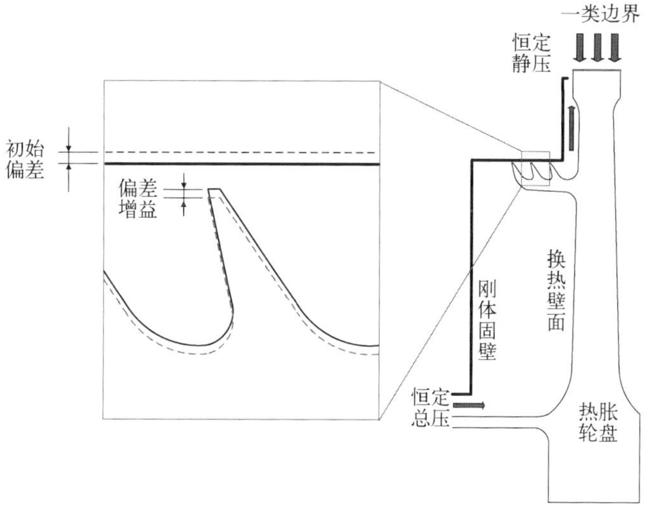

图 3.22　对流热变形负反馈示意图

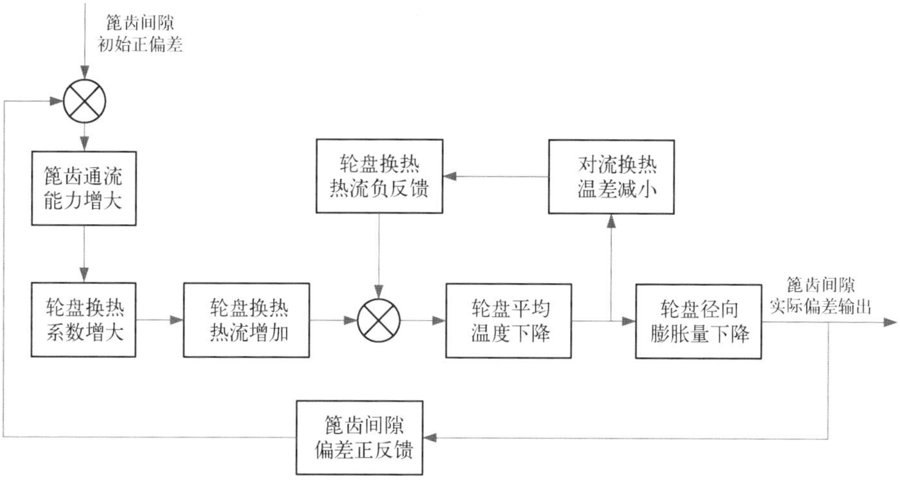

图 3.23　对流热变形偏差反馈逻辑

负偏差(小于设计值)时,盘腔流量和换热系数也会随之减小,在盘缘导热热流不变的情况下,轮盘温度升高和篦齿转子的热膨胀量将持续增大,使得篦齿间隙进一步减小。显然,封严篦齿初始偏差在上述形变反馈子系统下反馈的偏差方向与初始偏差一致,导致间隙偏差量被持续放大,最终直接导致系统失稳直至轮盘超温或篦齿发生摩碰。

在实际发动机中,涡轮盘缘热流主要来自涡轮叶片向轮盘的导热,涡轮叶片耐温存在一个极限(即涡轮轮缘的温度存在上限),涡轮盘缘也不可能是理想的等热流边界。如果将热变形反馈子系统中的轮缘热边界假定为等温边界条件,那么,同样在篦齿间隙出现初始负偏差,并导致涡轮盘温度上升的情况下。涡轮盘缘与盘心之间的温差也将不断减小,进而造成盘缘向盘心的导热热流不断下降,抑制涡轮盘心温度的持续增加和篦齿间隙的持续下降,篦齿最终将稳定在一个新的工作间隙下。

2) 风阻热变形负反馈

航空发动机空气系统中高速旋转的固体壁面在气体工质中发生相对运动时会产生阻力,这个过程消耗的轴功会转化成热能。对于给定的固壁结构,风阻消耗的功率主要与气体密度及固壁与气体的相对运动速度有关,与气体的流量关系不大。因此,当空气系统转、静封严间隙出现偏差并导致流量发生变化时,其所处串联流路的单位气体工质获得的风阻加热量也会发生与流量变化方向相反的变化。也就是说,当转、静封严间隙减小时,其所处串联流路的风阻温升会增加;反之则减少。这种风阻温升随流量变化的现象有可能对封严间隙的偏差形成反馈作用。

如图 3.24 所示的封严流路,如果篦齿封严环的初始偏差使得篦齿间隙出现负偏差,则由于篦齿的流量下降,篦齿的风阻温升随流量的下降而大幅度上升。由于篦齿转子结构与篦齿下游气体的换热作用较强,转子结构因此受热并产生了使篦齿间隙进一步减小的偏差增益。显然,偏差增益的方向与初始偏差方向一致,这就是通过风阻热变形反馈作用使封严间隙偏差被放大的情况,其偏差反馈逻辑如图 3.25 所示。

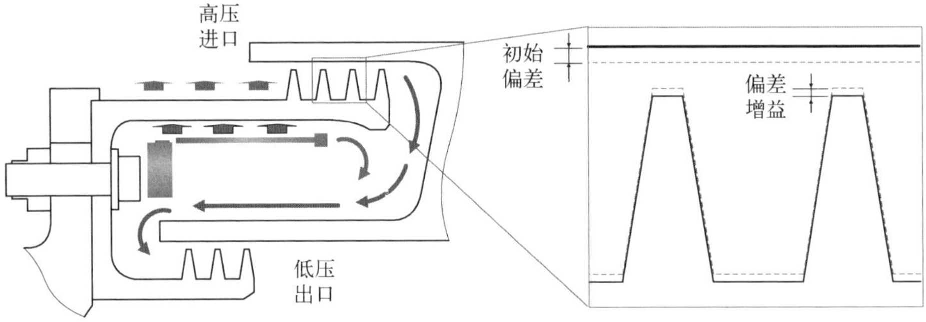

图 3.24 风阻热变形偏差反馈示意图

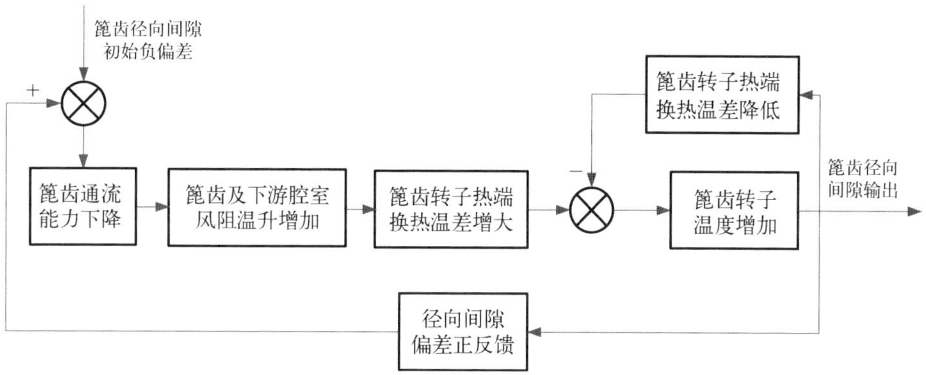

图 3.25 风阻热变形偏差反馈逻辑

2. 气动反馈机制

所谓气动反馈机制,是指空气系统的初始偏差导致了关键腔室压力发生变化而导致结构变形,进而引发空气系统朝向初始偏差扩大或缩小的机制。气动力导致的航空发动机结构件形变有两种:第一种是空气系统关键腔室内的气动力导致转静子结构件发生轴向变形;第二种是空气系统关键腔室内的气动力导致转静子结构件发生径向变形。

轴向气动力反馈机制:如图 3.26 所示的轴向力卸荷流路,当斜台阶篦齿静子封严环具有使轴向间隙减小的初始间隙时,将引发下游卸荷腔压力下降,而篦齿盘受到压差力的作用,将向下游方向发生偏移,这会导致转、静子轴向

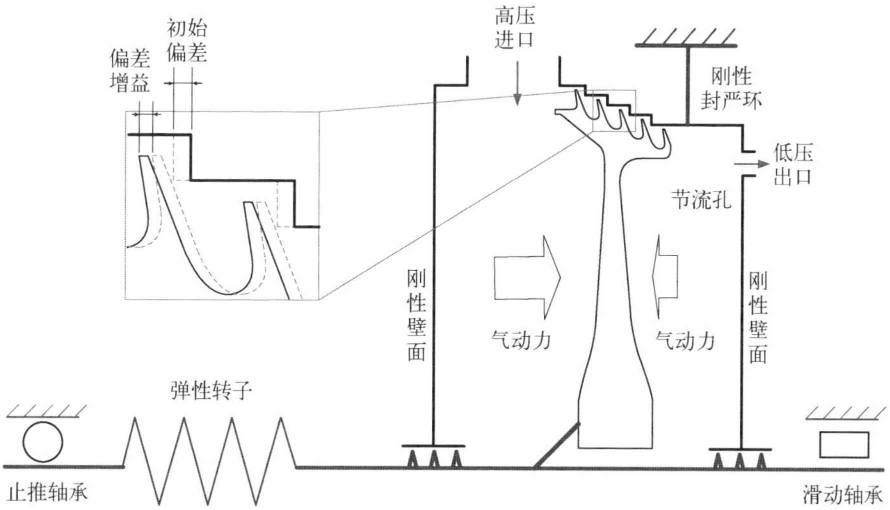

图 3.26 轴向气动力偏差反馈示意图

配合间隙进一步缩小。也就是说,偏差增益的方向与初始偏差一致,形成了能够将初始偏差放大的正反馈作用。这会导致阶梯篦齿元件在稳定工作过程中的轴向配合间隙偏差大于冷态初始间隙偏差的情况,其偏差反馈逻辑如图3.27所示。

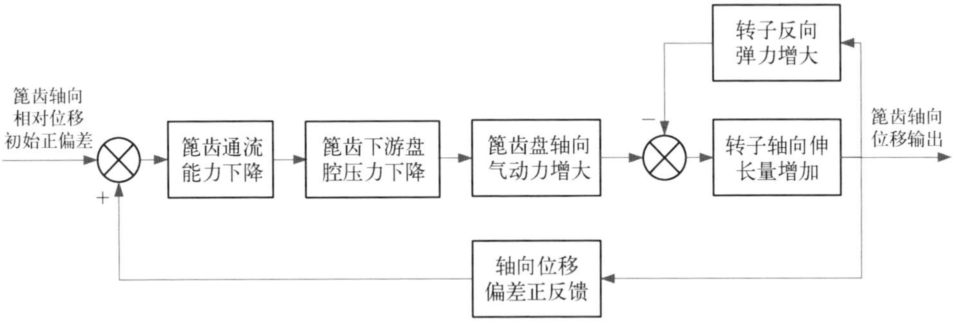

图 3.27　轴向气动力偏差反馈逻辑图

径向气动力反馈原理:如图3.28所示的轴向力卸荷流路,当斜台阶篦齿转子具有使径向间隙减小的初始间隙时,将引发下游卸荷腔压力下降,而篦齿封严环壁面因内部压力下降而向内收缩,产生径向向内的偏差增益,这会导致转、静子径向配合间隙进一步缩小。偏差增益的方向与初始偏差一致,形成了能够将初始偏差放大的正反馈作用,这会导致阶梯篦齿元件在稳定工作过程中的径向配合间隙偏差大于冷态初始间隙偏差的情况,其偏差反馈逻辑如图3.29所示。

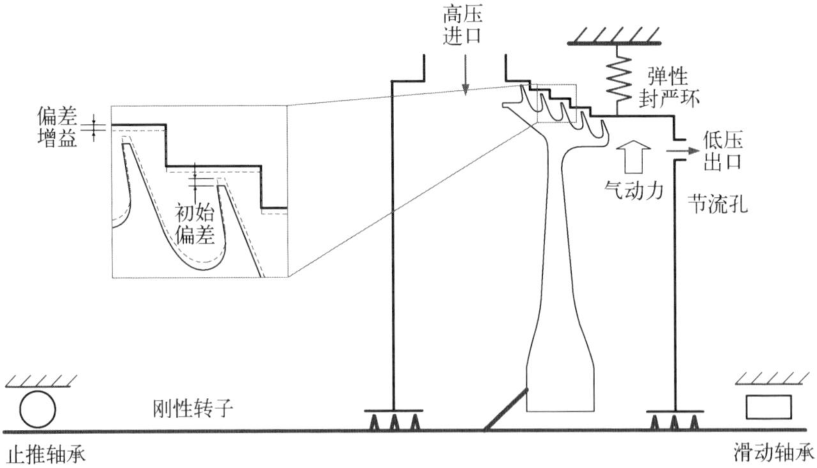

图 3.28　径向气动力反馈示意图

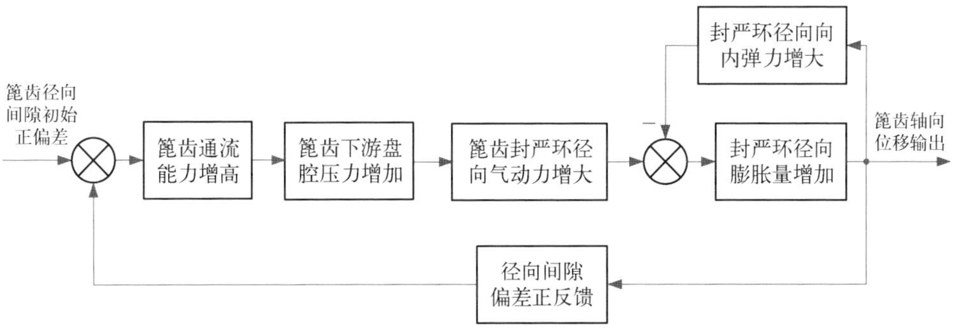

图 3.29 径向气动力反馈逻辑图

第 4 章
空气系统鲁棒性设计的技术内涵

4.1　空气系统鲁棒性设计要素

4.1.1　空气系统鲁棒性设计的准则

在传统空气系统设计中，规定计算的或测量的设计参数称为关键参数，设计准则就是规定了关键参数的限定范围。如果超过该范围，则会导致空气系统无法完成规定的功能，发动机内部工作环境不能保证发动机安全可靠工作。空气系统鲁棒性设计则是通过设计赋予，使得处于发动机系统环境的空气系统，在发动机运行状态和空气系统元件性能发生预知可能的单一或组合偏差时，其功能性指标依然具备维持其设计要求范围的能力。在空气系统设计过程中，对具体的发动机空气系统进行审查时，通常应该直接凭经验或通过相关后续工作结果提出实际允许范围。从优化的角度，这些数值都属于局部品质准则，是多维的目标函数。

通常对空气系统的一般性要求是在发动机整个寿命期内，空气系统工作可靠，与总体结构紧密结合和协调，具有良好的工艺性。其对发动机总体性能损失尽量小，需求流量不能超过发动机设计规定的限制值，并尽量减少对发动机总体和部件的性能损失，除了保证引气流量尽量小外，还必须减少空气沿程损失，选择初始压力尽量低的引气位置，选择合理的出流位置和方式，降低出流在主流道内混合对性能的影响，减少空气流动引气的附加损失。

上述要求会根据发动机的特点部分转化为相应的设计准则。在《航空发动机设计手册：第 16 册　空气系统及传热分析》[22]描述的传统空气系统设计基础上，根据空气系统的功能及其与发动机相关总体，部件与系统的综合影响，空气系统鲁棒性的主要设计准则如下。

(1) 在发动机工作包线范围内，空气系统承担的冷却和温控零件的最高温度和最大温差在允许的范围内，即满足强度标准及型号规定的持久强度寿命和低循环疲劳寿命对相应零件的温度场要求，其用准则 Φ_1 来表示。

(2) 保证发动机在工作包线内，在转子与静子之间对燃气的可靠封严，防止燃气从主流道向发动机内部盘腔入侵。为此，通过转静子间最外层封严环（通常是轮缘处封严环）的冷却空气供给流量必须大于防止燃气入侵的最小需求流量，其用准则 Φ_2 来表示。

（3）在发动机工作包线范围内，保持滑油密封系统空气封严腔内空气压力和温度在允许范围内，其决定了滑油密封方式、结构和滑油性能，用准则 Φ_3 来表示。

（4）空气系统相关腔室压力状态，必须满足发动机转子推力平衡的下列要求：① 在全部正常工作循环范围内的载荷，必须保证止推轴承有足够可靠的工作寿命；② 满足止推轴承的最小负荷限制要求，以防止滚珠在跑道上产生破坏性打滑；③ 在整个工作包线范围内，止推轴承的轴向载荷不能改变方向，其用准则 Φ_4 来表示。

（5）冷却空气需求流量和封严气体的泄漏流量不能超过发动机设计规定的限制值。通常该限制值由总体气动热力性能计算分析，并且与各个方向协调之后确定，其用准则 Φ_5 来表示。

（6）针对空气系统鲁棒性设计，要求发动机在特定飞行阶段，考虑发动机运行状态和空气系统元件几何发生预知的任何偏差组合下，重点考察的空气系统功能失效事件发生概率是否在设计要求允许的范围内，其用准则 Φ_6 来表示。

4.1.2　空气系统鲁棒性设计的输入

相比传统设计方法，空气系统鲁棒性设计要求考虑在发动机空气系统边界偏差和元件偏差情况下，在特定飞行阶段，空气系统失效事件的发生概率是否满足要求，其具体要求可按表 4.1 列出。基于此，鲁棒性设计的输入包括以下内容。

（1）发动机工作包线，包括设计点状态、需要分析的非设计点状态和需要分析的飞行阶段。

（2）发动机总体气动热力参数、总体方案结构和基本几何参数、空气系统允许最大引气流量（冷却空气流量、封严空气流量等）。

（3）压气机各截面气动参数和结构几何参数。

（4）燃烧室二股气流沿程气动参数分布、燃烧室出口温度分布系数（outlet temperature distribution factor，OTDF）和径向温度分布系数（radial temperature distribution factor，RTDF）。

（5）涡轮各截面气动参数及结构几何参数。

（6）各项设计要求，如主要零件力学载荷、应力水平和强度寿命要求；滑油系统的空气封严腔室压力、温度要求范围；止推轴承的轴向载荷要求范围；以及需要分析的各飞行阶段，考察的空气系统功能失效事件的发生概率等。其中，部分要求设定不能更改，而有些是可以随着空气系统设计优化而调整的。

（7）主要零件材料的力学和物理性能数据，以及流动介质的物理性能数据。

（8）空气系统元件的几何偏差概率分布。其中，由加工、制造和装配引起的元件偏差概率分布相对固定;而对于由发动机系统环境下所受载荷引起的偏差(如篦齿封严受热载荷、气动载荷等引起的偏差等),其概率分布可通过局部设计而改变。

表 4.1　空气系统鲁棒性设计输入增加量

需要分析的飞行阶段	该阶段考察事件	概率要求
飞行阶段 1	事件 1	
	事件 2	
	…	…
飞行阶段 2	事件 1	
	事件 2	
	…	…
…		

4.1.3　空气系统鲁棒性设计的流程

空气系统设计的最终目标是获得满足前述功能要求和设计准则的空气系统流路网络、结构和几何尺寸及空气沿流路的流动参数,即空气的压力、温度和流量(或速度)等。设计过程分为若干阶段并纳入发动机整个设计研制流程,随设计阶段进展,每个阶段的设计目标与要求、建立的模型和采用的方法均不同,并且在系统流路或结构上会有所改进和变化,而协同设计过程(如总体与部件的气动计算、零件的热分析计算、强度与寿命计算和滑油系统计算等)中空气系统的设计内容也逐渐深入。为保证各项准则的考虑愈趋周密,计算分析的模型也将逐渐完善。同时,还要进行相应的试验研究,最终得到满足设计要求的空气系统。

空气系统鲁棒性的基本设计流程如图 4.1 所示。首先要从发动机的角度对空气系统提出明确的设计要求,继而提供设计所需要的原始参数和限制参数。通常设计可分成三个阶段,即网络设计阶段、元件设计阶段、功能验证阶段。针对鲁棒性设计需求,在网络设计阶段可先基于工程经验、空气系统各分区流路布局原则(详见本书 3.2.3 节)、已有数据假设的空气系统元件、边界偏差概率分布,作为网络设计的输入,获得具有鲁棒性特征的空气系统整体方案。在元件设计阶段,结合元件所处的多物理场耦合环境,通过结构优化实现元件偏差范围的控制,并需更新空气系统元件、边界偏差概率分布,与空气系统网络整体方案迭代。最后,通过元件、部件和整机试验数据验算空气系统各项功能的完成情况,准确地确定空气系统几何参数并标定沿空气流路的流体动力参数。整个过程中,随着设计阶段的迭代,空气系统结构将逐步得到进一步改进，提供的几何与流动数据更趋详细与准确，并且成为下一个阶段的基础，最终设计方案将是最大限度地满足全部设计要求、具备高鲁棒性的空气系统方案。其中，每个阶段的工作内容和进度均与总体和相关部件及系统的设计网络相协调。

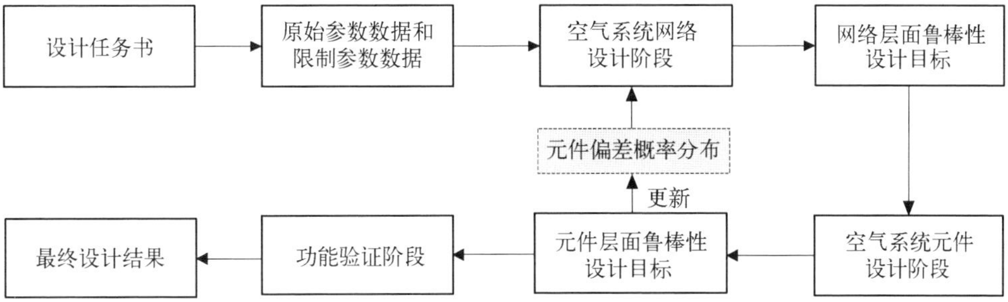

图 4.1　空气系统鲁棒性设计基本路线

1. 网络拓扑设计阶段

起始设计要根据设计任务书要求，基于发动机与空气系统相关的总体、部件和其他系统的热力、气动、结构和零件材料与气体性质等原始数据，参考技术状况相近的成熟发动机的空气系统或相关"数据库"的数据，对设计任务、关键技术和可靠性进行分析。按规定的设计流程，寻求能初步满足设计要求的方案。

空气系统网络设计阶段的设计点状态与发动机设计点相同。非设计点计算状态为静强度计算分析所要求的工作包线极限点状态，即最大气动负荷状态、最小气动负荷状态和最高热负荷状态。鲁棒性设计需要关注的飞行阶段由发动机总体和其他部门提出要求。

针对鲁棒性设计要求，这一阶段，空气系统元件和边界偏差概率范围是根据工程经验和已有数据库假设的。空气系统设计的关键参数数据可通过一维流体网络法计算，获得系统各流路的空气流量，以及沿程各腔室的压力、温度及其分散性。上述参数直接用来评估空气系统是否满足准则 Φ_2、Φ_3 和 Φ_5，又作为原始数据计算转子轴向力和零部件温度场，判断准则 Φ_1 和 Φ_4 的可行性。最后综合评估与调整技术状态，并选择较优的流路和结构方案。为了提高分析效率，此阶段的热分析计算也可作为一维问题处理，采用区段平均换热边界。

如图 4.2 所示，空气系统网络拓扑设计阶段的具体设计流程如下：首先根据上述提到的原始条件和设计要求，基于各分区相对独立、核心节流元件流量总控、主干支路低阻通流等空气系统各分区流路布局原则（详见本书 3.3.3 节），完成初步的空气系统方案流路、结构和几何尺寸计算与选择（事件 1），这些参数是随着方案优化而随时调整的。在此基础上，进行空气系统流体动力计算，求得各流路的空

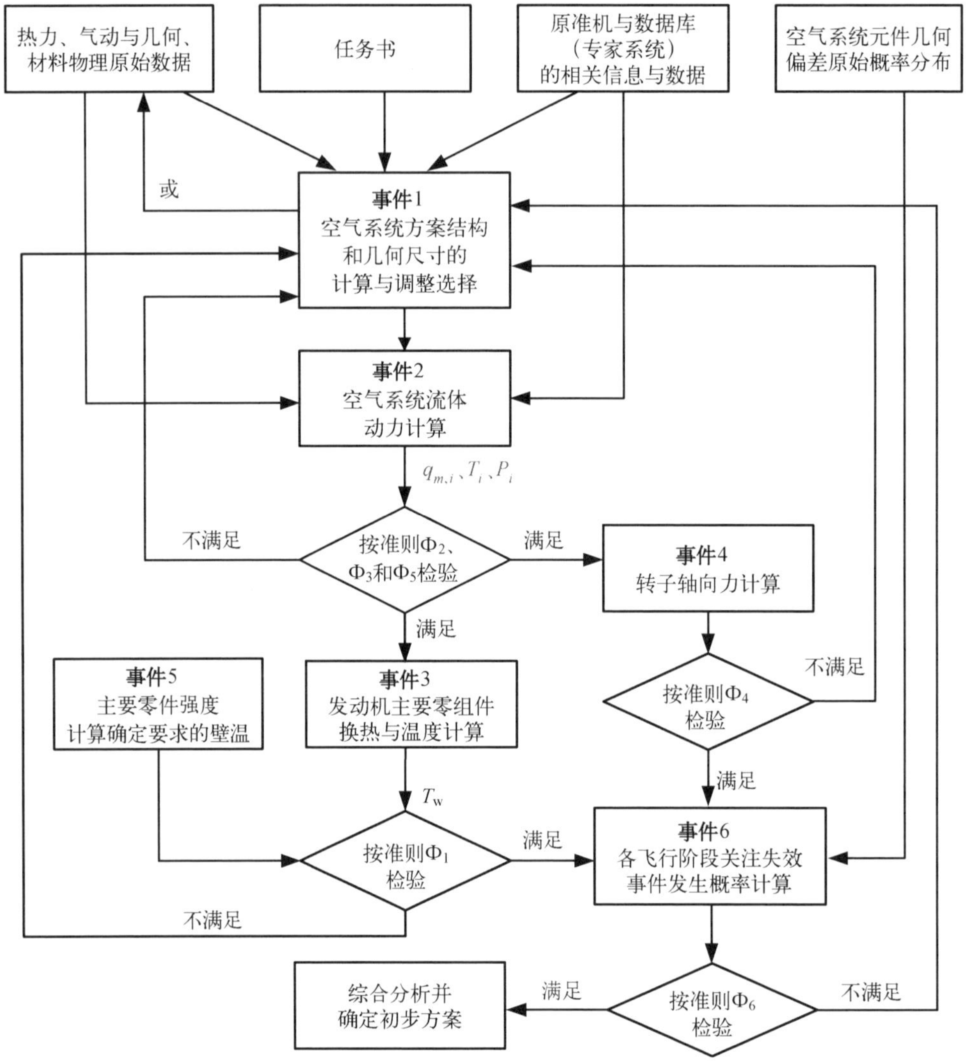

图 4.2　空气系统网络拓扑设计阶段基本设计流程图

气流量、各腔室的压力和温度等（事件 2），然后按照准则 Φ_2、Φ_3、和 Φ_5 检查方案是否满足燃气封严、滑油封严和空气系统用气限制等要求。如果满足这三个准则要求，则将空气系统的计算结果作为原始参数，提供给结构强度部门开展两方面的强度计算：一方面，对发动机主要零件，特别是涡轮转子零部件的温度场进行计算（事件 3），并根据相应零件强度计算结果（事件 5），确定满足强度规范的零件限温要求，确定准则 Φ_1，按照准则 Φ_1 检查零件温度是否符合要求；另一方面，对转子轴向力开展计算（事件 4），求出各止推轴承的轴向载荷，从而按照准则 Φ_4 检查设计是否满足轴向载荷平衡要求。满足上述五项准则后，考虑空气系统元件几何偏差原始概率分布下，对各个飞行阶段关注事件的发生概率进行计算（事件 6），按照准则 Φ_6 检查设计是否满足鲁棒性设计要求。需要注意的是，空气系统元件几何偏差的原始概率分布来源于工程经验、专家经验和已有数据库，概率偏差分布可通过下一阶段元件增稳设计而改变。在整个设计过程中，如果某一项或多项准则不满足时，则需要视情调整相关结构参数（事件 1），直到全部准则满足要求为止。如果通过空气系统内部调整不能得到满足，则需要和相关专业协调，必要时调整总体性能和总体结构方案，或者通过技术判断认为部分指标接近满足准则要求，可通过下一阶段的详细设计予以解决。

2. 元件详细设计阶段

网络拓扑设计阶段的结果为本阶段的原始设计方案。此阶段，在设计任务无大变更的情况下，通常不会对方案的流路和结构进行大的全局性的实质改变，只作局部流路和几何尺寸的设计。

此阶段，除了要分析发动机设计之初总体部门提出的设计点、非设计点和需要考虑的飞行阶段外，还需要增加方案细化过程中强度部门开展强度寿命分析要求的状态。

此阶段需要详细计算主要零件的热应力，在上一阶段掌握主要零件区域平均温度基础上，详细计算零件温度场，并且考虑在满足所有设计准则的基础上使用尽量少的空气流量。

空气系统元件设计阶段的基本设计流程如图 4.3 所示。完成空气系统元件详细设计阶段的任务，除了要完成本部门流体动力计算与热分析工作外，还包括本阶段涡轮、强度和滑油系统等专业开展的相关分析，最终评估空气系统满足各项指标完成情况是基于各个专业分析结果的综合。其主要包括以下事件：在空气系统网络设计阶段及其修正后的空气系统方案技术上，针对几何偏差较大的空气系统元件开展鲁棒性设计，减小其偏差范围并更新偏差概率分布，对局部优化后的空气系统方案开展流体动力计算（事件 1），计算结果用于检查涡轮轮缘封严和滑油系统封严是否满足要求（准则 Φ_2 和 Φ_3）。基于各个腔室压力开展转子轴向力计算（事件 3），按照准则 Φ_4 检查其满足要求情况。基于各个流路流量分配情况开展空气系统用气总量计算，按照准则 Φ_5 检查其满足要求情况。当上述准则均满足后，利用元件鲁棒性设计更新后的几何偏差概率分布，计算各个飞行阶段关注的事件发生概率（事件 6），按照准则 Φ_6 检查其满足鲁棒性设计要求情况。满足上述要求的空气系统参数再用于完成叶片外表面与主流燃气的换热边界条件计算（事件 4）和空气系统冷却流路换热边界条件计算（事件 5），涡轮 S_1 和 S_2 流面的气动计算（事件 2）和空气系统冷却流路换热边界计算需与事件 1 相互迭代（考虑冷气对气动性能的影响）。主要零件温度场计算（事件 7）：该阶段要求按照强度和寿命理论计

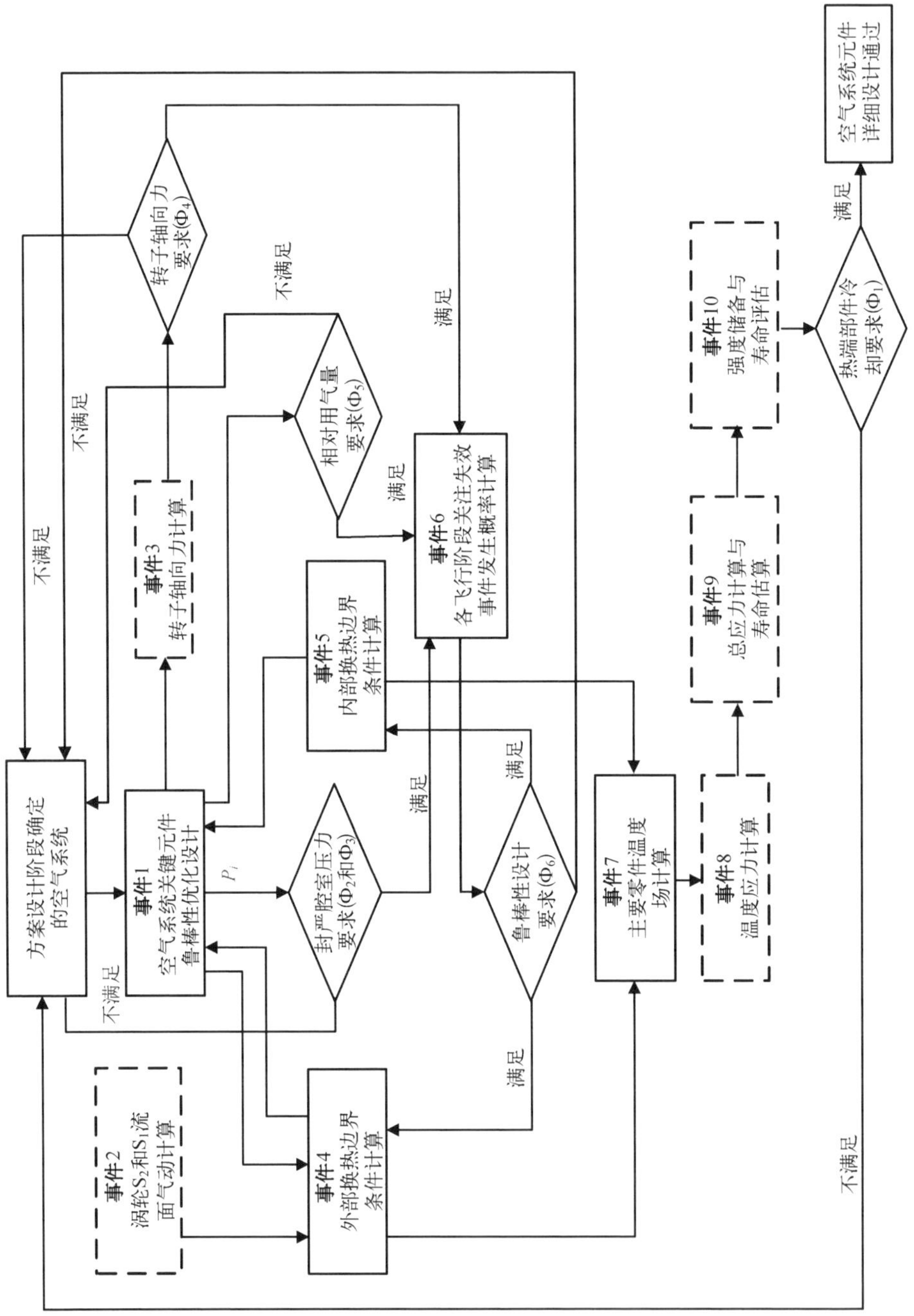

图 4.3 空气系统元件设计阶段基本设计流程图

算规定的状态和过渡过程历程进行稳态和瞬态的二维或三维温度场计算，计算结果作为总应力与寿命计算的原始数据用于热应力计算（事件 8）。总应力计算（事件 9）：在热应力基础上增加离心力和气动力，得到系统环境下的综合应力水平。对于涡轮叶片，这一阶段还包括对气动载荷的补偿设计，实现叶片自身局部应力控制。强度储备与寿命评估（事件 10）用来确定最小强度储备值和寿命最小限制状态，其信息来源于之前获取的总应力水平与寿命计算结果和温度场数据，同时需要零部件材料的力学性能和物性数据，按照准则 Φ_1 检查其满足热端部件冷却设计要求情况。确认各准则均得到满足后，空气系统元件详细设计阶段方案得到通过。在这整个过程中，如存在不满足设计要求的情况，则必须进行结构尺寸调整和局部流路优化，直到满足要求为止。

3. 功能验证设计阶段

功能验证设计阶段是通过专项试验和仿真来准确地获得空气系统的几何参数并标定空气系统流路沿程参数，确保空气系统各项功能转化的准则均得到满足，最终确定空气系统方案和结构参数。

如图 4.4 所示，该阶段需在空气系统元件详细设计阶段形成的方案基础上开展如下工作。首先根据上一阶段形成的空气系统结构和流动参数数据，划分节流和换热单元，对其中的关键单元开展换热试验研究（事件 2），以及流动与流阻试验研究（事件 3），获得流动规律、流阻系数和边界换热准则关联式。利用计算流体动力学（computational fluid dynamics，CFD）方法计算得到沿程更为准确的流阻系数（事件 3）和各个腔室详细的压力温度分布特征（事件 4）。此阶段一般已开发出发动机的原型验证机，必须进行空气系统腔温、腔压和主要零部件温度试车测试（事件 5），以获取发动机设计状态、主要非设计状态和需要关注的飞行阶段下可测的腔温、腔压和零部件温度。在原型机设计过程中，一般会开展相同工况的多次试验，需对每次测试结果收集统计，开展测试数据的离散度分析（事件 6），并将测试数据进行必要的清洗和转换，插入现有数据库完成偏差数据库的更新（事件 7）。事件 5 的测试结果与事件 3 和 4 的计算结果作为对比数据开展空气系统流体动力验算（事件 8），获得各流路沿程压力和温度分布后，开展主要零部件温度场验算（事件 9），在获得与上一阶段空气系统相应流动参数和壁温的比较误差后，开展理论计算与试验，验证计算误差对强度与寿命的影响分析，如果影响不大即可直接对空气系统的气动参数和主要零部件参数调整修订，最终予以标定；若影响较大，则应该在壁温验算基础上，再次开展上一阶段强度和寿命验算分析（事件 10）。利用事件 7 完成更新的数据库，开展鲁棒性设计要求满足情况验算和分析（事件 11）。对上述流体动力验算、零件温度场验算、强度寿命验算和鲁棒性设计要求验算结果作出评估，检验所有准则是否均得到满足。最后根据验算结果参数的修正，将空气系统结构几何参数和沿程流动参数标定。

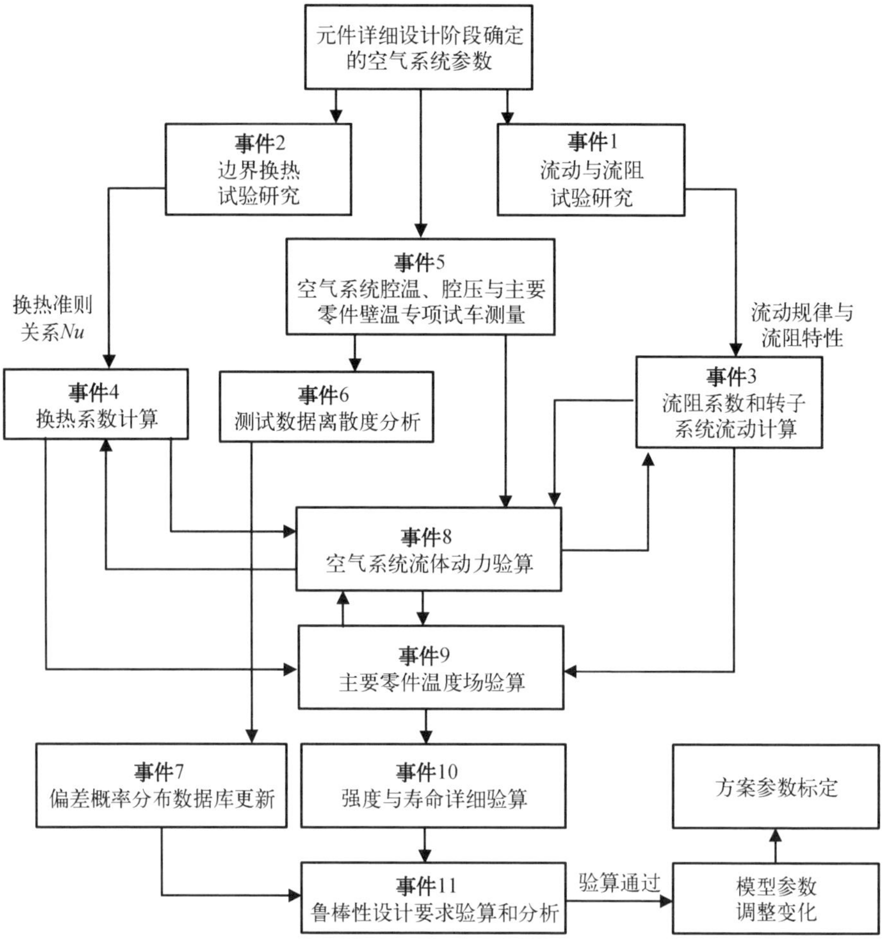

图 4.4　空气系统功能验证设计阶段基本设计流程图

4.1.4　空气系统鲁棒性设计的输出

传统空气系统设计结果输出主要包括：空气系统流路拓扑结构，各流路沿程流动参数（流量、关键节点温度和压力等），空气系统关键元件结构几何参数，关键元件节流、换热和风阻特性等。在此基础上，空气系统鲁棒性设计结果还包括主要元件偏差概率分布，特定飞行阶段空气系统失效事件发生概率等。

4.1.5　空气系统鲁棒性设计的工具

不同于传统确定性设计方法，空气系统鲁棒性设计要求考虑发动机发生预知的任何的偏差组合下，空气系统功能失效事件发生的概率在设计要求允许的范围内。就偏差来源而言，空气系统边界偏差和空气系统元件偏差均会造成空气系统偏离设计工作状态，前者由发动机主流道与空气系统的匹配关系决定，而后者与空气系统元件加工装配工艺及气动-热-机械载荷耦合作用下产生的形变有关。空气系统元件加工装配偏差具有显著的不确定性特征，受多种因素影响而呈现不同的概率分布；而多载荷耦合形变偏差与发动机运行状态相关，其中过渡过程因转静子发生的不协调形变而导致的间隙偏差是最为显著的元件偏差。综合上述空气系统偏差来源和特征，在传统空气系统设计工具基础上，开展鲁棒性设计还须具备空气系统与主流道一体化仿真能力、空气系统过渡过程瞬态仿真能力、空气系统流热固耦合间隙偏差仿真能力和空气系统偏差概率仿真能力。

1. 空气系统与主流道一体化仿真能力

传统空气系统的设计流程需要通过主流道性能模型计算出总体气动热力参数，进一步通过主流道部件 CFD 仿真得到压气机、涡轮等的气动参数，以此为边界条件进行空气系统的设计。然而上述方法忽略了主流道与空气系统间的流动耦合效应和固有动态交互作用，空气系统边界偏差和元件偏差无法准确捕捉。

考虑主流道与空气系统之间的流动耦合效应与否对空气系统关键载荷的影响可达数倍之多。以高压压气机级间封严流路为例，该流路从压气机上级静子和下级转子间的缝隙引气，通过压气机级间封严篦齿。在传统解耦分析方法中，认为主流道向空气系统的流动是单向的，连接压气机两级轮盘的螺栓风阻导致近 140 K 的温升。然而在考虑耦合情况下，主流道具有较高的通流速度带动引气腔内产生类似于顶盖驱动的涡，因此边界存在流量的交换，虽然净流量与传统计算方法相同，但实际的螺栓风阻温升仅为 49 K。上述实例表明，准确描述主流道-空气系统耦合流动特征，形成主流道-空气系统高空间分辨率一体化仿真，对于准确计算空气系统边界状态与获取诱发元件形变的载荷水平至关重要。

准确描述主流道与空气系统之间的动态交互作用是获取发动机关键零部件过渡态载荷的关键。航空发动机主流道和空气系统的响应特性具有显著差异，在强瞬变过程中（如快速机动过程），这种差异将导致维持发动机涡轮盘腔封严流量或涡轮叶片气膜出流的压力差出现瞬间的下降，可能诱发瞬态燃气入侵和叶片烧蚀。这一过程中往往伴随着难以预测的关键零部件过渡态载荷，可能诱发空气系统元件和边界偏差程度显著增加，严重影响空气系统功能的稳定性和可靠性。因此，实现发动机主流道和空气系统之间参数的实时传递，形成主流道-空气系统高时间分辨率一体化仿真，对于准确获取空气系统边界演化历程和诱发元件形变的载荷演化历程至关重要。

主流道与空气系统一体化仿真技术起步较晚。2009 年，雅典理工学院的 Alexiou 等[33]通过在 PROOSIS 中添加用户自定义的空气系统部件库，并将部分部件构成空气系统网络与主流道模型联立求解，完成了航空发动机主流和二次流的耦合仿真,其重点考虑了空气系统预旋流路和高压压气机级间引气对主流的影响等(图4.5)。上海交通大学的Yang等[34]采用一维-三维耦合的方法将空气系统流动、叶片换热与航空发动机总体性能模型进行了耦合,建立了更为准确的发动机性能模型,重点分析了预旋系统复杂流动对发动机总体性能的影响,并证实与空气系统耦合求解对发动机高精度仿真的必要性(图4.6)。本书综合考虑目前通用的航空发动机性能模型与空气系统模型在建模和求解机制上存在的显著差异,建立了兼顾两者算法的特点的模块化耦合交互接口,实现了发动机过渡态总体性能模型与空气系统模型之间的动态数据交互和耦合求解[35],具体在下一章介绍。

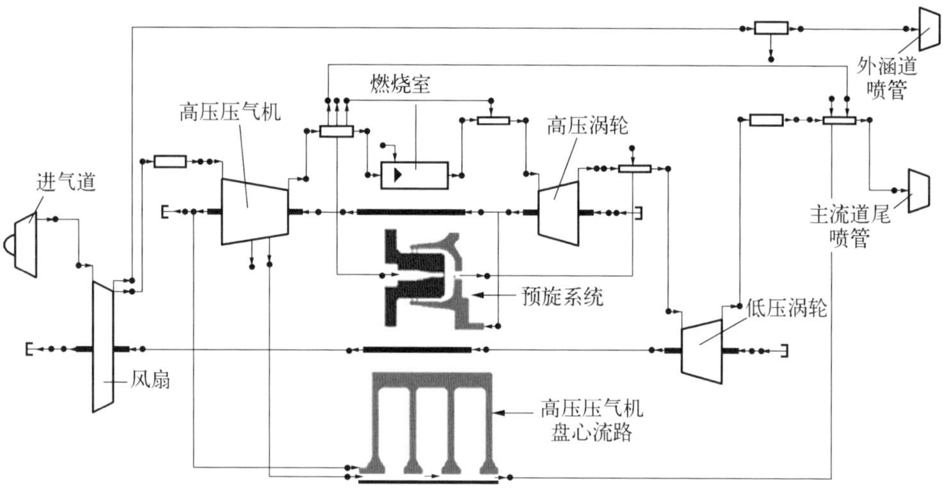

图4.5　雅典理工学院空气系统主流-空气系统一体化仿真[32]

2. 空气系统过渡过程瞬态仿真能力

当发动机处于过渡过程时,空气系统内部存在容积效应、流体惯性和压力波传递等,导致流动存在一定的延缓、滞后和波动现象,经历复杂的瞬态演化过程,这种现象在发动机强瞬变过程中(如发生轴断裂、熄火等事故)尤其需要注意和考察。

容腔和管道是空气系统中的两类典型瞬态响应元件。容腔对气流具有质量和能量的存储作用,当上游出现压力或流量扰动后,腔内充放气过程建立平衡需要一定时间,因此下游各处压力和流量的响应存在明显的滞后现象。影响容腔效应的主要因素包括容腔体积[18]、进出口形状[36]、旋转状态[37,38]及容腔换热[39]等。May等[37]分析了旋转效应对腔室瞬态响应特性的影响规律,并且引入了角动量守恒方程,建立了旋转腔室瞬态模型。作者所在团队在之前的研究中考虑了容腔热边界对腔室热响应的影响,开发了非绝热单孔容腔零维瞬态模型[39]。而对于管道类

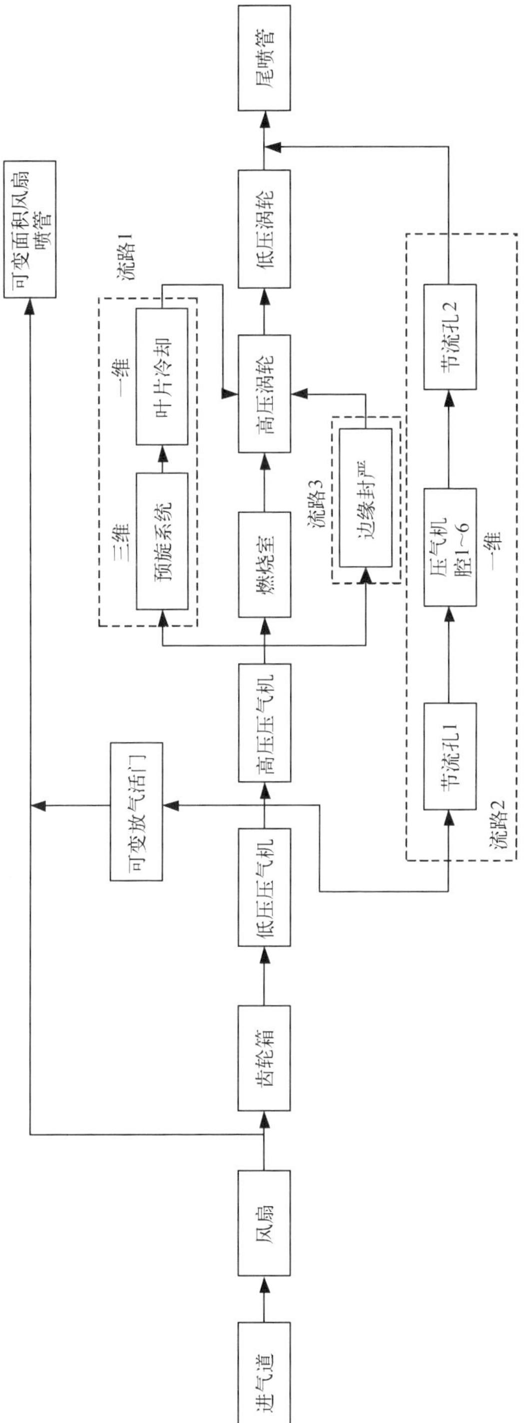

图 4.6 上海交通大学团队空气系统主流-空气系统一体化仿真[33]

元件,由于气体具有可压缩性,流体扰动沿管道传播至整个流体域,并在边界处或与其他元件的连接处产生反射,引气管道内流体振荡,需要一定时间才能达到稳定,具有典型的瞬态特征。克莱菲尔德大学的 Gallar 等[40]、北京航空航天大学的刘传凯等[41]在其公开发表的文献中构建了考虑瞬态效应的管道模型,可以准确模拟管道内压力传播、局部逆向流动等瞬态现象(图 4.7)。

图 4.7　北京航空航天大学团队腔管组合瞬态试验平台

空气系统中容腔和管道间还存在耦合振荡现象。丁水汀等[42]分析了瞬变过程中腔室-管道-腔室结构中压力波动情况,分析了元件几何参数对管道-腔室压力振荡波动的影响。西北工业大学团队[43,44]搭建了包含容腔、管道、孔等多元件的瞬态响应试验平台,引入了滞后时间、响应时间以及响应时间系数等量化分析了多元件瞬态响应规律(图 4.8)。

图 4.8　西北工业大学团队多元件瞬态响应试验平台[43,44]

在元件瞬态模型基础上，基于模块化建模思路形成瞬态空气系统元件库，英国克莱菲尔德大学[23,45]和北京航空航天大学团队[41]分别构建了过渡过程空气系统瞬态仿真工具，用于分析航空发动机加减速等常规瞬变过程及熄火、轴断裂等极端瞬变过程中空气系统的响应情况。研究表明，模型可以模拟气流参数毫秒时间量级的动态响应，进而发现发动机事故（如轴断裂）发生过程中存在的压力波振荡和涡轮盘轴向力反向等问题。

3. 空气系统流热固耦合间隙偏差仿真能力

实际发动机运行过程中，空气系统各零部件受到热载荷、气动载荷和机械载荷的耦合作用而发生的轴向和径向形变，是造成空气系统失稳的重要因素。目前，空气系统采用的流体网络法中，元件几何参数是给定量，不随发动机运行状态发生变化，导致空气系统仿真精度低。目前，实现空气系统流-热-固耦合间隙偏差仿真的方法主要包括全三维流热固耦合仿真、混合维度流热固耦合仿真及低维流热固耦合仿真。

采用全三维流动-换热-形变耦合计算方法获取封严间隙偏差，需要同时开展CFD分析与热-结构有限元分析，并迭代至收敛。西门子公司旗下西屋动力公司的Mirzamoghadam和Xiao[46]采用该方法得出了热态篦齿封严间隙。英国利兹大学的Pohl等[47]也采用了类似方法计算稳态篦齿间隙，并与萨塞克斯大学的测试结果进行了对比，证明了该方法的有效性。上述研究聚焦于不同发动机工况下的稳态间隙，而在发动机过渡过程中，篦齿间隙会动态变化，导致流体域流动边界发生改变，需要不断更新计算网格，这为分析带来额外的麻烦。德国达姆施塔特工业大学的Lück等[48]针对瞬态篦齿间隙流热固耦合仿真，提出了隐式和显式两种耦合方法，前者借助商用软件ANSYS Mechanical和CFX中的MFX接口完成数据内部交互；后者则需要人工介入数据处理，实现流动-换热分析与热-结构分析之间的数据交互。第一种方法操作简单，但耦合计算稳定性较差，导致迭代次数增加，存在计算效率低的问题；第二种方法计算效率较高，但需要人为介入，操作复杂。英国萨里大学的Amirante等[49,50]针对瞬态流-热-固耦合计算过程中网格更新引发的连续性问题，基于弹性介质类比方法提出了实现上述过程自动化计算的动态网格方法，并将其用于涡轮级间篦齿封严间隙分析中。在此基础上，Ganine等[51]针对某型民用涡扇发动机高压部件空气系统，模拟了一个完整的试车历程中预旋系统内外封严篦齿间隙演化的全过程（图4.9）。

目前，工程上常用的高维仿真方法——雷诺平均纳维-斯托克斯（Reynolds-Averaged Navier-Stokes，RANS）方程虽然时空分辨率高，但其计算可靠性依赖于边界条件和湍流模型的准确性，在实际工程计算时往往难以准确获取计算边界，且现有的湍流模型都存在一定的局限性。因此，有学者提出利用低维的流体网络模型替代高维计算流体动力学模型，即混合维度流热固耦合仿真，这样可以将湍流模型

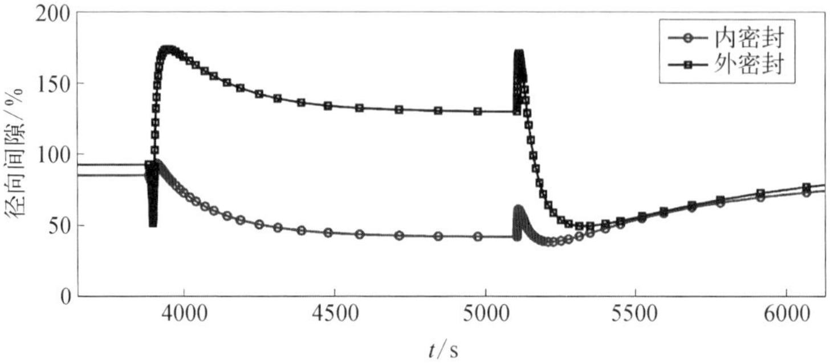

图 4.9　利用全三维方法模拟预旋内外封严篦齿间隙演化[59]

带来的误差由内含工程经验的工程模型来消除。德国 MTU 航空发动机公司的 Muller[52]将有限元软件 CalculiX 与零维空气系统分析程序耦合求解，为篦齿间隙形变分析提供了思路。巴西工程仿真与科学软件公司的 Tondello 等[53]将 Flowmaster 空气系统流体网络模型与 ANSYS 热-结构分析模型耦合求解，实现了稳态的篦齿间隙分析。英国萨里大学的 Ganine 等[51]利用罗尔斯·罗伊斯公司(简称罗罗公司)开发的一维流体网络求解器 SC03 和二维/三维有限元求解器 SPAN 完成了流热固耦合仿真。意大利佛罗伦萨大学 Giuntini 等[54]对 CalculiX 进行了二次开发，将流体网络求解器嵌入其中，求解迭代过程如图 4.10 所示，实现了四个封严间隙的变化历程。

4. *空气系统偏差概率仿真能力*

概率分析是表征物理系统中不确定性的最广泛使用的方法，该方法可以描述由随机扰动、变异性条件和风险因素引起的不确定性。在航空发动机空气系统分析过程中，与造成空气系统功能偏差的不确定性由概率分布描述，目标是得到空气系统功能的概率分布，以概率分布离散度降低为目标的优化问题则为鲁棒性优化。

2004 年，美国普·惠公司的 Cloud 等[32]首次针对涡扇发动机空气系统开展了概率分析，使用了蒙特卡洛和拉丁超立方抽样算法，分析制造工艺等因素导致的不确定性对高、低压转子轴向力和空气系统引气量的影响。在此之后，概率分析方法在空气系统设计和分析的各个方面得到了应用。德国德累斯顿工业大学的 Voigt 等将概率分析方法用于涡轮叶片寿命预测[55]和低维空气系统非线性相关性分析[15]。美国普·惠公司的 Stearns 等[56]开展了空气系统不确定性对固体壁面温度的影响及相关性分析。美国霍尼韦尔国际公司的 Ramerth 等[57]梳理不确定性分析特征和步骤，提出了空气系统概率分析流程和程序框图，如图 4.11 所示。德国斯图加特大学的 Brack 等[16]针对发动机低压涡轮转子空气系统，考虑了空气系统元件加工偏差不确定对涡轮冷却、轴向力和轮缘封严的影响，其分析流程如图 4.12 所示。

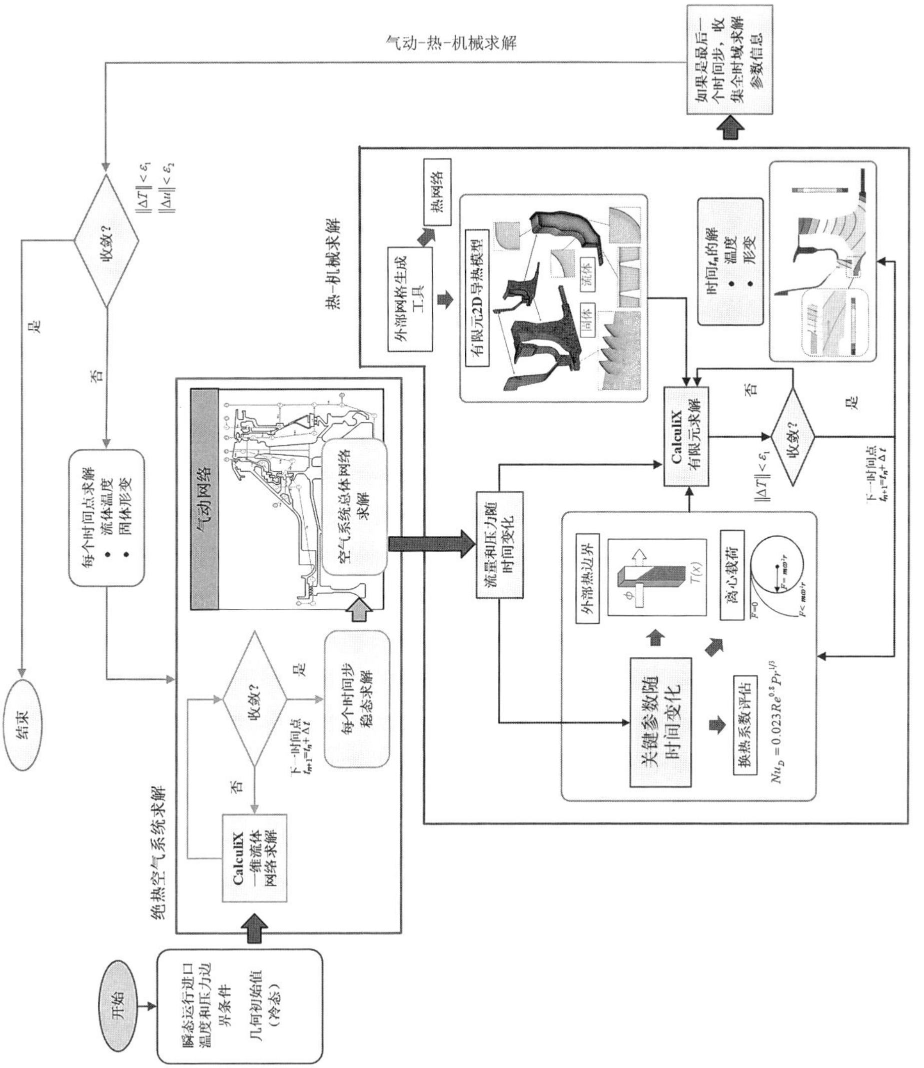

图 4.10　Giuntini 等基于 CalculiX 开发的流热固耦合求解流程[54]

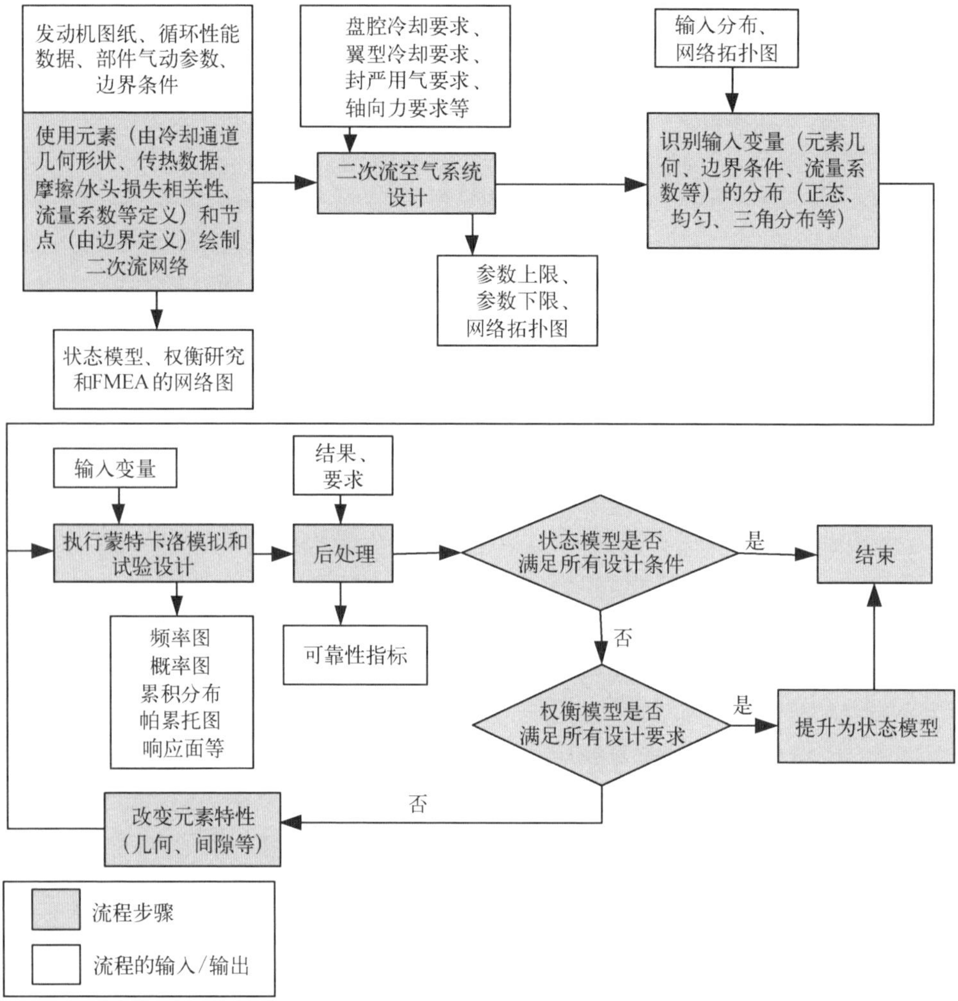

图 4.11　美国霍尼韦尔国际公司空气系统概率分析流程及程序框图[57]

FMEA 表示失效模式与影响分析

概率分析方法也在发动机空气系统的优化和设计过程中得到了应用。2017 年，德国 MTU 航空发动机公司的 Antinori 等[58]针对航空发动机低压空气系统开展了鲁棒性优化设计，在满足空气系要求的功能前提下，以空气系统总引气量最小且离散度最低为优化目标。2020 年，德国 MTU 航空发动机公司的 Fiedler 等[59]将概率分析方法集成到设计阶段程序中，用于高压涡轮叶片冷却流路设计。此外，基于不确定的鲁棒性设计方法也在涡轮叶片的设计中得到了应用[60]。

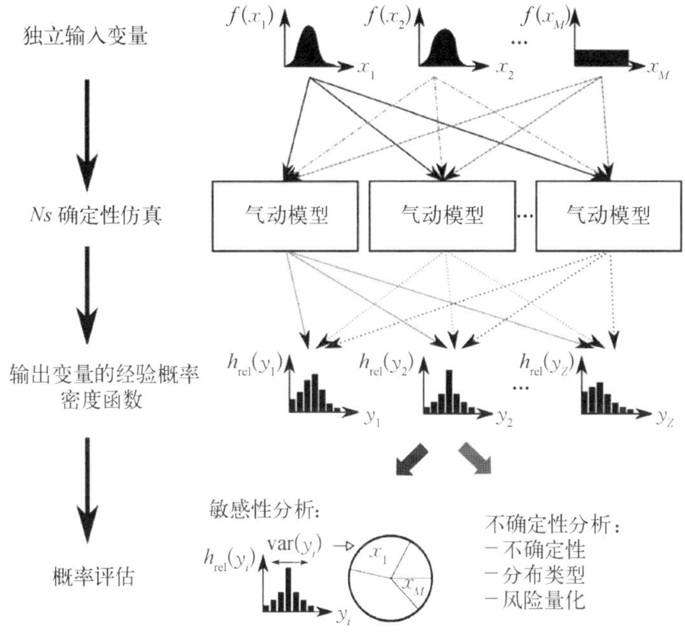

图 4.12　Brack 等采用的概率分析流程[16]

4.1.6　空气系统鲁棒性设计的数据库

总体来说,设计活动对数据库的一般性要求是,应当考察设计工作中所采用的数据库是否充分、完备和适用。由于发动机需求的不断发展,其设计工作所需的数据库也应该不断积累,更新迭代,因此数据库可分为基础数据库和动态数据库。基础数据库主要由已有知识的积累和前期型号动态数据库的固化而来,动态数据库则主要是现行型号研制过程中通过积累数据形成的。

数据是航空发动机空气系统设计的重要支撑。空气系统鲁棒性设计所需数据贯穿航空发动机“设计阶段—制造阶段—运营阶段—维护阶段”的全产业链。在设计阶段和制造阶段,航空发动机元件偏差数据、模型不确定性数据等资源可用于评估空气系统各项失效事件发生的概率;在运营阶段和维护阶段,航空发动机运营、故障、保养、检查和故障排除等数据既可补充和丰富元件偏差、模型不确定性等数据库,又可用于分析空气系统失效事件的传播链条,定位失效位置,确定鲁棒性设计需要考察的飞行阶段和明确各失效事件的概率要求。

1. 空气系统鲁棒性设计的数据需求

空气系统鲁棒性分析和设计对数据库的要求可概括如下。

(1) 需要考察的飞行阶段和失效事件数据库。在航空发动机空气系统鲁棒性分析和设计过程中,明确哪些特定飞行阶段的哪些空气系统功能失效事件需要重点考察,这些失效事件允许发生概率等工作依赖于发动机运营和维护数据。因此,准确获取并积累形成运维数据库,有助于对现行型号空气系统鲁棒性设计提出更加准确的要求。运营数据包括但不限于起动、慢车、滑行、起飞、爬升、巡航、进场、着陆、反推、停车等飞行阶段的发动机正常和异常运行数据;维护数据包括但不限于不定期维护、定期检修和返厂翻修等阶段发动机燃滑油消耗、零部件磨耗损伤和零部件更换等数据。

(2) 空气系统边界偏差数据库。空气系统的边界偏差由其与发动机主流道的匹配关系决定。主流道性能分析所需的基本数据库为发动机部件特性,但对于空气系统鲁棒性设计,需要重点考察主流道性能的偏差,仅有部件特性数据库是不完备的。主流道性能的偏差由制造容差、控制容差、装配尺寸容差及发动机性能衰变导致,因此必须在设计、试制、生产阶段为主流道性能分析模型建立和积累相应的容差数据库,以及发动机主流道性能衰变对空气系统边界影响的数据库。

(3) 空气系统元件偏差及特性数据库:在传统空气系统分析所需的基本元件特性数据库基础上,空气系统鲁棒性设计重点考察元件偏差造成的影响。空气系统元件偏差受制造容差、装配尺寸容差及瞬态过程中各元件几何间隙动态变化的影响。因此,在设计、试制、生产阶段也同样需要为空气系统分析程序建立和积累相应的容差数据库。此外,空气系统元件偏差会直接影响元件特性,因此需要针对性地建立考虑元件偏差的特性数据库及考虑元件偏差历程的瞬态响应数据库。

(4) 热端部件冷却功能分析数据库:针对空气系统热端部件冷却功能,传热分析计算中需建立相关参数(物性参数等随温度变化关系)数据库、流动损失关联式数据库、换热经验关联式数据库等。

(5) 燃气入侵封严功能分析数据库:封严特性数据库等。

(6) 轴向力控制功能分析数据库:止推轴承的最小负荷限制要求和轴承承载能力数据库。

2. 空气系统鲁棒性设计数据库累计途径

空气系统鲁棒性设计数据库的数据累积途径包括公开数据积累与内部数据积累。

公开数据积累包括从公开渠道获取的加工设计手册、适航指令、各类公开报告等。空气系统偏差数据累积方面,元件各种加工装配偏差数据可以从机械设计手册获取,空气系统元件特性等数据可以通过一些公开文献或试验报告获取。而在空气系统鲁棒性设计过程中需要考察的失效事件和概率要求方面,通过系统性的梳理和回顾历史适航指令,分析各国航空安全事故调查委员会(如美国国家运输安全委员会、日本航空铁道事故调查委员会、加拿大运输安全委员会等）公开的事故调查报告，整理国际民用航空组织（International Civil Aviation Organization，ICAO）和国际航空运输协会（International Air Transport Association，IATA）的安全报告数据，可以帮助形成可靠的空气系统鲁棒性设计需求数据库。充分利用这部分公开数据资源是航空发动机空气系统鲁棒性设计的基础。

内部数据积累包括分散在发动机全产业链条上的各设计、制造、运营和维护部门中的统计数据、管理数据和核算数据等。内部数据的典型特点是分散、非结构化、关系不明确。打破全产业链各个环节的数据壁垒，建立长效的数据采集、整理和挖掘机制，充分利用我国航空发动机研制过程中形成的数据资源是实现我国航空发动机空气系统鲁棒性自主设计的关键。

4.2　空气系统鲁棒性指标体系

传统空气系统设计以其功能裕度为核心指标，侧重静态下的功能保障。然而，在现代高性能航空发动机复杂时变运行工况下，传统指标无法量化空气系统维持功能完整性的能力。鲁棒性设计强调系统对不确定扰动的抵御和适应机制，需综合量化其偏差扰动的反馈作用及其对功能完整性的影响程度。本节旨在结合理论模型与工程实践，提出一套分层次的鲁棒性指标体系，为高性能航空发动机空气系统鲁棒性优化设计提供量化依据。

4.2.1　整机环境下的元件鲁棒性指标

空气系统元件鲁棒性是指发动机系统环境的空气系统元件，在发动机运行状态发生预知可能的变化时，空气系统元件功能性指标（轴向力控制、封严、冷却等）维持其设计范围的能力。若在偏差干扰情况下，空气系统元件的各项功能性指标仍维持在其设计范围内，且当偏差消除后，空气系统元件能够逐渐恢复至原有状态，则称空气系统元件设计具有良好的鲁棒性水平；若偏差干扰导致空气系统元件各项功能性指标无法维持在其设计范围内或出现摩碰、封严失效等失稳现象，且当偏差消除后，空气系统元件不能恢复至原有状态，则称空气系统元件设计不具备良好的鲁棒性水平。空气系统元件鲁棒性是发动机系统环境对元件偏差反馈机制的一种体现，是一种在发动机系统环境下可以通过设计赋予空气系统元件的属性。其设计指标可以采用空气系统元件偏差敏感性、元件偏差放大系数、元件稳定工作边界、元件稳定工作裕度等指标来表征。

1. 元件偏差敏感性（元件特征）

敏感性是指空气系统工作参数或功能性指标受偏差影响的程度。对于航空发动机空气系统而言，主要包括空气系统封严元件间隙偏差敏感性与网络偏差敏感性。以篦齿封严元件为例,其元件偏差敏感性是指封严流量对于间隙偏差的敏感性,在封严元件的设计工作边界范围内,其流量受封严间隙影响的程度,如图 4.13 所示。封严元件敏感性在数值上可由关键封严间隙相对偏差导致的封严元件流量相对偏差量与关键封严间隙相对偏差的比值来表示。

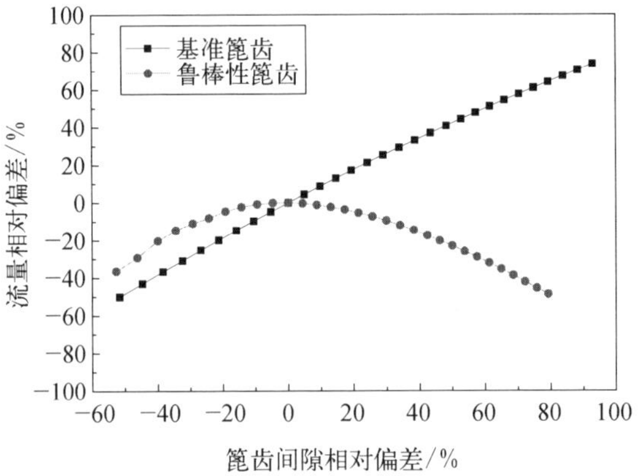

图 4.13　元件偏差敏感性

从流量对于偏差的敏感性可以看出,在不同环境工况等条件下,各种篦齿构型的流量敏感程度,适用于工作点附近的小偏差范围,可以此来指导篦齿的设计方向。但从系统层面来看,流量与间隙的变化关系还需要考虑诸多元件腔室的选配,所以单纯的元件敏感性不能表现出系统环境下的反馈机制利用问题,只能得出元件在受到干扰时的变化程度,不能用以评估系统恢复稳定的能力,不足以完全表征元件的鲁棒性。

2. *篦齿间隙响应的增益判据*

多物理场耦合效应导致各个分析环节之间的影响是双向的,在数学求解时往往需要采用迭代计算的方式以获得真实物理解。式(4.1)是多场耦合分析方法中篦齿间隙分析结果的隐式函数关系,具有典型的不动点计算公式特征。将式(4.1)进行自变量与因变量分离,从而得到式(4.2):

$$\Delta c = S\{\mathcal{F}(\Omega,\ c_s,\ T),\ \mathcal{T}[\mathcal{F}(\Omega,\ c_s,\ T)]\} \tag{4.1}$$

$$c_s^{n+1} = c_s^n + S\{\mathcal{F}(\Omega,\ c_s^n,\ T),\ \mathcal{T}[\mathcal{F}(\Omega,\ c_s^n,\ T)]\} \tag{4.2}$$

将自变量间隙 c_s^n 视为原发响应,将因变量间隙 c_s^{n+1} 视为增益响应,从而认为增益响应 c_s^{n+1} 的变化是由原发响应 c_s^n 的变化进一步引起的。因此,将式(4.2)对原发响应 c_s^n 求一阶导数,并忽略间隙变化引起的转速变化,即可得到篦齿间隙变化的流-热-固耦合增益响应判据 G,如式(4.3)所示:

$$
\begin{aligned}
G &= \frac{\partial c_s^{n+1}}{\partial c_s^n} - 1 \\
&= \frac{\partial S}{\partial p}\frac{\partial p}{\partial c_s^n} + \frac{\partial S}{\partial T}\frac{\partial T}{\partial c_s^n} \\
&= \frac{\partial S}{\partial p}\left(\frac{\partial \mathcal{F}}{\partial c_s^n} + \frac{\partial \mathcal{F}}{\partial T}\frac{\partial T}{\partial c_s^n}\right) + \frac{\partial S}{\partial T}\frac{\partial T}{\partial c_s^n} \\
&= \frac{\partial S}{\partial p}\left[\frac{\partial \mathcal{F}}{\partial c_s^n} + \frac{\partial \mathcal{F}}{\partial T}\left(\frac{\partial \mathcal{T}}{\partial Q}\frac{\partial \mathcal{F}}{\partial c_s^n}\right)\right] + \frac{\partial S}{\partial T}\left(\frac{\partial \mathcal{T}}{\partial Q}\frac{\partial \mathcal{F}}{\partial c_s^n}\right)
\end{aligned}
\tag{4.3}
$$

式(4.3)中等号右侧第一项为压力载荷增益项,第二项为热载荷增益项。

当 $G > 0$ 时,篦齿间隙响应为正增益;当 $G = 0$ 时,篦齿间隙响应为零增益;当 $G < 0$ 时,篦齿间隙响应为负增益。当篦齿间隙因工作状态改变而产生原发间隙变化时,封严流动、部件传热、结构变形之间的流-热-固耦合效应将会在原发间隙变化的基础上进一步促进或抑制间隙变化。正增益的物理意义为流-热-固耦合效应会促进间隙进一步变化,零增益的物理意义为流-热-固耦合效应对间隙变化无进一步影响,负增益的物理意义为流-热-固耦合效应会抑制间隙进一步变化。篦齿间隙响应的增益分析可明确流-热-固耦合效应对间隙变化的影响方向,支撑空气系统稳定性设计。

3. *元件偏差放大系数*

如图 4.14 所示,元件的偏差放大系数是指空气系统封严元件间隙的工艺偏差在发动机系统环境下导致的工作间隙偏差与工艺偏差本身的比值。该系数可以作为表征空气系统元件稳定性的一种参数,随着偏差放大系数的降低,空气系统元件设计鲁棒性水平逐渐提高;随着偏差放大系数的增大,空气系统元件设计鲁棒性水平逐渐降低。

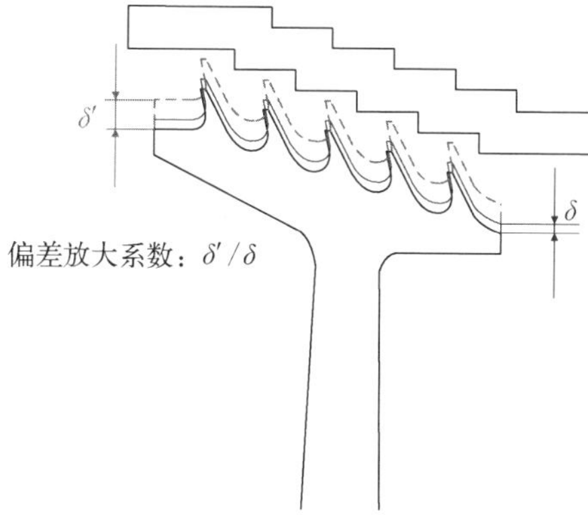

图 4.14　元件偏差放大系数

偏差放大系数是基于系统环境形成的元件评估指标,实际工作过程中元件热态偏差较大,具体的偏差放大系数判定数值需要一定的数据积累,并结合实际型号来给出。当偏差放大系数小于 1 时,制造和装配所导致的冷态工艺偏差减小,表征空气系统元件设计具有良好的鲁棒性水平。而偏差放大系数大于 1 时,将有可能导致系统失稳,但往往代表较低的鲁棒性水平。此时需要与判定值进行比较,再通过稳定工作区间来对元件构型设计进行进一步对比评估。

合理的空气系统元件构型设计应当尽可能降低关键元件的偏差放大系数，从而在相同工作间隙偏差的标准要求下降低工艺水平要求，进而节省制造成本。

4.2.2 整机环境下的空气系统网络鲁棒性设计指标

空气系统网络鲁棒性是指处于发动机系统环境的空气系统网络，当发动机运行状态发生预知可能的变化时，以及空气系统元件特性发生偏移时，空气系统网络的功能性指标（轴向力控制、封严、冷却等）维持其设计范围的能力。为实现相同的空气系统功能指标，可以采用多种不同形式的空气系统网络拓扑结构。但是，这些空气系统网络在同样的元件偏差和边界偏差组合影响下，所输出的空气系统功能指标偏差会存在显著不同。也就是说，空气系统网络稳定性本质上是发动机复杂系统环境下空气系统网络抵抗外界干扰的一种能力，也是可以通过设计赋予的空气系统网络在发动机系统环境下的一种属性。

1. 网络功能偏差敏感性（传统）

在传统分析方法中，通常采用单变量（one factor at a time）偏差敏感性分析方法获得空气系统网络的局部敏感性，这种分析方法虽然计算量小，可以快速辨识出局部敏感性排序，但是其作为一种定性的度量方法，不能对风险进行量化，不能确保所有的风险均被识别出，而且无法评估多个输入变量偏差共同作用下空气系统网络的影响。

2. 网络功能偏差概率分布

空气系统不确定性（概率）分析作为空气系统鲁棒性研究的基础，可实现对空气系统各元件几何参数、气路参数、功能参数等进行定量的分布特征描述或概率特征描述，分布特征描述包括数学期望、方差、标准差、标准差系数等统计参数，概率特征描述则采用安全工作区间和失效概率进行量化。因此，针对不同的应用场景和需求，从分布特征和概率特征两个层面建立如下指标体系对空气系统网络的鲁棒性进行量化。

标准差 σ：用于描述气路参数、功能参数等相比其数学期望的离散程度，作为同一参数或具有相同数学期望的参数的鲁棒性设计指标，标准差数值越小，表示该参数抗干扰、抗偏差的能力越强，鲁棒性越好。

标准差系数 $\left(\dfrac{\sigma}{\mu}\right)$：当对不同参数或具有不同数学期望的参数进行鲁棒性对比时，为消除不同数学期望值的影响，使结果具有可对比性，采用标准差系数作为空气系统鲁棒性设计指标。标准差系数在数值上等于标准差与数学期望的比值，标准差系数数值越小，表明鲁棒性越好。

期望与标准差的加权组合 $(\mu + k\sigma)$：适用于多目标鲁棒性优化时空气系统网络鲁棒性的设计指标，如以满足空气系统各功能的前提下的空气系统总流量和总流量的离散度作为空气系统鲁棒性优化目标，该值越小，则表明鲁棒性越好。

概率 $P([a, b])$：为了描述空气系统的气路参数、功能参数等满足维持其设计范围的能力，并对这种能力的强弱进行定量描述，采用区间 $[a, b]$ 表示空气系统允许的设计范围，$P([a, b])$ 表示空气系统气路参数、功能参数等在区间 $[a, b]$ 内的概率值，区间 $[a, b]$ 越小且 $P([a, b])$ 越大，则表示鲁棒性越好。

第 5 章
空气系统鲁棒性设计的核心工具和数据库

5.1 空气系统过渡过程瞬态仿真

如第 4 章介绍，多载荷耦合造成的形变偏差与发动机运行状态相关，其中过渡过程转静子发生的不协调形变导致的间隙偏差是最为显著的元件偏差，是空气系统鲁棒性设计的关键，因此要求设计工具具备瞬态仿真能力，以准确获取发动机转静部件所受载荷时间特征，形成过渡过程空气系统元件形变模拟能力。

由于空气系统模型非常复杂，无法构建显式表达式，往往需要采用残量修正法进行迭代求解。因此，建模的核心就是确定表征空气系统状态的特征量作为试给参数，并依据物理机制建立数量相等的残量修正方程组，将空气系统仿真计算转化为非线性方程组的求解问题。

5.1.1 瞬态空气系统建模基本思想

在传统的空气系统稳态仿真中，一般是将空气系统的腔室和流路分解成由相应节点和节流元件组成的网络，建立一维的流体网络模型，并采用节点压力为试给量，节点各支路流量之和为平衡残量进行迭代修正。其主要思想来源于在热工管路系统模拟基础上发展出来的流体网络法。上述方法一般首先需要进行“绝热”空气系统的计算，然后再基于经验或其他工程方法进行换热和流体温升的修正，最后采用人工的方法与有限元热分析和结构分析模型进行稳态点迭代计算。这在不考虑零部件载荷和几何形变动态变化的稳态计算中可以达到一定精度，但在气路参数变化较快、零部件载荷和几何形变历程复杂的过渡态分析中则无法获得合理结果。

本书基于模块化建模的思想，对传统稳态流体网络法[61]进行改进。将流热耦合瞬态空气系统模型划分为三类运算简单、功能单一的基本功能元件，采用面向对象技术对瞬态空气系统各基本元件模型进行独立封装，建立标准模块架构和数据接口实现各元件模型之间的参数传递。同时，针对每一类元件模型，都确定数量相等的试给参数和残量检验方程，以保证空气系统模块化建模的通用性和易用性。

如图 5.1 所示，流热耦合瞬态空气系统的三类基本元件模块分别为：节点类元件、节流类元件和换热类元件，具体如下。

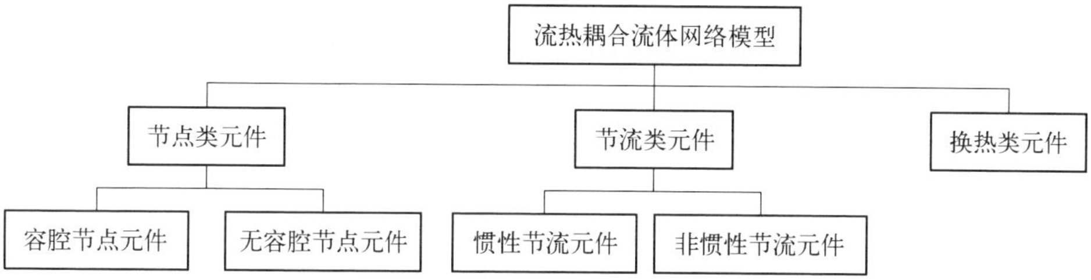

图 5.1　流热耦合流体网络元件划分

节点类元件主要是空气系统中因计算分解要求而设立的分、汇流连接点或元件间的连接点，通常为空气系统中流速较慢的容腔。部分体积相对较大的容腔因其对气体的“存储”和“释放”作用，会在过渡过程中延缓腔室内气体参数的响应速度，该类容腔被模化为容腔节点元件。若容腔体积相对较小，容腔效应的影响可忽略，为简化计算，可被模化为无容腔节点元件。

节流类元件通常是指空气系统中具有一定节流作用或通流能力的流阻单元。空气系统中长管路在强瞬变过程中的容积效应不可忽视，且管道内气体的惯性和压缩性可能导致沿程气体参数出现剧烈突变，因此，这类长管道在强瞬变空气系统仿真中需要被模化为若干惯性管道元件的组合。但在其他多数情况下，节流元件内部空间微小，容积效应和气体惯性力作用均可以忽略，这类节流元件被模化为非惯性节流元件。

换热类元件用于描述空气系统壁面各换热分区的对流换热过程。在发动机瞬变过程中，对流换热与流场的响应是协同的。因此，对流换热元件模块并不需要依据其瞬变特性进一步分类。发动机过渡过程非稳态换热主要是因结构件热容导致固体温度场响应相对滞后，这需要通过空气系统与结构件热网络模型或多维热分析模型进行迭代计算。

5.1.2　流热耦合瞬态空气系统元件模块

1. 节点类元件

1）容腔节点元件

空气系统中体积较大的容腔被模型化为容腔节点元件（简称容腔元件），容腔元件应满足以下假设条件：

（1）容腔内的气体速度足够低，总、静参数之间的数值差异可以忽略。

（2）容腔各支路进、出口面积 A 与容腔体积 V 满足 $A/V^{2/3} \ll 1$，即进、出口面积远小于容腔表面积。

(3) 容腔内部气体参数只与时间有关,与空间无关。也就是说,容腔内部气体参数在瞬变过程中始终是同步变化,且分布均匀。

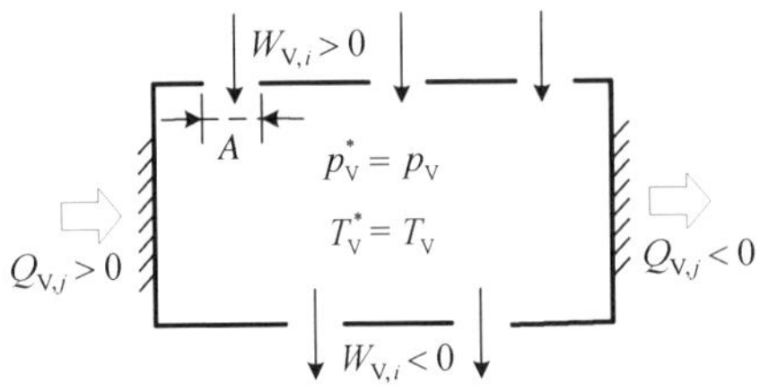

图 5.2 容腔元件模型示意图

图 5.2 为容腔元件模型示意图,单个容腔可以有若干个流体进口和出口,有多个容腔壁面与流体换热。空气系统的换热过程主要发生在各腔室表面。考虑到容腔表面可能存在较大温差,这种情况下,需要将容腔模型的换热面划分为若干温差相对较小的换热分区,从而采用局部表面温度集总参数的方法计算各分区换热。对于每个换热分区,应当尽可能满足换热分区最大表面温差远小于换热分区平均温度与气体温度的差异,如式(5.1)所示:

$$|\Delta T_{w}| \ll |\Delta T_{wf}| \tag{5.1}$$

其中,ΔT_w 表示换热分区最大表面温差;ΔT_{wf} 表示换热分区平均温度与气体温度的差异。

在容腔元件模型中,以容腔气体总压 p_V^* 和总温 T_V^* 作为试给参数,设 R 为气体常数,在忽略容腔内气体总、静参数数值差异的情况下,由状态方程[式(5.2)]计算容腔内气体密度 ρ_V:

$$\rho_V = \frac{p_V^*}{RT_V^*} \tag{5.2}$$

假设与容腔元件连接的进、出口支路共 M 个,容腔元件换热的面共划分为 N 个,依据质量连续和能量守恒建立残量方程

$$\varepsilon_{V,1} = V\frac{d\rho_V}{dt} - \sum_{i=1}^{M} W_{V,i} \tag{5.3}$$

$$\varepsilon_{V,2} = V\frac{d(\rho_V e_V)}{dt} - \sum_{i=1}^{M} W_{V,i}h_{V,i}^* - \sum_{j=1}^{N} Q_{V,j} - Q_r \tag{5.4}$$

其中,V 表示容腔体积;e_V 表示气体比内能;$W_{V,i}$ 表示第 i 个支路的流量,在建模中规定,流入为正,流出为负;$h_{V,i}^*$ 表示第 i 个支路的气体总比焓,对于流入容腔的支路和流出容腔的支路,定性温度分别为对应的进口支路气体总温 $T_{V,i}^*$ 和容腔内气体总温 T_V^*;$Q_{V,j}$ 表示与该容腔连接的第 j 个换热分区的换热热流;Q_r 表示旋转容腔的风阻功率,对于静止容腔,$Q_r=0$。

2）无容腔节点元件

无容腔节点元件（简称节点元件）一般情况下是因计算分解要求而设立的虚拟连接点。但如果空气系统容腔体积很小，不满足上节中容腔元件的三个假设条件，则容积效应的影响可以忽略，该容腔也可被抽象为节点元件。从数学上，这类节点元件也可以使用残量方程[式(5.3)和式(5.4)]进行计算。但在实际空气系统网络的动态求解过程中，残量方程中动态项数值过小可能会导致网络模型的非线性方程组过于病态而不易收敛。因此，在不影响动态仿真精度的基础上，将体积微小的容腔元件简化为节点元件，建立不包含时间项的残量方程，对于提高瞬态空气系统网络模型的收敛性和减少计算时间是必要的。

在节点元件模型中，由于节点容积被忽略，不需要由状态方程计算气体密度，但考虑到瞬态过程中的质量输运和能量输运，仍然以节点元件总压 p_N^* 和总温 T_N^* 作为试给参数。其质量连续和能量守恒的残量方程分别简化为

$$\varepsilon_{N,1} = \sum_{i=1}^{M} W_{N,i} \tag{5.5}$$

$$\varepsilon_{N,2} = \sum_{i=1}^{M} W_{N,i} h_{N,i}^* - \sum_{j=1}^{N} Q_{N,j} - Q_r \tag{5.6}$$

其中，$W_{N,i}$ 和 $h_{N,i}^*$ 分别表示节点元件第 i 个支路的质量流量和气体总比焓；$Q_{N,j}$ 表示与该容腔连接的第 j 个换热分区的换热热流；Q_r 表示折算到该节点的风阻功率，对于静止容腔，$Q_r = 0$。

若只进行纯流体网络的稳态计算，不需要考虑各节点的风阻、换热和总温差异，可以同时去掉节点元件模型中的试给参数 T_N^* 和残量方程[式(5.6)]。那么，该瞬态空气系统节点元件将退化为传统稳态流体网络模型中的压力节点。

2. 节流类元件

1）惯性节流元件

在稳态条件下，空气系统中的长管路阻力损失主要发生在进、出口，管道沿程压力一般变化平缓。但在强瞬变过程中，管道内气体的惯性和压缩性可能导致沿程气体参数出现剧烈突变。要模拟管道中气体的沿程变化历程，需要将长管道分割并模化为若干基本的惯性节流元件（也称管道元件）的组合。

为便于实现模块化动态建模，基于以下假设建立管道元件模型的残量方程：

（1）管道是等截面的（变截面管道一般较短，通常是容腔的进、出口，大多数可被模型化为容腔的一部分）；

（2）强瞬变过程时间足够短，可忽略管道的传热效应和浮升力作用；

（3）所有气体参数在同一个横截面内均匀一致，气体参数只沿轴向发生变化；

（4）在同一个管道元件内部，对气体参数按线性差值计算。

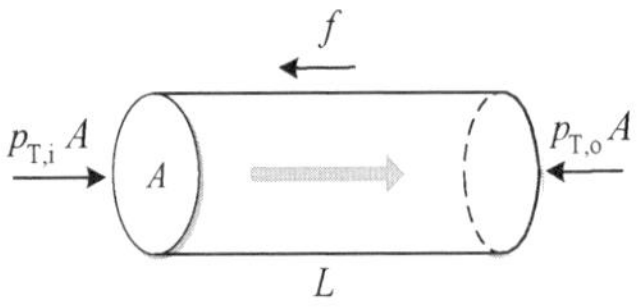

图 5.3　管道元件模型示意图

基于上述假设，建立图 5.3 所示管道元件模型的示意图。首先预设管道进、出口，并指定由进口指向出口的方向为正方向。选取进口速度 $u_{T,i}$、出口速度 $u_{T,o}$ 和流出管道元件的平均气体总温 $\bar{T}_T^*$ 作为试给参数。管道进口总压 $p_{T,i}^*$ 和出口总压 $p_{T,o}^*$ 分别取值相邻容腔元件或节点元件的试给总压。在顺流情况下，管道进口总温 $T_{T,i}^*$ 取值相邻容腔元件或节点元件的试给总温，逆流情况下，取值 $T_{T,o}^*$。管道出口总温 $T_{T,o}^*$ 在两种情况下的取值正好相反。依据总、静参数之间的热力学关系式和气体状态方程可得管道进口气体静密度：

$$\rho_{T,i} = \frac{p_{T,i}^*}{RT_{T,i}^*}\left[\frac{T_{T,i}^* - u_{T,i}^2/(2c_p)}{T_{T,i}^*}\right]^{\frac{1}{k-1}} \tag{5.7}$$

其中，c_p 和 k 分别为气体比定压热容和比热比。

同理计算管道出口气体静密度 $\rho_{T,o}$，依据质量连续和能量守恒分别建立残量方程：

$$\varepsilon_{T,1} = V_T \frac{d\bar{\rho}_T}{dt} - (\rho_{T,i}u_{T,i} - \rho_{T,o}u_{T,o})A \tag{5.8}$$

$$\varepsilon_{T,2} = V_T\left(\frac{d(\bar{\rho}_T \cdot \bar{e}_T)}{dt} + \bar{\rho}_T\bar{u}_T\frac{d\bar{u}_T}{dt} + \frac{\bar{u}_T^{\ 2}}{2}\cdot\frac{d\bar{\rho}_T}{dt}\right) - (\rho_{T,i}u_{T,i}h_{T,i}^* - \rho_{T,o}u_{T,o}h_{T,o}^*)A \tag{5.9}$$

其中，管道体积 $V_T = LA$；$\bar{\rho}_T$、$\bar{e}_T$ 分别为管道内气体平均静密度和比内能，是进、出口对应参数的算术平均值；$h_{T,i}$ 和 $h_{T,o}^*$ 分别表示管道进、出口气体的总比焓。

依据图 5.3 设定管道阻力的正方向，若在动态仿真中出现逆流时，根据流动方向确定管道阻力的方向，则管道动量守恒的残量方程为

$$\varepsilon_{T,3} = V_T\frac{d(\bar{\rho}_T\bar{u}_T)}{dt} - (p_{T,i} - p_{T,o})A - (\rho_{T,i}u_{T,i}^2 - \rho_{T,o}u_{T,o}^2)A + f \tag{5.10}$$

其中，$p_{T,i}$ 和 $p_{T,o}$ 分别为管道进、出口静压；$\bar{u}_T$ 是进、出口气流速度的算术平均值；考虑到流动阻力的方向性，f 由式(5.11)计算：

$$f = \begin{cases} \dfrac{\bar{u}_T}{|\bar{u}_T|}\xi\dfrac{\rho_T\bar{u}_T^2}{2}A, & \bar{u}_T \neq 0 \\ 0, & \bar{u}_T = 0 \end{cases} \tag{5.11}$$

其中，ξ 为管道阻力系数，由 CFD 或工程准则式计算。

2）非惯性节流元件

空气系统中的篦齿封严、薄壁孔、缝等阻力单元（图 5.4）的内部空间微小，容积和气体惯性均可以忽略，这类元件被定义为非惯性节流元件（简称节流元件）。另外，长管道进、出口及转弯处的局部阻力也可以被模型化为虚拟的节流元件。

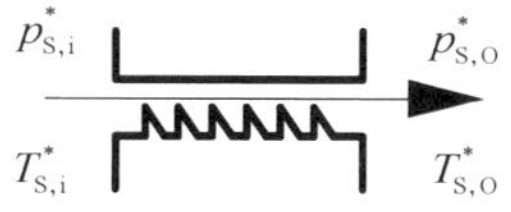

图 5.4　篦齿元件示意图

在大多数仿真计算中，由于节流元件的换热面积较小，其换热效应可以忽略。对于部分换热较强的节流元件，其换热可被等效折算到相邻容腔类元件的换热分区上。因此，所有节流类元件其内部流动可被视为绝能流动。在瞬态计算中，节流元件气路参数均能在极短的时间响应边界的变化，可近似认为每个时刻的节流元件瞬态流阻特性与对应几何参数的稳态流阻特性相同。

设 $p^*_{S,i}$ 和 $p^*_{S,o}$ 分别为节流元件进、出口总压（分别取值其上、下游容腔总压），$T^*_{S,i}$ 和 $T^*_{S,o}$ 分别为节流元件进、出口总温（分别取值其上、下游容腔总温）。由第 2 章的式（2.7）和式（2.9）可得节流元件流量的通用形式：

$$W_r = \frac{C_d\sqrt{T^*_{S,i}}}{p^*_{S,i}} f'\left(\frac{p^*_{S,i}}{p^*_{S,o}}\right) \tag{5.12}$$

其中，各类节流元件的流量系数 C_d 均有成熟的工程算法[62]，本书不作赘述。依据本书 2.2.1 节分析可知，在给定节流元件旋转角速度，且在元件几何参数固定的情况下，C_d 近似不变。因此，各类节流元件上述元件在顺流和逆流状态下的进、出口质量流量 $W_{S,i}$ 和 $W_{S,o}$ 与气体参数的定性关系可分别表示为式（5.13）和式（5.14）的通用形式：

$$W_{S,i} = W_{S,o} = f(p^*_{S,i}, p^*_{S,o}, T^*_{S,i}) \tag{5.13}$$

$$W_{S,i} = W_{S,o} = f(p^*_{S,i}, p^*_{S,o}, T^*_{S,o}) \tag{5.14}$$

具有离心增压效应的元件属于特殊类的节流元件（图 5.5），其沿程离心增压效应的建模方法也较为成熟。在给定旋转角速度情况下，其通流流量与进、出口的定性关系仍可表示为式（5.13）和式（5.14）的通用形式。

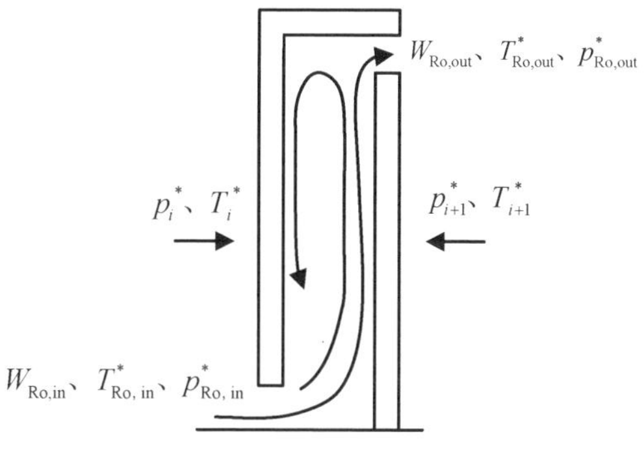

图 5.5　离心力增压元件示意图

3. 换热类元件

容腔节点元件壁面各换热分区的对流换热过程被抽象为换热类元件，其功能是模拟空气系统流体与固体对流换热的物理过程。根据对流换热经验公式，对于不同的换热区域采用相应的换热准则式。航空发动机空气系统的对流换热努赛尔数 Nu 都可以表示为以雷诺数 Re 、旋转雷诺数 Re_{ω}、旋转格拉晓夫数 Gr_{ω} 等无量纲参数为自变量的准则式，即

$$Nu = f(Re,\ Re_{\omega},\ Gr_{\omega}) \tag{5.15}$$

其中：

$$Re = \frac{\rho v_{\mathrm{f}} l}{\mu} \tag{5.16}$$

$$Re_{\omega} = \frac{\rho \omega r_{\mathrm{f}}^{2}}{\mu} \tag{5.17}$$

$$Gr_{\omega} = \frac{\omega_{\mathrm{f}}^{2} \gamma \Delta T r_{\mathrm{f}}^{4}}{\nu^{2}} \tag{5.18}$$

其中，ρ 为换热流体的密度，取值换热容腔对应支路的流体密度；v_{f} 为换热流体的流速；l 为换热分区的特征尺寸；ω 为换热面旋转角速度；r_{f} 为换热分区所在的旋转半径；γ 为体积变化系数；ΔT 为换热面平均温度 T_{w} 与流体温度 $T_{\mathrm{f},\ i}^{*}$ 的温差；ν 为流体的运动黏性系数。

在换热分区特征尺寸、几何参数确定的情况下，雷诺数、旋转雷诺数、旋转格拉晓夫数等无量纲参数均可以表示为以气体总压 $p_{\mathrm{f},\ i}^{*}$、气体总温 $T_{\mathrm{f},\ i}^{*}$、气体流量 $W_{\mathrm{f},\ i}$、换热面平均温度 T_{w}、换热面旋转角速度 ω 为自变量的函数表达式。依据牛顿冷却公式和努赛尔数的定义，对于确定的几何参数，每个换热类元件的热流均可表示为如下通用关系式：

$$Nu = f(p_{\mathrm{f},\ i}^{*},\ T_{\mathrm{f},\ i}^{*},\ W_{\mathrm{f},\ i},\ T_{\mathrm{w}},\ \omega) \tag{5.19}$$

其中，$p_{\mathrm{f},\ i}^{*}$ 、$T_{\mathrm{f},\ i}^{*}$ 需要依据所选取的换热准则式本身的定义，取值相邻容腔元件的总压和总温或该容腔元件某一进口支路的总压和总温；$W_{\mathrm{f},\ i}$ 一般取值容腔元件某支路流量。换热元件模型示意图如图 5.6 所示。

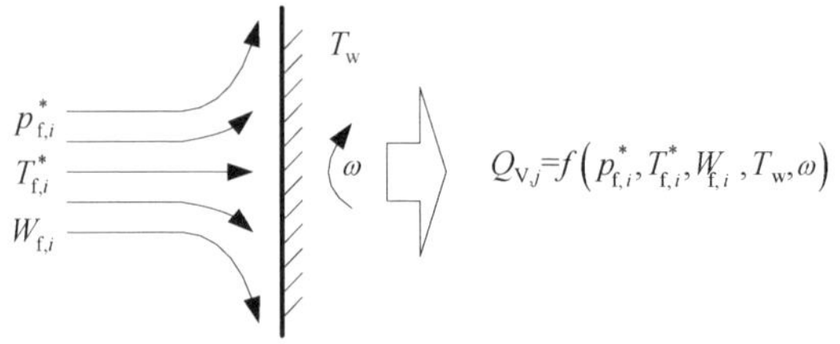

图 5.6　换热元件模型示意图

5.1.3　流热耦合瞬态空气系统仿真流程

通过建立各类元件之间的规范数据接口，每一个节点类元件均能够与任意数量的节流类元件和换热类元件进行组合，各类元件之间可通过标准的数据接口进行参数传递。

1. 节点类元件与节流类元件交互

通过模块化设计，每一个容腔元件或节点元件均能够与任意数量的管道元件或节流元件进行组合，但各元件模型之间需采用统一的数据接口进行参数交互。图 5.7 和图 5.8 为各典型元件之间的参数交互关系示意图，交互参数包括气体总压、总温和质量流量。其中，气体总压由容腔或节点元件向管道或节流元件单向传递；质量流量的传递方向与总压的传递方向完全相反；气体总温的传递方向则依据气体流动方向的变化而实时保持同步。

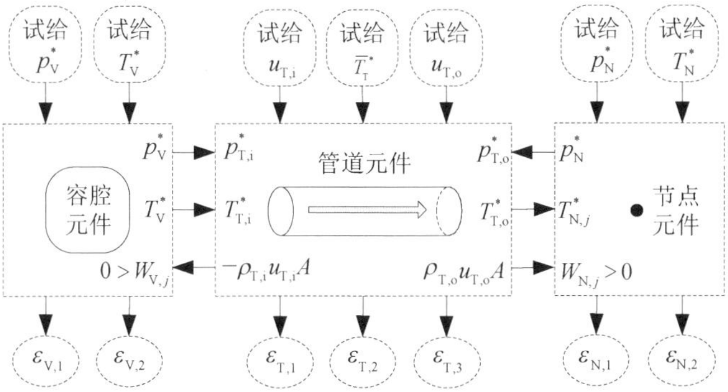

图 5.7　容腔-管道-节点元件组合的交互接口

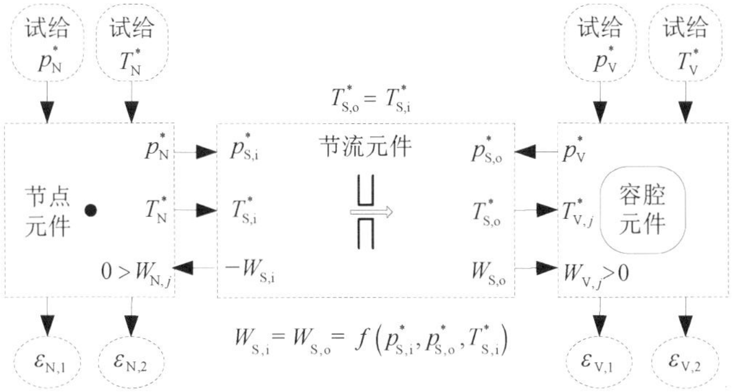

图 5.8　节点-节流-容腔元件组合的交互接口

2. 节点类元件与换热类元件交互

同样基于模块化设计，每一个容腔元件或节点元件也均能够与任意数量的换热元件进行组合。图 5.9 为典型的节点类元件（以容腔元件为例）与换热类元件数据交互图。在迭代求解过程中,容腔元件将试给总压、试给总温及相关换热支路的流量传递给换热元件,换热元件在给定的边界温度和旋转角速度的条件下,将计算得到的换热热流传递给容腔元件。

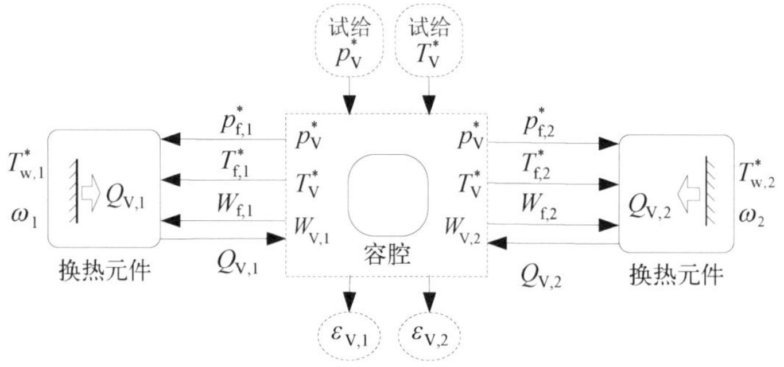

图 5.9 容腔-换热元件交互接口

3. 三类元件交互

通过建立各类元件之间的规范数据接口,每一个节点类元件(以容腔元件为例)均能够与任意数量的节流类元件和换热类元件进行组合,如图 5.10 所示。

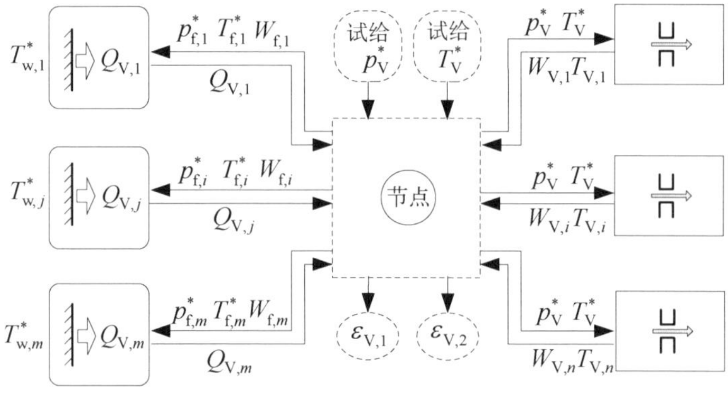

图 5.10 换热-容腔-节流元件组合的交互接口

流热耦合瞬态空气系统仿真模型涉及三类基本元件的数据交互和迭代求解,具体计算流程如图 5.11 所示。

(1) 试给各节点类元件(以容腔元件为例)的初始总压、总温等参数。

(2) 各节流类元件从相邻容腔元件获取两端的总压、总温后,完成流量计算,容腔元件据此确定各连接支路的流量和总温。

(3) 各换热类元件从相连的容腔元件获取气体总压、总温、气体流量后,完成换热热流的计算。

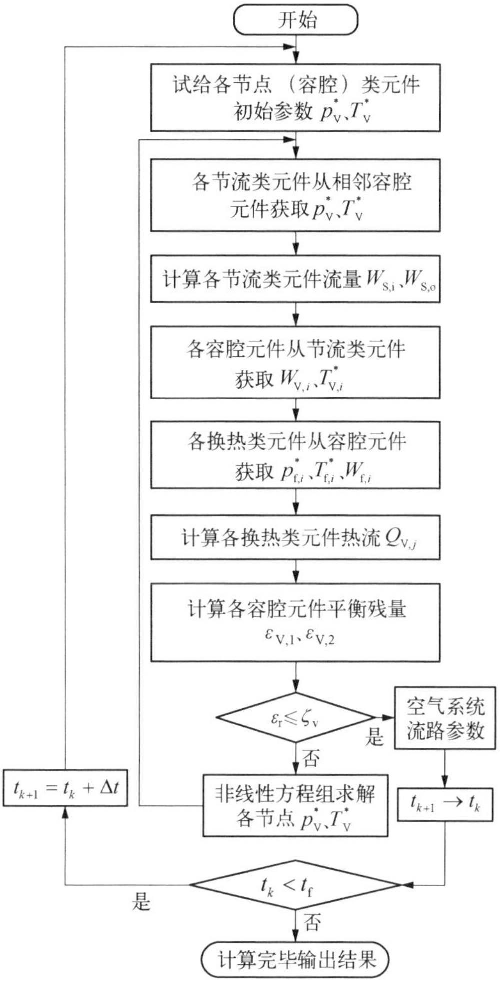

图 5.11　流热耦合瞬态空气系统仿真流程

（4）各容腔元件从换热类元件获取换热热流，计算各容腔元件的平衡残量。

（5）取所有容腔元件残量向量的范数作为误差检验参数，检查是否满足以下条件：

$$\varepsilon_r = \sqrt{\sum \varepsilon_{V,1}^2 + \sum \varepsilon_{V,2}^2} < \zeta_v$$

其中，ζ_v 为允许误差。

（6）如果上述不等式成立，则获得满足精度要求的近似解。否则，利用非线性方程组的数值解法，求出一组新的试给参数，重复步骤（2）~（6），直到获得满足精度要求的该动态步近似解，并将该动态步 t_k 的近似解作为下一个时间步 t_{k+1} 的初值。

（7）设 t_f 为规定的动态计算时间，当 $t_k < t_f$ 时，重复步骤（1）~（7）；当 $t_k \geq t_f$ 时，动态计算结束。

5.1.4　仿真分析实例

1. 长管道模拟

管道引气是大型航空发动机空气系统从压气机(风扇)向涡轮引气的一种常见方式。如之前介绍的,为了准确模拟管道沿程各位置气体参数的变化过程,可将长管道分割并模化为若干基本的管道元件的组合。

为了验证本节建模方法对长管道内压力波传递的模拟效果,本书与文献[63]中的数据对比,文献算例为一根直径为 0.01 m、长度为 1 m 的光滑圆管,如图 5.12 所示,圆管的一端连接压力为 150 kPa、温度为 300 K 的无限大恒压腔,另一端安装阀门,使之能与压力为 100 kPa 的环境隔离。初始时刻,阀门突然开启,管道内发生压力波的传导并在管道边界发生反射,直至最后达到稳定。

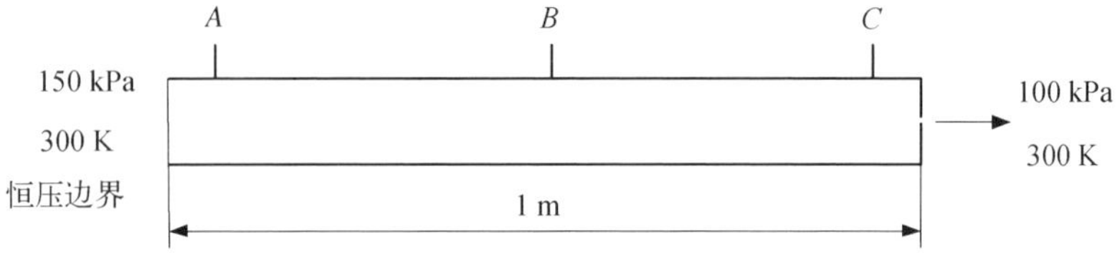

图 5.12　管道模型

为模拟管道元件的长度(气体惯性力)对仿真的影响,管道被模块化为由 8 个节点元件和等长管道元件(l = 0.125 m)串联组成的仿真模型,如图 5.13 所示,仿真计算中忽略管道沿程阻力,所有残量方程的动态项均采用欧拉法进行离散,仿真时间步长为 0.1 ms。

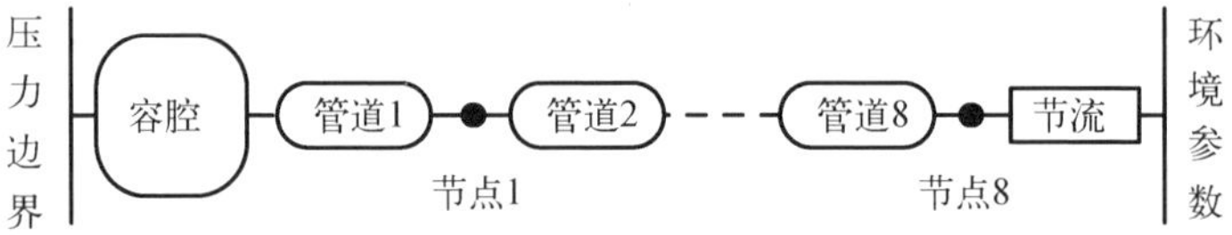

图 5.13　模块化仿真模型

图 5.14 给出了管道进口 A、管道中间 B 及管道出口 C 三个不同位置的仿真结果,计算结果能够完整体现出圆管内膨胀波和压缩波的传播和反射过程。

初始时刻,阀门的突然开启导致出口静压瞬间降为环境压力,并形成一道膨胀波向进口传导,约 2.8 ms 后抵达进口,然后被进口的高压容腔反射,形成一道压缩波顺流传向出口。经过多次往复,在 35 ms 之后全管道静压基本稳定在 100 kPa,速度基本稳定在 256 m/s。通过模拟结果可以看出,压力波在管道内不断振荡,最后趋于平衡。对比结果表明:仿真模型可以准确捕捉管内整个过程压力波动情况,并且最终稳定值与理论值够精确吻合。

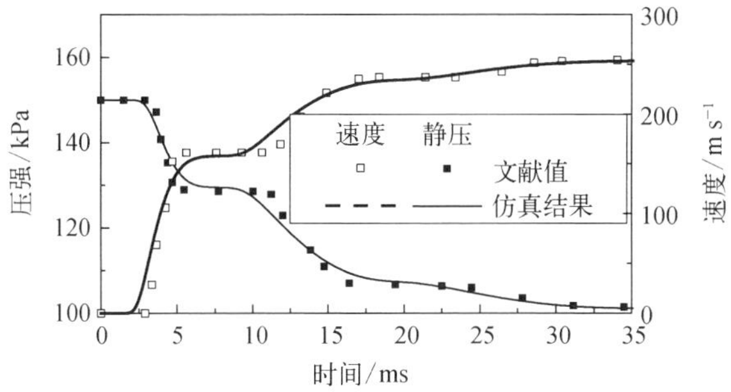

(a) 管道进口

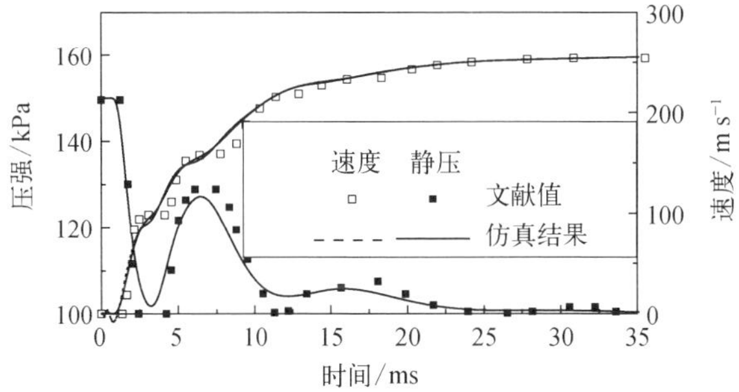

(b) 管道中间

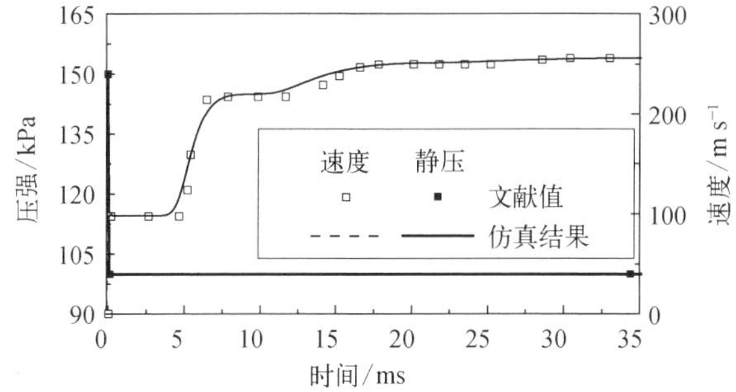

(c) 管道出口

图 5.14　圆管中的压力和速度变化曲线

2. 容腔充放气模拟

航空发动机空气系统中大体积腔室存在明显的容腔效应，是造成空气系统瞬变效益显著的关键因素。本节通过对容腔充放气过程模拟表明仿真方法对容腔效应捕捉的有效性。容腔充放气模型几何结构如图 5.15 所示。由于充放气过程时间尺度较小，不足以显著影响固体壁温，因此可近似认为

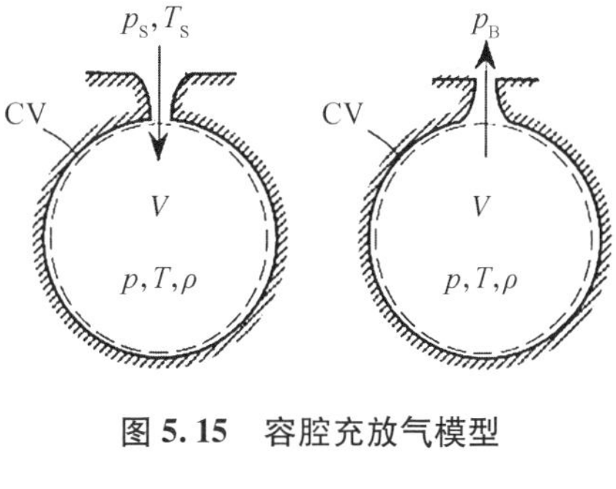

图 5.15　容腔充放气模型

充、放气过程固体壁温保持不变。

利用空气系统瞬态仿真方法，采用容腔元件和换热元件，建立图5.16所示的流热耦合零维容腔充、放气模型。其中，孔元件的目的是模拟外界环境压强，以外界压力和温度为边界条件，分别为1 MPa和295 K。换热元件在充气过程和放气过程分别近似视为冲击换热和自然对流，换热准则式分别源自文献[64]和[65]。

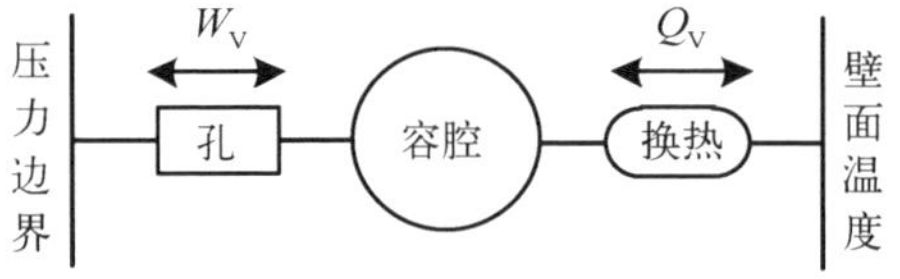

图5.16 容腔充、放气过程的零维建模

以容腔的最高压力和时间常数作为基准，图5.17分别给出了容腔充、放气过程中无量纲压力随无量纲时间的变化规律。可以看出，对于充气过程，模拟绝热条件和等温条件时，仿真结果与理论解几乎完全一致。模拟试验条件下，仿真结果与试验结果的最大误差为1.9%，其原因如下：一方面，所选取的冲击换热准则式存在一定差异；另一方面，在冲击换热较强的情况下，固体壁面等温假设也引入了少量误差。对于放气过程，无论是绝热、等温还是实验工况，仿真结果与文献值保持很好的一致性。这也表明，本书提出的流热耦合瞬态空气系统仿真方法零维仿真架构和计算流程是合理可行的，能够真实地模拟发动机过渡过程中的空气系统特性，为热端部件的热分析提供更加准确的边界条件。

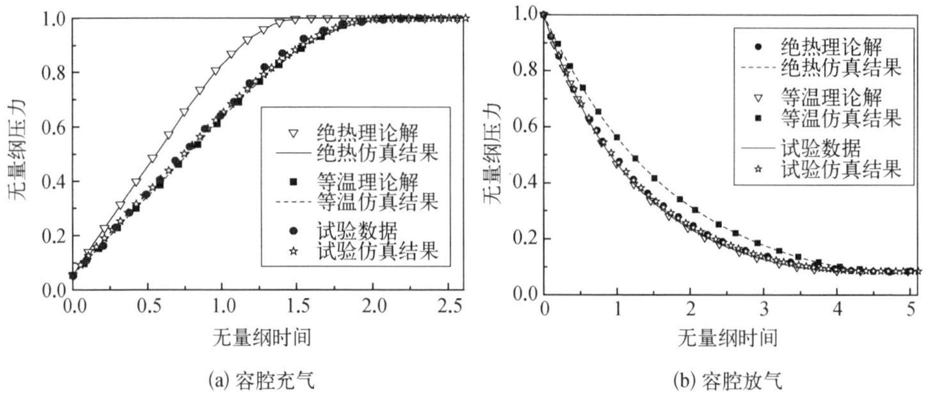

图5.17 容腔充放气模型验证

3. 双腔耦合模拟

航空发动机高、低压涡轮盘腔和轴间隙构成了典型的压力波双腔振荡模式，本节构建了文献[20]中的简化双腔耦合模型，如图5.18所示，A、B两个压力容腔由一根长管相连，管道中间有一个关闭的阀门将容腔隔离。初始时刻，中间

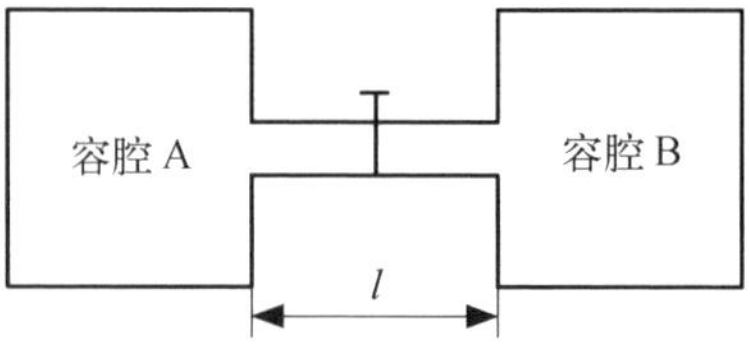

图5.18 双腔耦合模型

阀门突然开启,双腔的压力差造成气体流动,并且在双腔和管路构成的封闭子系统内将发生耦合振荡。其中,两个腔室的体积都为 0.034 m^3,A 腔的压力为 600 kPa,B 腔的压力为 520 kPa,内部温度为 600 K,l 为中间管道长度,管道元件的长度分别设置为 0.6 m 和 0.06 m,模拟管道的气体惯性力对腔室压力变化的影响。

模块化的仿真模型见图 5.19。两端的容腔均被模型化为具有流量边界的容腔元件,管道被分割并模型化为两个等长的管道元件,中间阀门被模型化为具有可调面积的节流元件。仿真计算中忽略开启状态的阀门阻力,将管道进、出口阻力折算为管道元件阻力系数。仿真步数设置为 500 步,即动态仿真时间步长为 0.2 ms,管道元件阻力系数设为 0.5。

图 5.19　双腔耦合系统的仿真建模

图 5.20 给出了管道总长 l 分别为 0.6 m 和 0.06 m(典型航空发动机高、低涡轮盘腔轴向长度范围)的双容腔的压力变化过程。

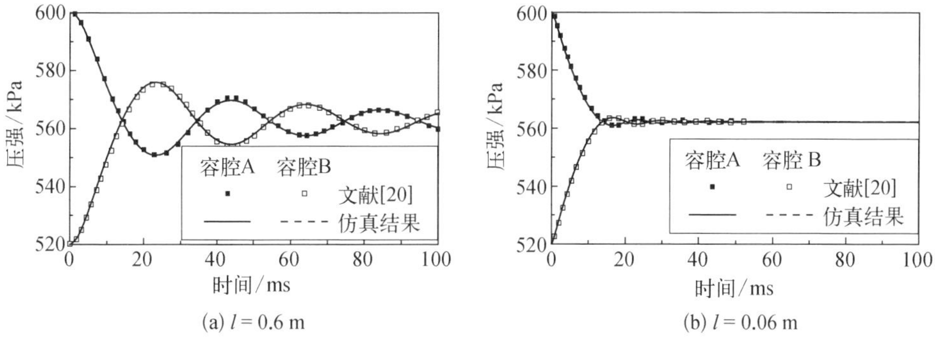

图 5.20　双腔耦合系统的压力变化过程

可以看出,本节与文献[20]的模拟结果几乎完全重合:在阀门开启的瞬间,管道内气体在压力差的作用下由静止状态被正向加速。两个容腔的压力则快速经历了一个此消彼长的过程,直至形成足够的逆向压差抵抗管道内正向气体惯性力,使管内气体停止并反向加速。随着时间的推移,上述循环振荡幅度会随阻力的耗散而不断衰减,但周期不变。其外,在两个容腔体积不变的情况下,系统耦合振荡的周期和幅度均随着中间管道长度的缩短而减少。这是由于管道长度的缩短减少了管道内气体惯性的影响和压力扰动沿管道的传播时间。

需要说明的是，实际的航空发动机在出现局部突发性失效的情况下，空气系统内部的多容腔耦合振荡过程比本节中此算例模拟的现象要复杂得多，这还需要通过今后的研究进一步的深入剖析。但几乎可以肯定，在空气系统快速瞬变过程中，多容腔和管路系统的耦合动态响应特性是不可忽视的因素。

4. 旋转盘腔耦合模拟

空气系统的核心功能之一是对发动机热端涡轮部件冷却，其中涡轮盘和叶片是重点，因此发动机中存在流动换热复杂的旋转盘腔结构。以发动机典型转静系涡轮盘腔为例，在对涡轮盘进行合理简化的基础上，依据涡轮盘的结构和换热特征，将涡轮盘及其周边静子部件划分为若干温差相对较小的换热分区。各换热面的编号和容腔编号如图 5.21(a)所示。其中，①~⑳表示涡轮盘空气系统中 20 个容腔编号，1~53 表示轮盘的换热面编号，图 5.21(b)主要针对叶片榫头和榫槽进行编号。

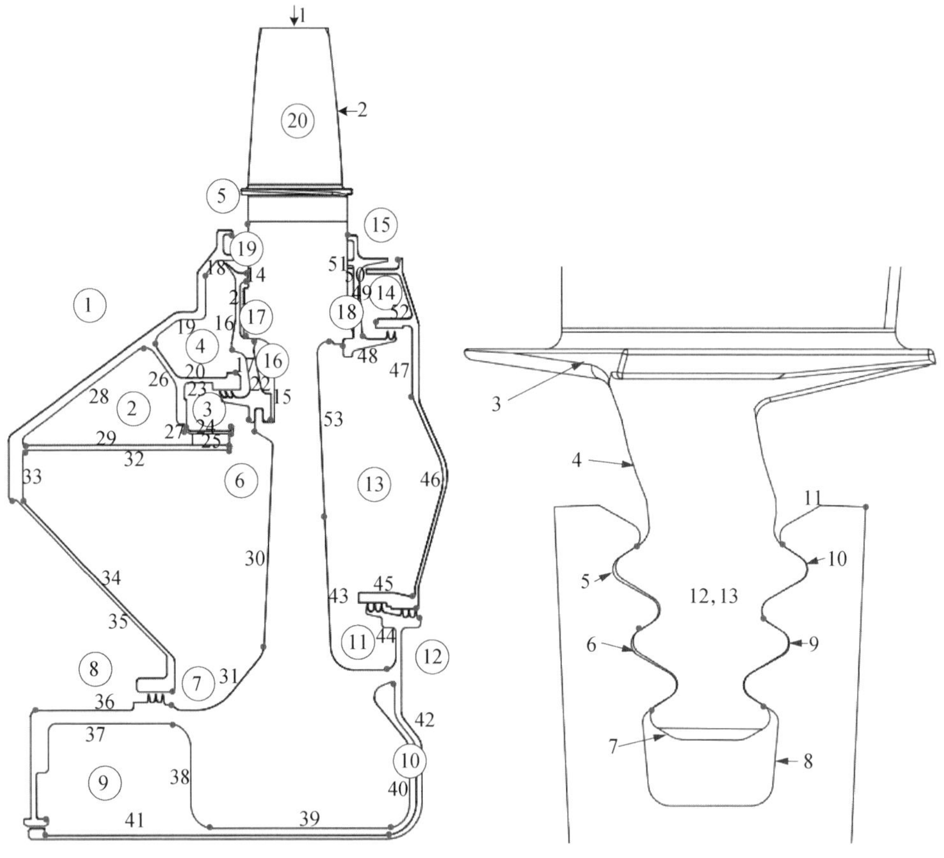

(a) 涡轮盘容腔和换热面　　(b) 榫头和榫槽换热面

图 5.21　涡轮盘容腔和换热面划分示意图

根据本书所述的建模方法，建立由容腔元件、节流元件、换热元件组成的涡轮盘局部瞬态空气系统。需要注意的是，一个容腔可与多个面进行换热，通过换热元件模拟对流换热过程。容腔与容腔之间通过不同的节流元件相连，模拟流体的流动过程。因此，高压涡轮盘的空气系统由 20 个容腔、19 个节流元件和 53 个换热元件组成，如图 5.22 所示为涡轮盘的空气系统简化模型示意图。其中，点划线部分表示榫头装配间隙之间的流动换热，⑯号容腔流体流向⑳号容腔代表冷却气体流经涡轮盘内部，直接对叶片内部进行冷却。

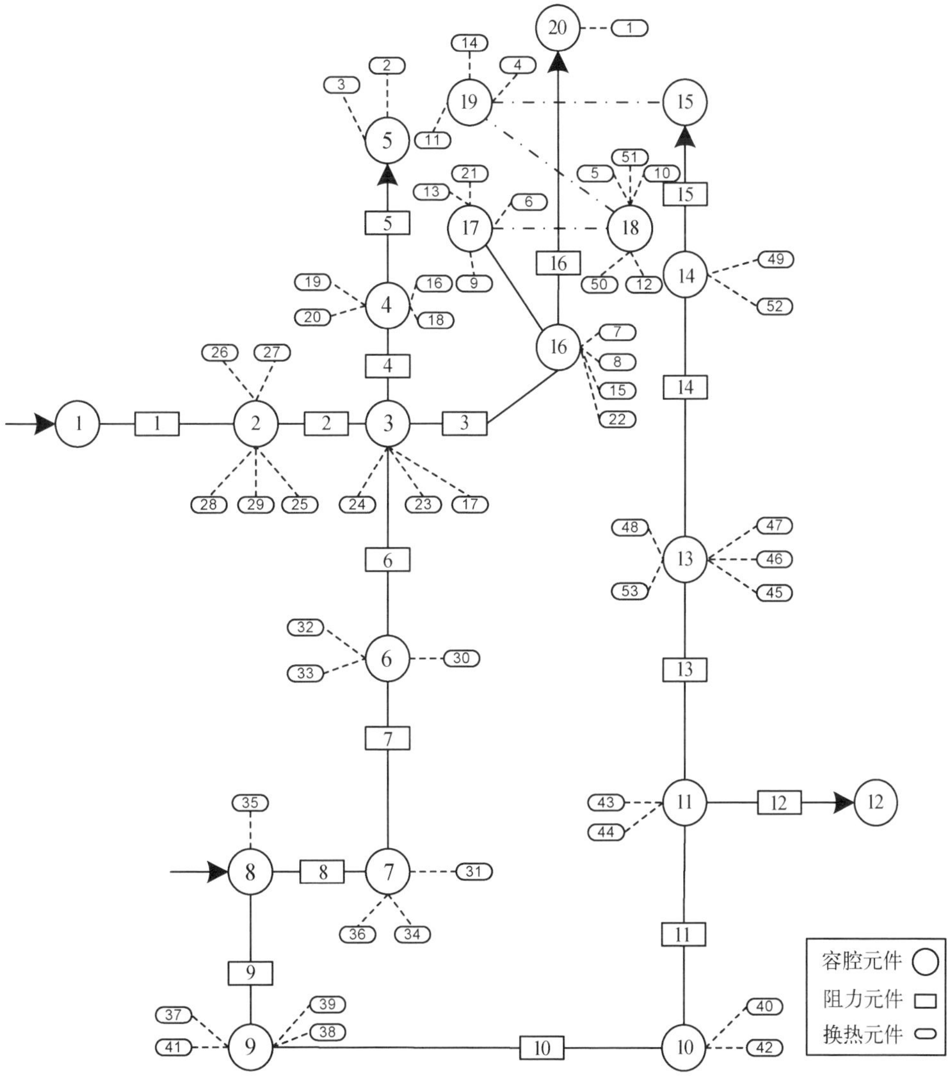

图 5.22　涡轮盘空气系统简化模型示意图

涡轮盘的流体与壁面的换热计算根据结构换热特征主要分为四种类型,即涡轮盘转子冷却、涡轮盘静子冷却、榫头装配间隙吹风冷却和直流道叶片冷却,分别采用对应的对流换热准则式。

涡轮盘瞬态热-结构耦合分析采用三维轴对称有限元法进行计算,仿真对象涡轮盘一周共 72 个叶片,为提高计算效率,取其中 1/72 份模型进行分析模拟。涡轮盘有限元模型的建立在本书中不再赘述。

涡轮盘空气系统仿真计算与有限元模型计算之间存在数据交互,需反复迭代计算。涡轮盘流热耦合空气系统模型计算各流路瞬态参数,为有限元瞬态热-结构计算提供边界条件。有限元计算获得的涡轮盘热边界条件传递给涡轮盘空气系统。依据瞬态空气系统与有限元模型数据的交互流程,涡轮盘流-热耦合瞬态空气系统与有限元模型之间的数据输入输出如表 5.1 所示。

表 5.1 涡轮盘流-热耦合瞬态空气系统与有限元模型的数据传递

空气系统提供	流体温度	对流换热系数	压 强	转 速
加载位置	1~53 号换热面	1~53 号换热面	1~53	—
有限元模型提供	壁面温度	篦齿间隙	—	—
加载位置	1~53 号换热面	—	—	—

涡轮盘空气系统建模中为了准确获取空气系统边界条件,利用本书 5.1 节中介绍的方法,本算例构建了空气系统与主流道耦合一体化仿真模型。为了验证模型的有效性和准确性,选取了某型发动机一段典型的加减速工作过程,选取的工作过程大致分为三个阶段:第一阶段(0~130 s)为加速阶段,第二阶段(130~330 s)为稳定阶段,第三阶段(330~1 400 s)为阶梯式减速阶段。仿真过程中输入与试车过程相同的发动机边界条件。

仿真计算与试车对比结果如图 5.23 所示,从图中可以看出,对 3 号容腔总压的仿真结果与试验数据具有很好的一致性;而对于 6 号容腔和 5 号容腔的总压变化值,仿真结果与试验数据在变化趋势上一致,但是仿真结果偏大。这种差异可能是由试车测试误差带来的,因为在试验测量压强的过程中,不能完全获得冷却气体的总压值,试验测量值介于静压与总压之间,而模型的仿真计算为气体的总压值。6 号容腔处于预旋喷嘴附近,此处的冷却气体流速较大,所以气体的总压与静压相差较大,导致试验测量值小于仿真结果。5 号容腔处于盘缘与叶片根部之间,有来自其他股的冷却气体汇聚,导致 5 号容腔的气流比较紊乱,气体的总压与静压相差也较大,使得试验测量值小于仿真结果。而 3 号容腔所处位置的冷却气体流速较小,流动比较稳定,容腔的总压与静压相差较小,所以试验测量值接近于仿真结果。

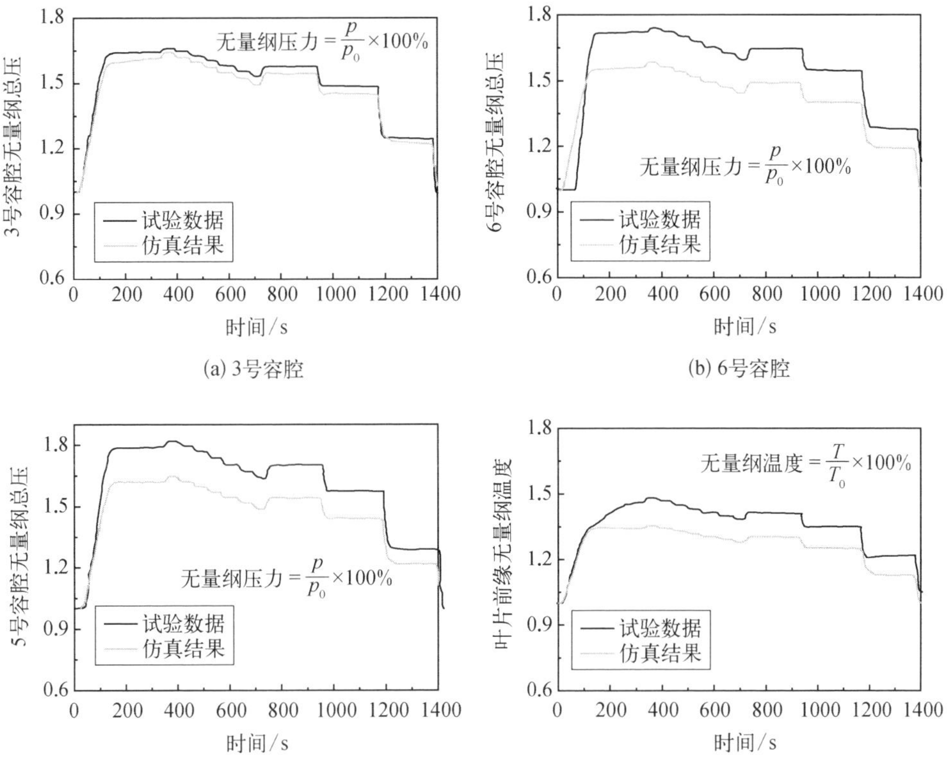

(a) 3号容腔　(b) 6号容腔

(c) 5号容腔压力　(b) 叶片前缘温度

图5.23　容腔压力和叶片前缘温度的仿真结果与试验数据的对比

将涡轮盘叶片前缘温度的仿真结果与试验结果进行比较,可以看出第一阶段和第三阶段的仿真结果与试验数据几乎一致,由于第二阶段的叶片前缘温度测试存在误差,因此仿真结果与试验数据在该阶段存在差异。上述系统模型验证表明了涡轮盘流热耦合瞬态空气系统建模方法的有效性和准确性。

5.2　空气系统与主流道耦合仿真

当航空发动机工作于过渡过程时,主流道和空气系统参数具有不同的响应特性。尤其在航空发动机快速机动的过程中,主流道与空气系统气路参数响应特性的差异有可能导致维持发动机涡轮盘腔封严流量或涡轮叶片气膜出流的压力差出现瞬间的下降,严重时甚至可能直接诱发瞬态燃气入侵,并导致难以预测的过渡态载荷,成为导致发动机危险性失效的潜在因素。

依据目前空气系统分析的一般流程,需要首先通过性能分析模型计算出总体气动热力参数,然后以发动机总体气动热力参数(或者经进一步的部件 CFD 仿真得到的压气机、涡轮叶栅气动参数)为边界条件进行空气系统模型的求解计算。上述方法虽然可以通过人工的设计迭代和参数交互在发动机稳态点的计算分析中达到一定的工程精度,但该方法割裂了发动机主流道和内流空气系统之间固有的动态交互作用,无法实现发动机主流道与空气系统之间的实时参数传递,无法满足空气系统鲁棒性设计需要准确捕捉空气系统边界不确定性的要求。

进行航空发动机空气系统鲁棒性设计分析,其前提是准确获取空气系统边界参数及其离散度,由于空气系统与主流道的高度耦合性,必须充分考虑主流道与二次空气系统的耦合影响。因此,本书提出了一种实现航空发动机全工况性能模型与空气系统模型的直接耦合方法。基于模块化的设计思想,建立了航空发动机过渡态性能模型与空气系统模型的数据交互接口和模块化耦合求解机制。

5.2.1 耦合仿真的基本思路

建立发动机主流道与空气系统的耦合仿真模型,可根据航空发动机总体性能与空气系统目前采用的仿真模型:部件法与网络法,分别建立航空发动机主流道部件法性能仿真模型和内流空气系统网络法模型。这两种仿真建模方法都是以数据库为基础而建立的零维模型,都具有模块化建模的特征,并且都采用试凑的方法进行迭代计算以输出合理解,具有诸多相似的求解方式及计算方式。

虽然两种方法之间具有如此多的相同点,但是要将航空发动机总体性能与空气系统两者进行耦合求解,并进行分析获得对应的结果,两种仿真计算方法之间却又存在试给参数和平衡检验方程选取机制方面的差异。

由于航空发动机主流道性能模型与空气系统网络法模型的建模和求解机制存在上述显著差异,且根据如图 5.24 所示的发动机主流道与空气系统引气的动态交互的物理过程,首先需要建立兼顾两者算法的特点且符合发动机引气交互物理过程的模块化耦合交互接口,即在基于残量法进行耦合仿真并生成残量修正矩阵求解的过程中,既要保证发动机性能模型的每一个部件模块计算都能依据“试给参数”获得所需“上游”部件出口的气路参数,也要保证“试给变量”能提供空气系统网络模型确定的边界条件信息。更重要的是,所建立的每一个耦合界面交互模块都应该有数量相等的试给变量和平衡检验方程,以保证耦合仿真模型方程计算的封闭性和模块化设计特征。其次,根据目前较为成熟的部件法建立发动机主流道性能模型,根据瞬态空气系统网络法建立内流空气系统模型。最后,利用交互接口模块将主流道性能模型与内流空气系统模型相连接,设置相应的边界条件及耦合机制,从而建立整机全流域的耦合仿真模型,为获得发动机瞬态状态下空气系统边界参数的变化奠定基础。

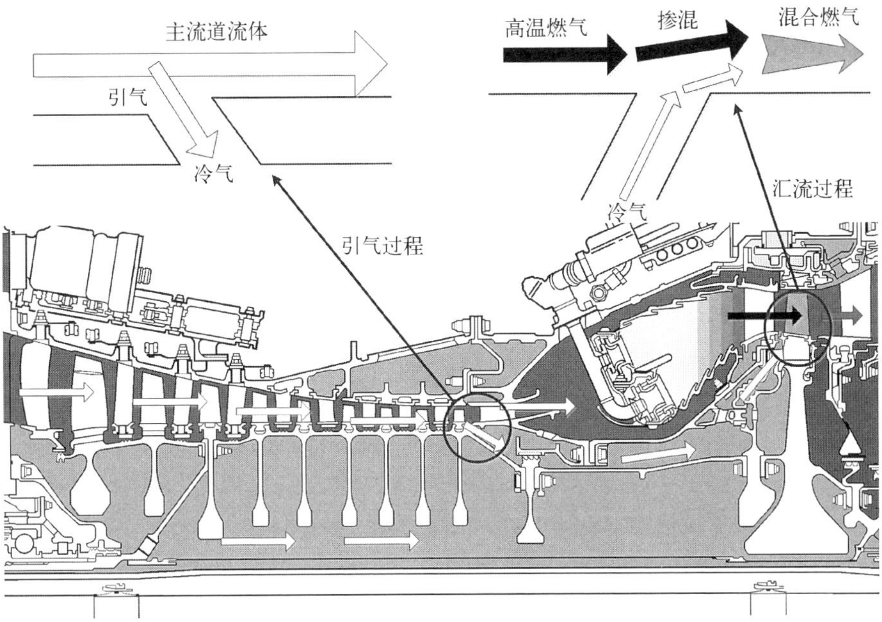

图 5.24　航空发动机主流道与空气系统引气动态交互过程

5.2.2　交互接口模块

发动机主流道与空气系统的冷气交互主要是从主流道的引气，以及空气系统的冷气与主流道燃气的混合两类过程。基于模块化设计思想，并依据航空发动机主流道与空气系统冷气流路之间交互的结构特征和物理机制，将其交互界面的冷气引气、汇流过程分为两种基本的通用模块：引气模块、汇流模块。

1. 引气模块

航空发动机空气系统引气一般发生在压气机级间、压气机末级或燃烧室外部壳体位置。在实际航空发动机过渡过程中，空气系统引气流量占主流道流量的比例 v（引气比）是依据整机气路匹配关系而动态变化的，因此，本书将 v 设为引气模块中的待定试给量。引气模块的基本架构如图 5.25 所示，该模型由主流道中 1 个虚拟的分流部件与空气系统中的 1 个边界节点组合而成。

建立分流部件基于如下模型假设：① 分流部件视为无总压损失的理想部件，其总压损失折算到相邻的上下游部件或元件中；② 工质由主流道单向进入空气系统，且工质为纯空气（无燃油及其燃烧产物）；③ 不存在逆流的情况。

设分流部件进气总压、总温、流量为 $p^*_{\mathrm{B,\ in}}$、$T^*_{\mathrm{B,\ in}}$、$W_{\mathrm{B,\ in}}$，则分流部件出口总压、总温、流量分别为

$$p^*_{\mathrm{B1,\ out}} = p^*_{\mathrm{B,\ in}} \tag{5.20}$$

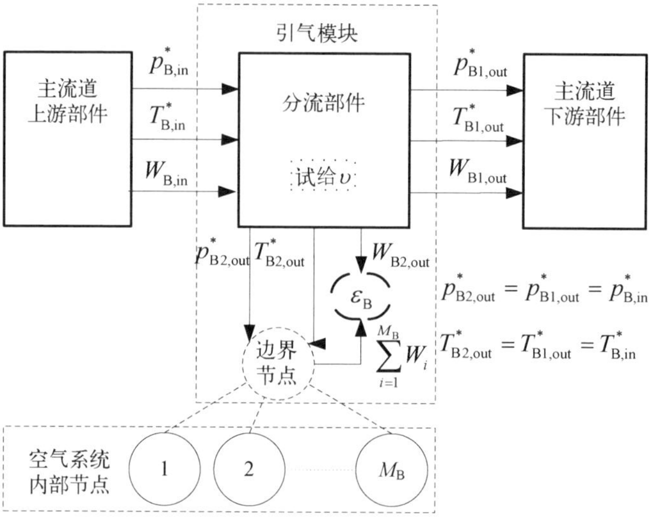

图 5.25　引气模块基本架构

$$T^*_{B1,\,out} = T^*_{B,\,in} \tag{5.21}$$

$$W_{B1,\,out} = (1-\upsilon)W_{B,\,in} \tag{5.22}$$

边界节点的总压 $p^*_{B2,\,out}$ 和总温 $T^*_{B2,\,out}$ 直接选取分流部件进口的总压 $p^*_{B,\,in}$ 和总温 $T^*_{B,\,in}$。分流部件的引气流量 $W_{B2,\,out} = \upsilon W_{B,\,in}$，该流量应该与流入空气系统边界节点的流量相等。

设空气系统引气边界节点连接的内部支路数量为 M_B 个，则空气系统支路流量满足质量连续方程为

$$W_{B2,\,out} = \sum_{i=1}^{M_B} W_i \tag{5.23}$$

其中，W_i 表示与空气系统边界节点相连的第 i 个支路流量。

2. 汇流模块

空气系统中冷气汇入发动机主流道的过程比较复杂，往往在同一个主流道部件上存在多个空气系统汇流支路，考虑因素多，过程复杂，例如，涡轮盘的封严间隙、导向器叶片气膜孔、转子叶片气膜孔等。基于汇流过程所参与气流参数的物理机制变化，汇流模块的基本架构如图 5.26 所示，该模块由主流道中的 1 个虚拟汇流部件与多个空气系统边界节点组合而成。

对于汇流部件，其总压损失同样被折算到相邻的上下游部件中。主流道汇流部件的工质通常为燃气，正常工作状态下工质由空气系统汇入主流道，但极端情况下，存在瞬时燃气入侵空气系统的可能。因此，燃气的油气比是汇流模型计算中需

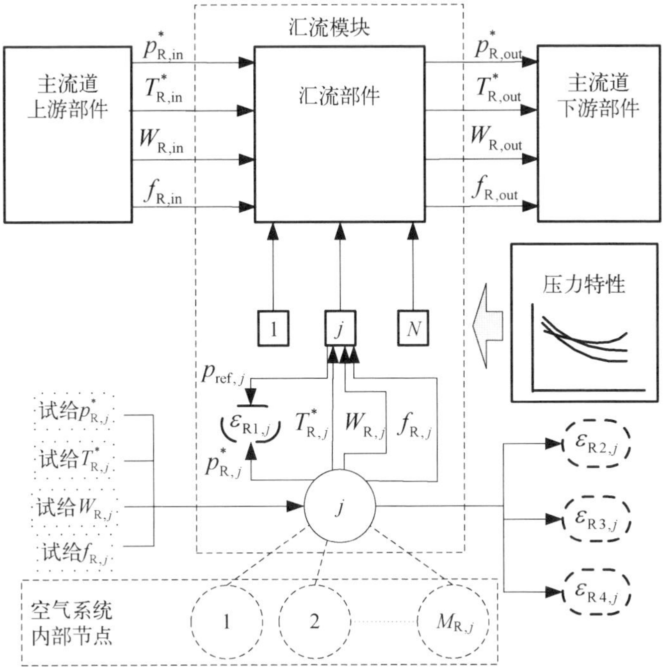

图 5.26　汇流模块基本架构

要考虑的参数。

假设主流道同一个截面或部件(如涡轮转子)内共有 N 个空气系统汇流边界节点(如气膜孔出口),其中,第 j 个边界节点连接的内部支路数量为 $M_{\mathrm{R},j}$ 个。模型求解过程中,需要试给每一个边界节点的总压、总温、流量和油气比,设第 j 个边界节点的试给总压、总温、流量、油气比分别为 $p^*_{\mathrm{R},j}$、$T^*_{\mathrm{R},j}$、$W_{\mathrm{R},j}$、$f_{\mathrm{R},j}$。则汇流部件可以得到所有“上游”支路的气路参数,其出口的总压、流量、总焓、油气比分别为

$$p^*_{\mathrm{R,\,out}} = p^*_{\mathrm{R,\,in}} \tag{5.24}$$

$$W_{\mathrm{R,\,out}} = W_{\mathrm{R,\,in}} + \sum_{j=1}^{N} W_{\mathrm{R},j} \tag{5.25}$$

$$h^*_{\mathrm{R,\,out}} = \frac{h^*_{\mathrm{R,\,in}} W_{\mathrm{R,\,in}} + \sum_{j=1}^{N} h^*_{\mathrm{R},j} W_{\mathrm{R},j}}{W_{\mathrm{R,\,out}}} \tag{5.26}$$

$$f_{\mathrm{R,\,out}} = \frac{\dfrac{f_{\mathrm{R,\,in}}}{1+f_{\mathrm{R},\,in}} W_{\mathrm{R,\,in}} + \sum_{j=1}^{N} \dfrac{f_{\mathrm{R},j}}{1+f_{\mathrm{R},j}}}{W_{\mathrm{R,\,out}} - \dfrac{f_{\mathrm{R,\,in}}}{1+f_{\mathrm{R,\,in}}} W_{\mathrm{R,\,in}} - \sum_{j=1}^{N} \dfrac{f_{\mathrm{R},j}}{1+f_{\mathrm{R},j}} W_{\mathrm{R},j}} \tag{5.27}$$

其中,汇流部件出口总温 $T_{R,\ out}^{*}$ 可依据燃气物性拟合式由 $h_{R,\ out}^{*}$ 和 $f_{R,\ out}^{*}$ 求得。

考虑到压力平衡,空气系统第 j 个汇流边界节点的试给总压 $p_{R,\ j}^{*}$ 应该等于主流道对应位置的表面压力 $p_{ref,\ j}$,因此,第 j 个边界节点的压力平衡方程为

$$p_{R,\ j}^{*} = p_{ref,\ j} \tag{5.28}$$

对于静止部件的汇流过程(如涡轮导向器叶片气膜孔),通过无量纲分析可知,在忽略低雷诺数效应的情况下,$p_{ref,\ j}$ 与主流道当地总压 $p_{R,\ in}^{*}$ 之比可以表示为与主流道折合流量相关的单值函数:

$$\frac{p_{ref,\ j}}{p_{R,\ in}^{*}} = f\left(\frac{W_{R,\ in}\sqrt{T_{R,\ in}^{*}}}{p_{R,\ in}^{*}}\right) \tag{5.29}$$

对于涡轮转子部件的汇流过程(如工作叶片气膜孔),$p_{R,\ in}^{*}$ 表示涡轮进口总压。依据涡轮的相似工作条件,涡轮部件的相似工作状态由相对折合转速 $\bar{n}_{cor}$ 和膨胀比 π_T 决定,因此,$p_{ref,\ j}$ 与 $p_{R,\ in}^{*}$ 之比可以表示为如下通用形式:

$$\frac{p_{ref,\ j}}{p_{R,\ in}^{*}} = f(\bar{n}_{cor},\ \pi_T) \tag{5.30}$$

在耦合模型进行耦合求解计算时,需要调用涡轮转子部件表面压力特性数据,根据求解计算时的数据计算需求,对表面压力特性数据进行插值计算,这种插值计算方法与常规压气机特性或涡轮特性的插值方法相同。根据 CFD 仿真获得的一般典型的静止部件的相对压力特性与转子部件的相对压力特性变化如图 5.27 和图 5.28 所示。

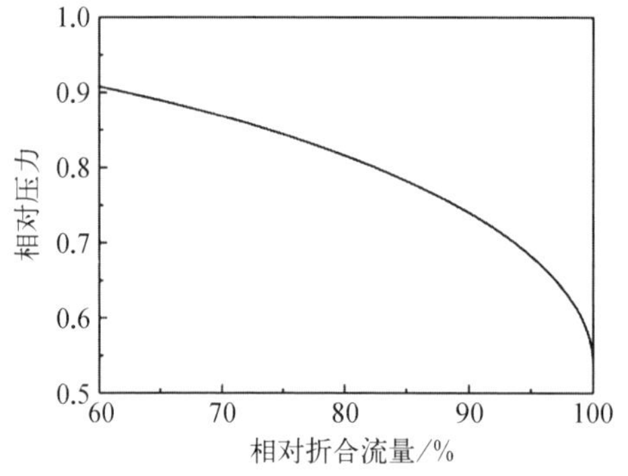

图 5.27 静止部件典型表面相对压力特性

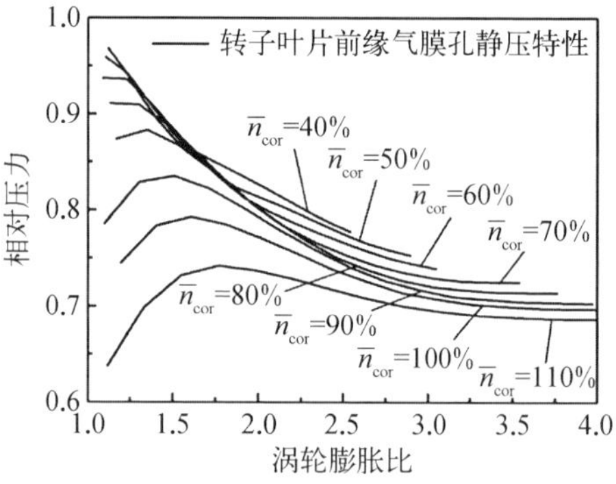

图 5.28 旋转部件典型表面相对压力特性

对于每一个边界节点的参数:试给总温、总压和油气比应与各相邻支路的对应参数之间满足守恒方程。其中,对于第 j 个边界节点的能量守恒方程为

$$h_{R,\ j}^{*} W_{R,\ j} = \sum_{k=1}^{M_{R,\ j}} h_k^{*} W_k \tag{5.31}$$

质量守恒方程为

$$W_{\mathrm{R},j} = \sum_{k=1}^{M_{\mathrm{R},j}} W_k \tag{5.32}$$

油气比守恒方程为

$$\frac{f_{\mathrm{R},j}}{1+f_{\mathrm{R},j}} W_{\mathrm{R},j} = \sum_{k=1}^{M_{\mathrm{R},j}} \frac{f_k}{1+f_k} W_k \tag{5.33}$$

其中，$h_{\mathrm{R},j}^*$ 表示第 j 个边界节点的总比焓；W_k 和 f_k 分别表示与边界节点相连的第 k 个支路流量和油气比。

5.2.3　仿真分析实例

为了进一步说明空气系统与主流道间的耦合作用对空气系统的影响，利用该仿真模型，以典型核心机及其空气系统为例，构建的模块化的整机全流域一体化零维仿真模型如图 5.29 所示。仿真计算以地面台架 100%额定转速为设计点，模拟了发动机核心机在 81.5%～100%转速的加速和减速工作过程。

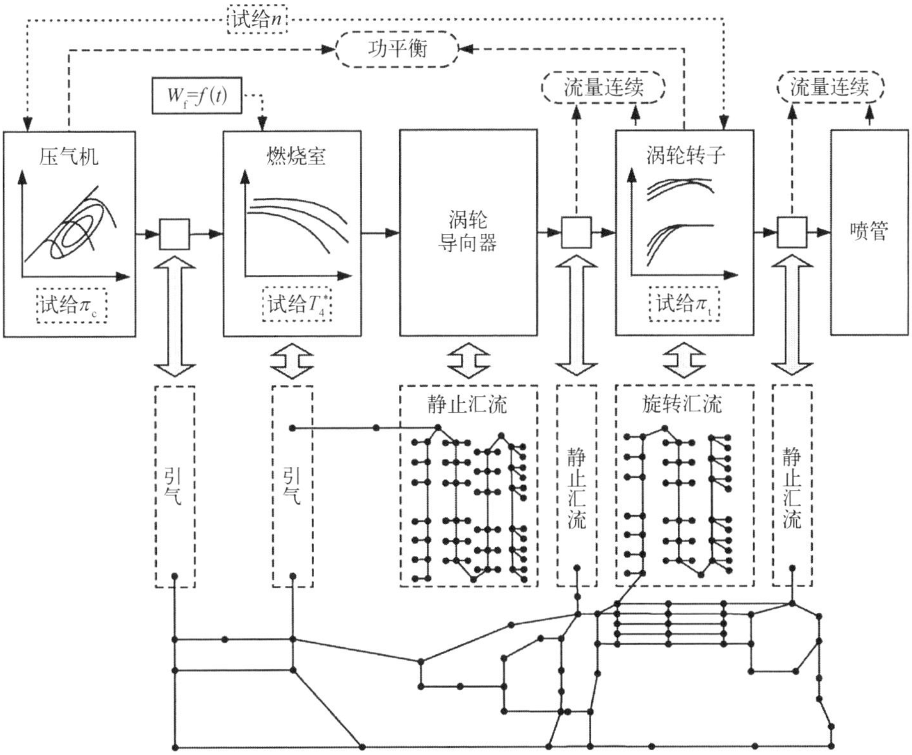

图 5.29　航空发动机空气系统与性能耦合模型架构

图 5.30 所示为空气系统和主流道耦合仿真与单纯主流道性能仿真结果对比。从图中可以看出,两个模型模拟的发动机总体性能参数在设计转速状态下完全相同,在非设计状态存在少量偏差。其中,物理转速最大相对差异为 0.22%,发动机进口流量的最大相对差异为 0.79%。虽然这种耦合作用对发动机总体性能参数的影响比较有限,但是所导致的空气系统引气、汇流边界变化和各局部支路的相对变化过程却是空气系统鲁棒性设计过程中不可不应忽视的因素。

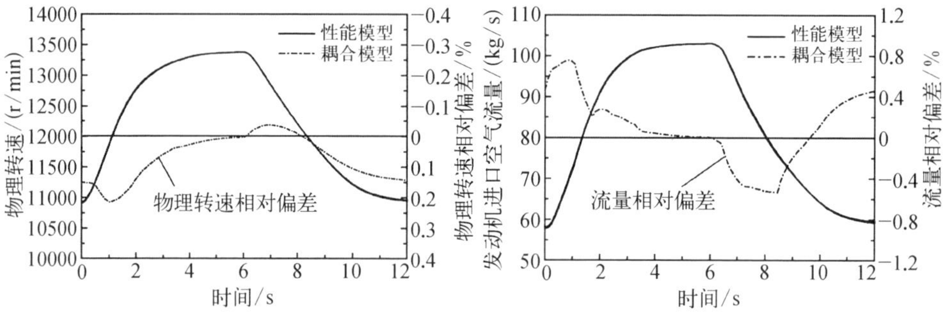

图 5.30 空气系统和主流道性能耦合模型与纯主流道性能耦合模型对比

5.3 空气系统流-热-固耦合间隙偏差仿真

航空发动机空气系统各类节流元件中,篦齿封严元件由于其转静配合结构极易受到周围空气系统热载荷、气动载荷和离心载荷等变化而产生较大的间隙偏差,从而显著影响空气系统热端部件冷却、轴向力平衡和流路封严等功能的正常实现,具体分析详见本书 3.3.1 节空气系统偏差来源分析结果。因此,准确模拟空气系统篦齿封严元件在复杂流-热-固多物理场耦合环境下的形变偏差,掌握篦齿封严间隙偏差规律对空气系统鲁棒性设计至关重要。

如第 4 章中总结的,空气系统流-热-固耦合间隙偏差仿真的关键是反映流体流动、温度演化和结构形变三者之间的相互关系,实现空气系统流-热-固耦合间隙偏差仿真方法主要包括全三维流-热-固耦合仿真、混合维度流热固耦合仿真及低维流热固耦合仿真,接下来详细介绍三种仿真方法。

5.3.1 全三维流-热-固耦合仿真方法

全三维瞬态流-热-固耦合仿真方法即固体域和流体域均采用高维空间离散方法,流体域采用计算流体力学方法求解,固体域采用有限元法求解,两者进行迭代。按照其迭代方式,可分为时间迭代(强耦合)和历程迭代(弱耦合)两种。其中,时间迭代法在每一个时间步内都将形变和载荷、温度和热流迭代平衡,然后再推进至下一个时间步，开展新时间步下的耦合计算。新时间步的计算是在上一个时刻计算结果基础之上开展的，因此这种基于显式时间推进的方法会引起计算误差累计。历程迭代法分别对流体域和固体域进行建模计算，并将计算结果互为边界条件进行迭代耦合计算，以本轮迭代参数与上轮迭代参数的残差作为判定收敛依据，最后分别获取流体域与固体域的全部结果参数，因此这种方法具有较好的计算精度。

本书重点介绍历程迭代法，为了充分考虑篦齿泄漏流动、盘腔换热、结构变形之间的相互影响，基于纯三维耦合策略建立的瞬态共轭传热分析与结构变形分析耦合方法如图5.31所示，采用有限体积法同时求解流体对流换热和固体热传导，采用有限元法求解结构变形，采用位移扩散模型进行动网格重构以更新流体和固体计算域。在本书所述的算例中，双向流-热-固耦合分析在商业软件ANSYS Workbench平台开展，瞬态共轭传热分析通过商业求解器CFX完成，可获得过渡过程完整历程的固体结构温度场演化信息，结构变形分析通过商业求解器Static Structural完成，动网格重构通过CFX内置的位移扩散模型完成，在求解的每个时间步内，根据篦齿间隙演化历程更新流体域和固体域的计算网格，利用更新后的计算网格开展共轭传热计算，形成闭环的篦齿泄漏流动、盘腔换热、结构变形耦合分析。

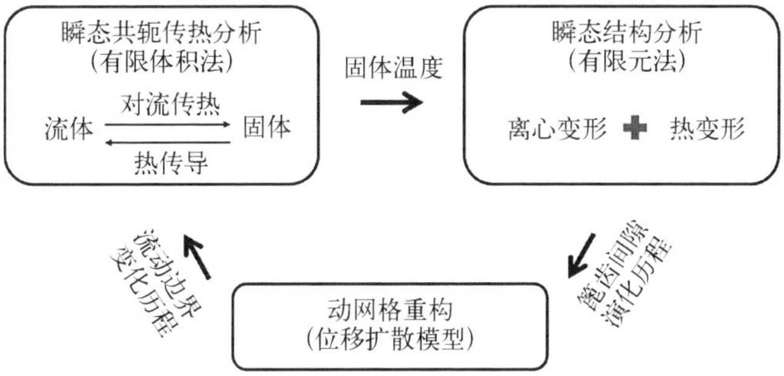

图5.31　基于瞬态共轭传热分析和变形分析的双向流-热-固耦合计算方法

具体求解流程如图5.32所示，首先试给过渡过程中的篦齿间隙变化历程，在此间隙变化历程下开展瞬态共轭传热分析，获取固体温度场的瞬态演化历程。读取每个时刻下的固体温度分布之后，变形分析程序可以计算得到考虑热载荷和机械载荷的转子及静子变形分析结果，进而获知新的篦齿间隙演化历程。对比连续两次计算结果误差，若满足收敛判据，则结束计算。

流体流动的时间尺度与固体热传导的时间尺度相差巨大。在瞬态共轭传热计算中，流体域和固体域需要同时以“很小”的流体计算时间步长进行同步仿真，因此需要耗费巨大的计算成本。而在双向流-热-固耦合分析过程中，瞬态共轭传热

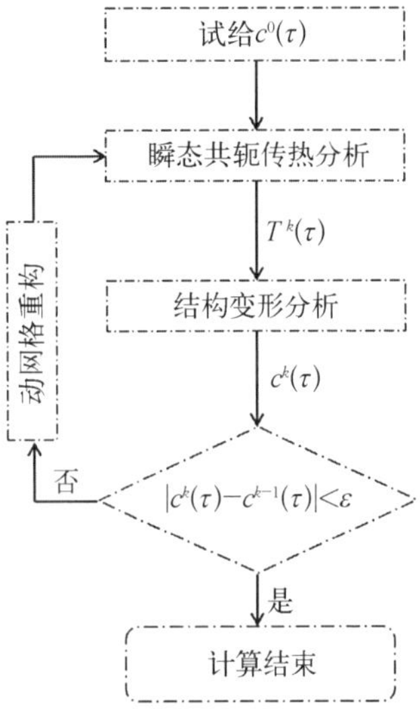

图 5.32 双向流-热-固耦合计算方法的求解流程

分析又需要与结构变形分析交换部件温度场信息和篦齿间隙演化信息,往往要迭代数次才能实现计算收敛,这使得时间成本进一步扩大。为提升双向流-热-固耦合分析的计算效率,本书提供一种适用于瞬态共轭传热分析的时间缩放方法——$Bi-Fo$ 时间缩放法,提升过渡过程篦齿间隙演化分析方法的工程适用性。

$Bi-Fo$ 时间缩放法的原理如下:对于无内热源的流体计算域,若忽略体积力和温度对流体物性参数的影响,其瞬态流动的控制方程如式(5.34)~式(5.36)所示:

$$\frac{\partial \rho}{\partial \tau}+\nabla\cdot(\rho \boldsymbol{V})=0 \tag{5.34}$$

$$\rho\left(\frac{\partial}{\partial \tau}+\nabla\cdot \boldsymbol{V}\right)\boldsymbol{V}=-\nabla p+\mu\nabla^2\boldsymbol{V}+\frac{3}{\mu}\nabla(\nabla\cdot \boldsymbol{V}) \tag{5.35}$$

$$\left(\frac{\partial}{\partial \tau}+\nabla\cdot \boldsymbol{V}\right)c_pT=\lambda_f\nabla^2T+\boldsymbol{\Phi}+\left(\frac{\partial}{\partial \tau}+\nabla\cdot \boldsymbol{V}\right)p \tag{5.36}$$

其中,ρ 为密度;τ 为时间;V 为速度矢量;p 为压力;T 为温度;μ 为流体动力黏度;c_p 为流体比定压热容;λ_f 为流体导热系数;$\boldsymbol{\Phi}$ 为流体黏性耗散项。

对于无内热源的固体计算域,若忽略温度对流体物性参数的影响,其固体瞬态热传导的控制方程如式(5.37)所示:

$$\frac{\partial T}{\partial \tau}=a\nabla^2T \tag{5.37}$$

其中,热扩散系数 a 的定义式见式(5.38):

$$a=\frac{\lambda_s}{\rho_s c} \tag{5.38}$$

其中,ρ_s 为固体的密度;λ_s 为固体的导热系数;c 为固体的比热容。

对于流-固交界面,能量守恒的控制方程如式(5.39)所示:

$$-\lambda_s\left(\frac{\partial T}{\partial n}\right)_w=h(T-T_f) \tag{5.39}$$

其中,T_f 和 h 分别是对流换热的参考温度和对流换热系数;n 表示垂直于固体壁面方向。

对式(5.38)和式(5.39)进行无量纲化处理,可以得到固体瞬态热传导的无量纲控制方程如式(5.40)和式(5.41)所示:

$$\frac{\partial \Theta}{\partial Fo} = \frac{\partial^2 \Theta}{\partial (x/l)^2} + \frac{\partial^2 \Theta}{\partial (y/l)^2} + \frac{\partial^2 \Theta}{\partial (z/l)^2} \tag{5.40}$$

$$\left(\frac{\partial \Theta}{\partial (n/l)}\right)_{\mathrm{w}} = -Bi\Theta \tag{5.41}$$

在式(5.40)和式(5.41)中,Θ 为无量纲过余温度,l 为特征长度,傅里叶数 Fo 和毕渥数 Bi 的定义式如式(5.42)和式(5.43)所示:

$$Fo = \frac{a\tau}{l^2} \tag{5.42}$$

$$Bi = \frac{hl}{\lambda_{\mathrm{s}}} \tag{5.43}$$

根据固体瞬态热传导的无量纲控制方程,固体无量纲过余温度 Θ 可以视为毕渥数 Bi、傅里叶数 Fo 及无量纲几何参数(x/l, y/l, z/l)的函数,如式(5.44)所示:

$$\Theta = f\left(Bi, Fo, \frac{x}{l}, \frac{y}{l}, \frac{z}{l}\right) \tag{5.44}$$

通过分析可知,在相同的几何尺寸下,两个瞬态热传导过程的毕渥数 Bi 和傅里叶数 Fo 保持一致,无量纲温度场分布演化情况就是相同的。因此,$Bi-Fo$ 时间缩放法不对几何尺寸作缩放,在边界条件相同时,流动状态通常由几何形状决定,因此流传热系数 h 也不会变化。从式(5.43)中可以清楚地看出,如果毕渥数 Bi 保持恒定,导热系数 λ_{s} 必须保持不变。根据式(5.42),在傅里叶数 Fo 保持恒定的情况下,如果固体传导的演化时间 τ 需要减少,则热扩散率 a 应按以相同比例增大。因此,密度与比热容的乘积 $\rho_{\mathrm{s}}c$ 便是时间缩放的手柄。

根据上述分析,可以通过以相同比例缩小密度与比热容的乘积,以及采用流-热-固耦合物理时间的方式,来实现仿真成本的大幅下降。时间缩放后,等效热扩散系数 a^* 和等效热演化时间 τ^* 如式(5.45)和式(5.46)所示:

$$a^* = \frac{\lambda_{\mathrm{s}}}{\rho_{\mathrm{s}}c/N} \tag{5.45}$$

$$\tau^* = \tau/N \tag{5.46}$$

其中,N 是时间加速倍数,意味着热演化时间被缩短了 N 倍,因此大幅提升了计算效率。具体操作为在前处理过程,计算时间设置成 τ^*,固体热扩散系数设置成

a^*，同时固体导热系数保持真实值 λ_s 不变。在后处理过程中，真实的热演化时间 τ 由傅里叶数 Fo 换算得到，真实的固体温度由无量纲过余温度 Θ 换算得到。

$Bi-Fo$ 时间缩放法是基于瞬态固体热传导相似理论推导而来的，为了保证流体域与固体域内物理时间的一致性，流体流动时间在前处理过程中随固体导热时间被直接压缩。尽管如此，由于压力波以声速传播，流体域在流动边界出现扰动后重新建立平衡的速度非常快。在航空发动机空气系统内流动特征时间通常在 $10^{-5}\sim10^{-3}$ s 量级，远小于固体导热特征时间。对于固体热传导而言，因流动再稳定而耗费的时间可以忽略不计。因此，在一定的时间缩放倍数下，直接对流动时间进行压缩并不会使固体热边界失真，缩放前后瞬态过程对应时刻的毕渥数 Bi 仍然相同。但是当时间缩放倍数选取过大时，因流动时间缩放引起的计算误差逐渐凸显。

5.3.2　三维/零维流-热-固耦合仿真方法

纯三维仿真分析固然可以精确求解流-热-固耦合问题，但该方法也需要巨大的计算成本和时间成本。并且随着分析模型复杂度的上升，其所需成本将会成几何倍数上升，这也限制了该方法的广泛应用。因此，针对发动机系统环境下关键结构件的流-热-固耦合问题，研究人员开发出三维/零维流-热-固耦合仿真分析方法。该方法中，流体域可按照本章前两节的方法构建为零维模型，固体域保留为高维模型，不同维度模型的数据之间通过数据缩放技术实现传递迭代。

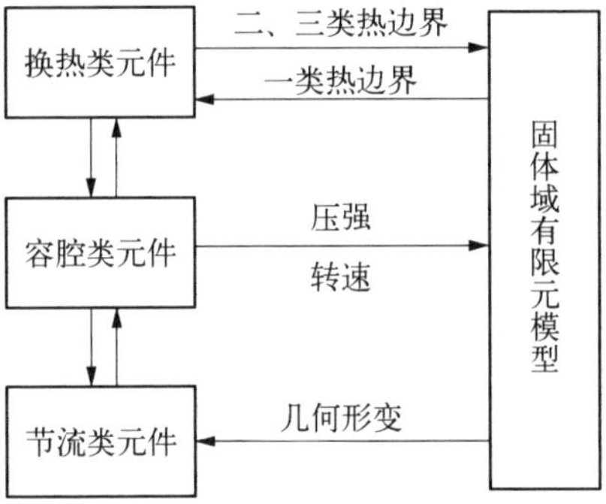

图 5.33　双向流-热-固耦合计算方法的求解流程

三维/零维流-热-固耦合仿真方法中空气系统各元件与固体有限元模型间的数据传递策略如图 5.33 所示。高维固体模型的输出结果包含整个计算域的温度场信息，具备较高的空间分辨率；而零维流动模型大量采用集总假设，模型的输出数据较为简单，仅包括部件进出口气动参数和流量等，不具备空间分辨率。

高维固体有限元模型对计算输入要求较高，往往要求具有高空间分辨率的计算边界，因此将零维流动模型计算结果赋予高维固体模型作为边界条件时，往往需要提前预知某些参数的空间分布规律(如经验证的换热经验关系式等)。相比高维固体模型，零维流体模型的计算输入要求较为简单，空间分辨率低，因此高维模型为低维模型提供计算边界时应对物理场进行合理的分区集总化处理。

对于零维流体模型，需要暴露的数据交互接口包括固体热节点附近的流体节点温度、压力等参数。对于固体域有限元模型，需要暴露的数据交互接口包括固体域不同位置的温度情况,因此对固体域进行结构分区,每个分区采用一个位置的温度或体/面平均温度进行特征表征,每次计算完成后提供新的固体域分区特征温度信息。通过在流体网络中设置对应位置的热节点,接收上述温度信息,为瞬态空气系统模型更新下一轮计算所需的温度边界。

本书采用自行开发的零维空气系统流体网络工具与商用 ANSYS 有限元分析工具进行多维度多物理场耦合分析。其求解方法如下：首先分别建立空气系统零维模型与高维固体有限元模型,在初始试给边界下开展零维空气系统流动分析,获得空气系统各流路流量、温度、压力等参数,并按照一定的文件格式将结果输出;其次依据换热经验关系式,计算空气系统网络中各部件的换热边界条件,并以 APDL 命令流文件的形式传递至高维固体有限元分析模型;随后,根据有限元分析模型进行固体热-结构分析,将不同分区的特征温度计算结果和热形变集总化结果按照一定的文件格式输出,并将其传递至低维空气系统模型;最后更新空气系统模型的边界条件,进行下一轮计算,如此迭代直至满足收敛判据,总体求解流程如图 5.34 所示,具体过程如下。

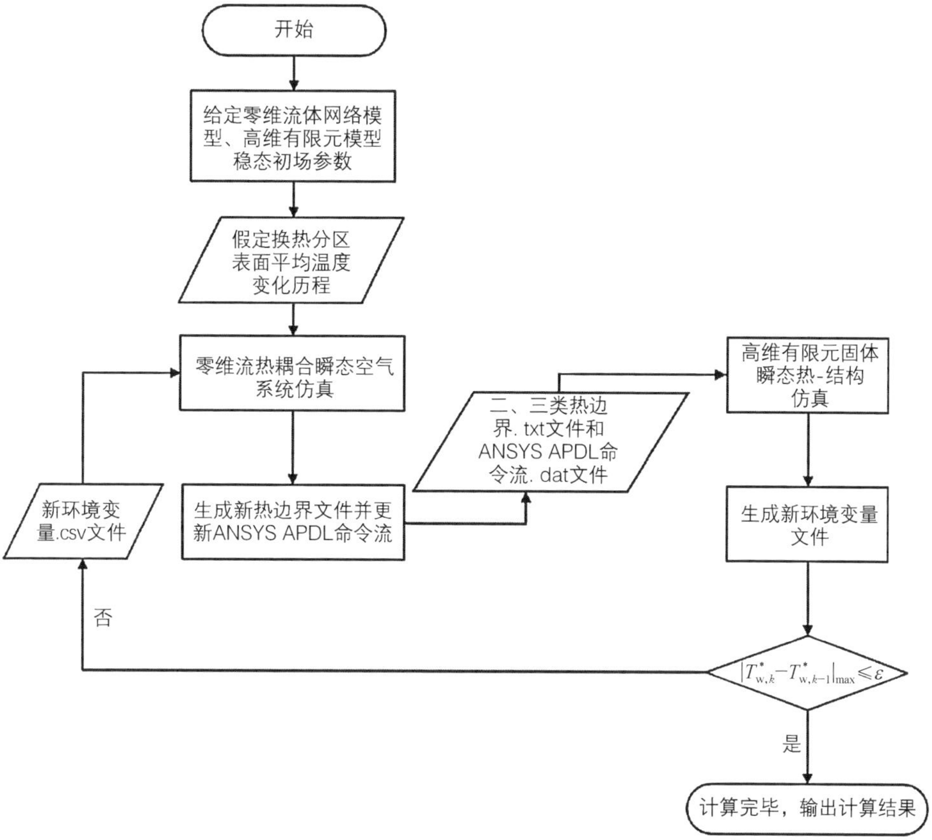

图 5.34　总体求解流程

（1）首先给定空气系统计算的初始参数和稳态初场，并假定各换热分区表面平均温度和几何变化历程，进行第一轮空气系统计算。

（2）完成空气系统模型计算并输出空气系统二类或者三类边界条件、容腔压力、容腔温度等参数的变化历程。

（3）依据空气系统提供的热边界条件和机械载荷参数对固体有限元模型进行热-结构耦合分析。

（4）固体有限元模型计算完毕后进行检验：各时间步、各换热分区平均温度与上一轮次计算值的最大差值是否小于允许误差。

5.3.3 零维流-热-固耦合仿真方法

多维度多物理场耦合分析方法在一定程度上降低了计算成本，提高了计算效率，但仍然无法快速模拟分析空气系统流-热-固耦合分析问题，更无法实现过渡过程航空发动机空气系统关键封严间隙的实时预测和空气系统风险的快速捕捉。因此，研究人员考虑将高维固体域模型降维成零维模型，从而进一步降低计算成本。零维流-热-固耦合仿真方法架构如图 5.35 所示。

该模型是在空气系统过渡过程瞬态流热耦合仿真方法的基础上建立的，如 5.2 节介绍的，前者可以准确获取空气系统结构件热载荷和气动载荷特征，进而通过引入弹性力学控制方程计算关键封严间隙转静子形变量。

空气系统封严间隙偏差主要由转静子径向形变造成。封严间隙静子形变由其受到热载荷产生的热形变和两侧压差导致的压力形变组成。封严间隙静子一般为薄壁件，且结构相对简单，因此可忽略静子的温度分布，采用集总假设。受篦齿结构的影响，静子内侧压力呈阶梯状分布，可假设为线性分布。基于弹性力学中的应力应变理论，由热和气动载荷引起的静子变形位移计算如下所示：

$$u_{s1} = \alpha_s r_{s,\text{in}} T_s \tag{5.47}$$

$$\begin{aligned} u_{s2} = \frac{1}{E_s(r_{s,\text{out}}^2 - r_{s,\text{in}}^2)} \big[&(1 - \nu_s) r_{s,\text{in}} (p_{\text{in}} r_{s,\text{in}}^2 - p_{\text{out}} r_{s,\text{out}}^2) \\ &- (1 + \nu_s) r_{s,\text{in}} r_{s,\text{out}}^2 (p_{\text{out}} - p_{\text{in}}) \big] \end{aligned} \tag{5.48}$$

其中，u_{s1} 和 u_{s2} 是静子部件受热和气动载荷引起的变形；α_s、E_s 和 ν_s 分别是静子部件材料的线性膨胀系数、弹性模量和泊松比；$r_{s,\text{in}}$ 和 $r_{s,\text{out}}$ 是静子部件的内外半径；T_s 是静子部件的温度；p_{in} 和 p_{out} 分别是篦齿封严入口和出口的总压力。

转子结构复杂，为了方便计算，可简化为中空等厚旋转盘，如图 5.36 所示。穿过圆盘中心的流路起冷却作用，通常温度较低，而位于转子高半径处的篦齿密封结构则暴露在温度较高的核心流路中。封严间隙转子形变主要由其受到热载荷产生的热形变和机械载荷导致的离心形变组成。

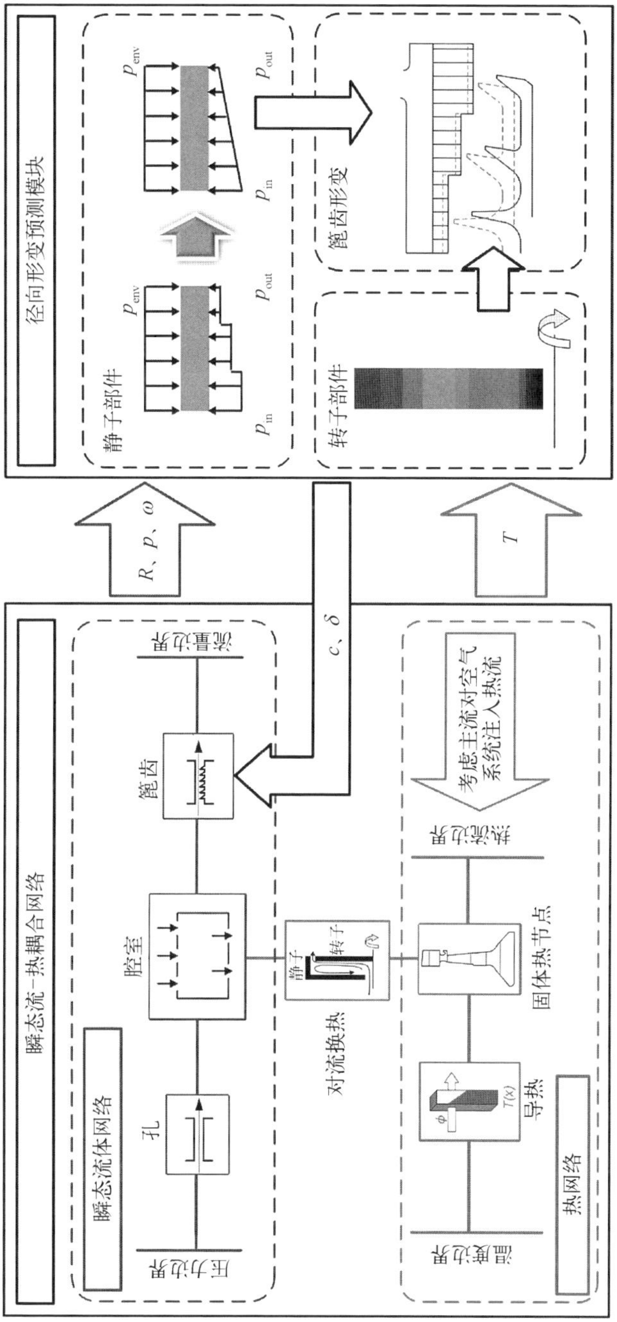

图 5.35　零维流-热-固耦合仿真架构图

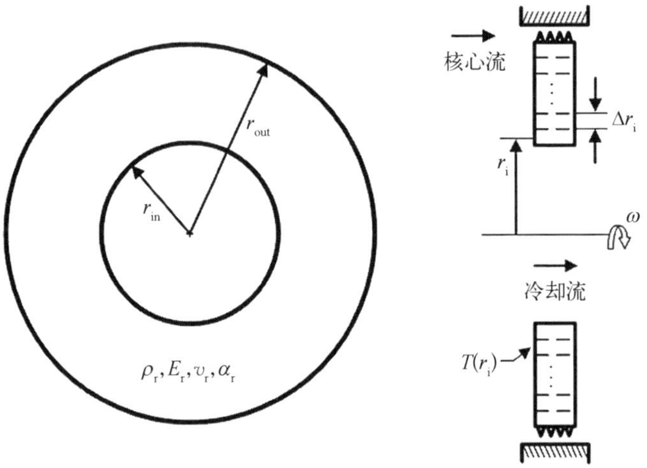

(a) 正面视图　　(b) 侧视图

图 5.36　转子部件示意图

在发动机运行过程中,转子盘径向温度分布具有显著的不均匀性。为了提高径向形变的准确性,转子盘沿径向可离散为若干区域,用多个热节点以模拟转子径向温度分布,如图 5.36(b)所示。基于弹性力学中的应力应变理论,转子各离散区域热变形和离心变形的计算公式如下:

$$u_{r1} = \frac{1+\nu_r}{1-\nu_r}\frac{\alpha_r}{r_{r,\,out}}\left[\sum_{i=1}^{n} T(r_i)r_i\Delta r_i + \left(r_{r,\,in}^2 + \frac{1-3\nu_r}{1+\nu_r}r_{r,\,out}^2\right)\frac{1}{r_{r,\,out}^2 - r_{r,\,in}^2}\sum_{i=1}^{n} T(r_i)r_i\Delta r_i\right] \tag{5.49}$$

$$u_{r2} = \frac{1}{4E_r}(1-\nu_r)\rho_r\omega^2 r_{r,\,out}^3 \tag{5.50}$$

其中,u_{r1} 和 u_{r2} 分别为转子部件受热载荷和机械载荷引起的变形;ρ_r、α_r、E_r 和 ν_r 分别为转子部件材料的密度、线性膨胀系数、弹性模量和泊松比,$r_{r,\,in}$ 和 $r_{r,\,out}$ 分别为转子的内外半径;r_i 是第 i 个热节点的径向位置;$T(r_i)$是第 i 个热节点的温度;Δr_i 是第 i 中热节点的半径分割长度。

基于转子和静子的实际装配位置(以通常情况下转子半径小于静子半径为例),过渡过程实时间隙可通过下列方式获得:

$$\delta_s = u_{s1} + u_{s2} \tag{5.51}$$

$$\delta_r = u_{r1} + u_{r2} \tag{5.52}$$

$$\delta = u_{s1} + u_{s2} - u_{r1} - u_{r2} \tag{5.53}$$

5.3.4　空气系统流-热-固耦合间隙偏差仿真实例

为了验证和比较上述三种空气系统流-热-固耦合间隙偏差仿真方法，本书针对北京航空航天大学搭建的多物理场耦合间隙演化试验平台为对象，开展三种建模方法的演示和仿真效果对比。

1. 试验平台介绍

多物理场耦合间隙演化试验平台如图 5.37 所示，试验系统具有“两进两出”的流路特征。冷气由盘后进气腔流进双盘中间腔，而后分为两路，一股气流经过耦合盘盘缘篦齿流进盘前腔；另一股气流经过平衡盘盘缘篦齿流进排气腔。热气从盘后进口流入盘前腔，与耦合盘盘缘进入的冷气汇合后径向内流，从盘心出口排出试验系统。耦合盘盘后与热气接触，盘前与冷气接触，其温度水平由两股气流的温度及盘面换热系数共同决定。耦合盘在离心载荷和热载荷的共同作用下会产生径向形变，从而使盘缘篦齿封严间隙发生变化。试验过程中，耦合盘盘缘篦齿封严环仅与冷气接触，热变形较小。同时，封严环为厚壁结构，本身刚性较大，即便承受气动载荷和其他静止部件的力传递，变形量相比耦合盘变形量而言仍是微小量。同时，封严环内设计了循环冷却水腔，利用冷却水控制壁面温度，使之不产生热膨胀，转轴端盖等部分设计有隔热涂层，防止多余热量影响内部滑环引电器正常工作。因此，试验研究认为，耦合盘盘缘篦齿间隙变化完全由耦合盘的径向变形引起。

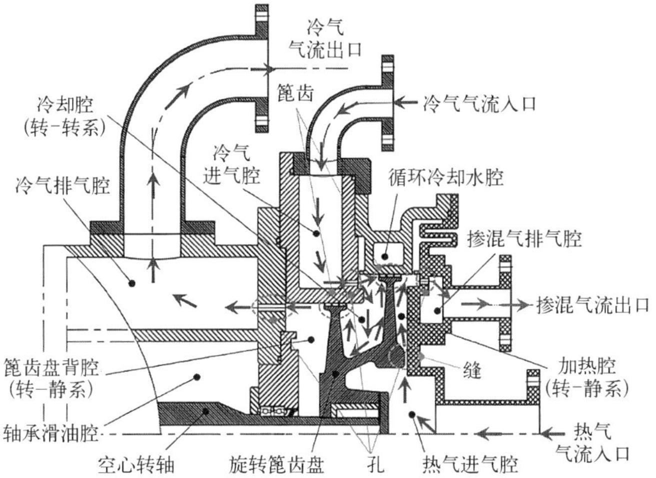

图 5.37　试验构型及流路示意图

为保证此假设的合理性，耦合盘前静止连接件设计为薄壁蛇形结构，如图 5.37 所示。此设计的目的有两个：第一，薄壁部件的热传导更容易被阻隔，在耦合盘盘缘篦齿出口气流的冲击下，热量被阻隔，避免篦齿封严环因热传导温度升高而产生膨胀；第二，蛇形结构的刚性较弱，静止连接件直接与热气接触，温度升高产生热膨胀，此时弯折壁面起到缓冲作用，防止静止连接件的形变传递至篦齿封严环。

试验器模型及实物照片如图 5.38 所示。

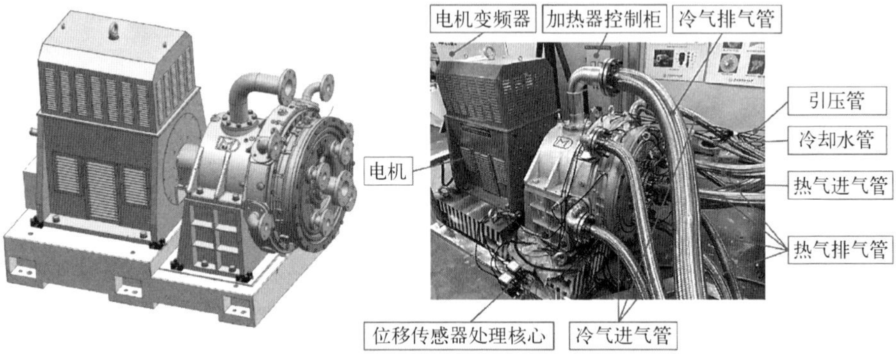

图 5.38　试验器模型及实物照片

实验室进气端设置 20 m^3 稳压罐与稳压器，以减弱不同流路间的相互干扰。气流从气源输入稳压罐后分为两路：一路进入盘后冷气进气腔；另一路通过加热器加热，随后进入盘前热气进气腔。管路阀门采用反馈控制，可实时调节来流压力，试验系统架构如图 5.39 所示。

三种仿真方法对比基准试验的进/排气压力和温度边界如图 5.40 所示。试验过程中，前 3 600 s 为试验升温段，开启电加热器加热热气进口温度，以增大篦齿盘径向形变量；后 3 600 s 为试验降温段，关闭电加热器降低热气进口温度以减小篦齿盘径向形变量。

2. 全三维流-热-固耦合建模

本部分研究依据如图 5.41 所示的实际试验器几何结构，建立试验器全三维流-热-固耦合仿真模型。为了更加清晰地捕捉试验篦齿间隙变化及其造成的影响，对相关结构进行了一定简化并作如下假设：

(1) 冷气进气腔、循环冷却水腔和掺混气排气腔彼此之间采用螺栓进行刚性连接，因此在仿真过程中视作一个整体部件进行分析；

(2) 考虑循环冷却水腔内持续流动冷却循环水，共轭传热分析中给定水腔冷却效果的对流传热系数为 800~1 000 W/(m^2 · K)；

(3) 冷气进气口和掺混气排气口按照 1/40 实际等效面积进行简化设计；

(4) 胀紧联轴器和轴承对篦齿盘的约束作用等效成位移约束。

简化后的结构包含篦齿盘、静止部件和流体域三个部分。如图 5.41 所示，图中灰色部分是篦齿盘和静子部件。其中，篦齿盘材料为 7075 铝合金，静子部件材料为球墨铸铁 QT600，依据式(5.45)和式(5.46)，同时将转/静子材料密度缩小为 1/10，比热容缩小为 1/20，全三维流-热-固耦合仿真算例仿真速度提高 200 倍。试验器相关结构的主要几何参数如表 5.2 所示。

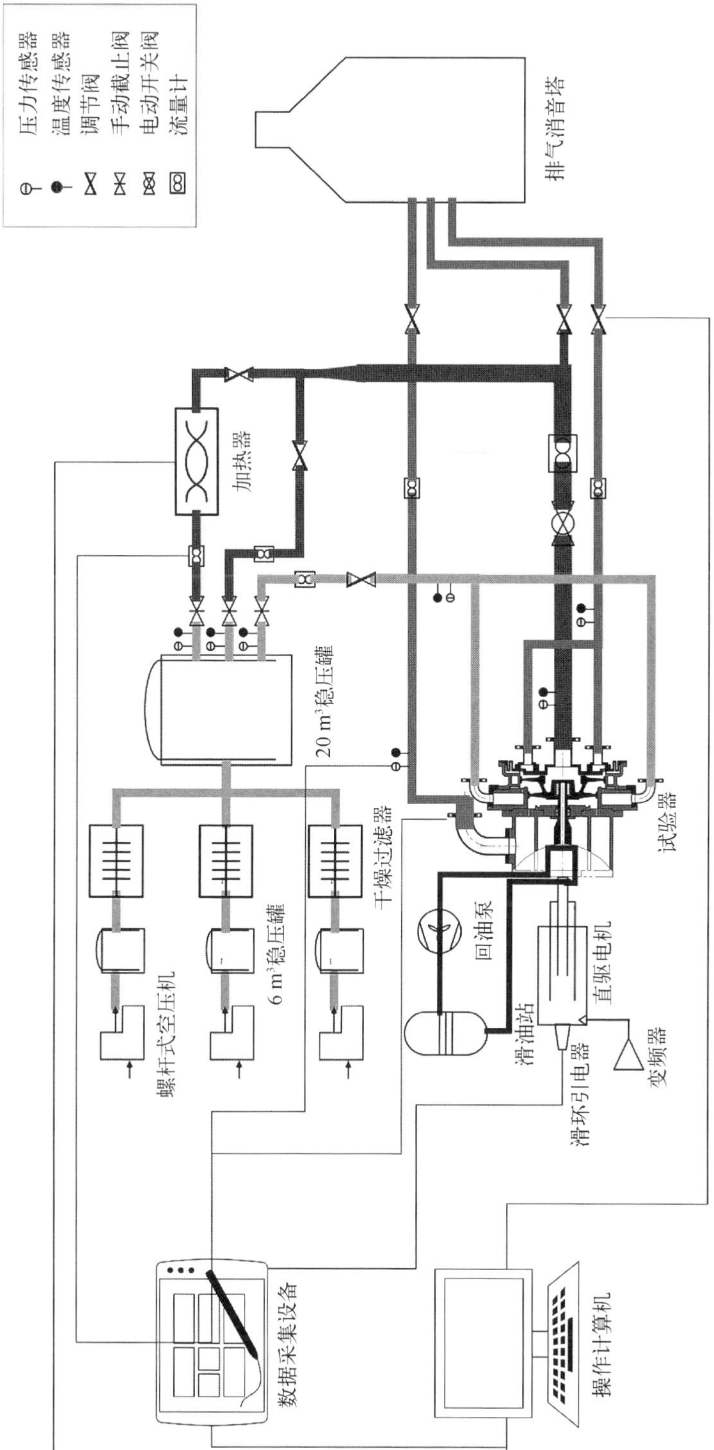

图 5.39　试验系统架构示意图

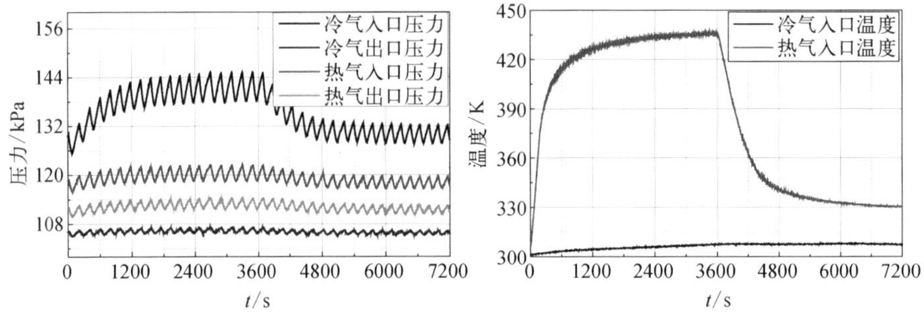

(a) 压力边界　　　　(b) 温度边界

图 5.40　试验压力与温度边界

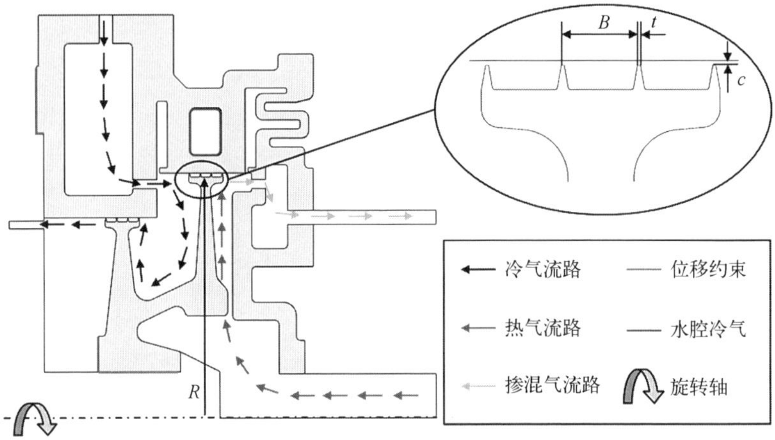

图 5.41　空气系统子网络试验构型图

表 5.2　试验器模型的主要几何参数

参　　数	数　　值
R/mm	274
c/mm	0.8
t/c	0.625
B/c	15.95

上述模型的几何结构、流动特征、传热方向和结构形变具有轴对称特征，为降低计算成本，采用 1/40 周期对称模型开展瞬态流-热-固耦合分析。本节采用非结构化网格划分，使用扫掠的方式自动生成，并对篦齿齿间部分进行局部加密。转动壁面和静子壁面设置 7 层边界层网格，比例系数设为 1.2，边界层总厚度为 77.5 μm。

3. 三维/零维流-热-固耦合建模

针对相同试验器建立相应的三维/零维流-热-固耦合间隙偏差仿真模型。该模型由零维流动分析与三维热-结构耦合分析两部分组成,其中三维热-结构分析模型参考表 5.2 参数建立,如图 5.42 所示,零维流动分析模型将图 5.41 中流体域部分进行降维处理,根据试验台流体域的具体几何特征建立如图 5.43 所示的零维流动网络拓扑。

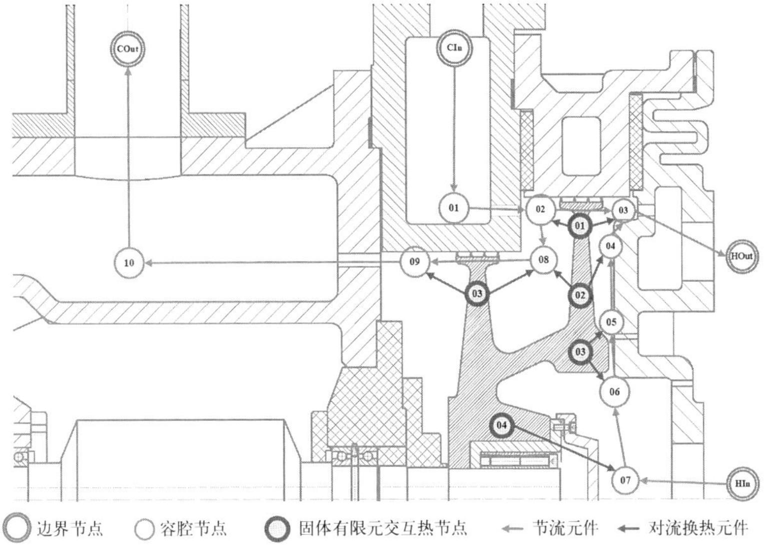

图 5.42　空气系统子网流动模型示意图

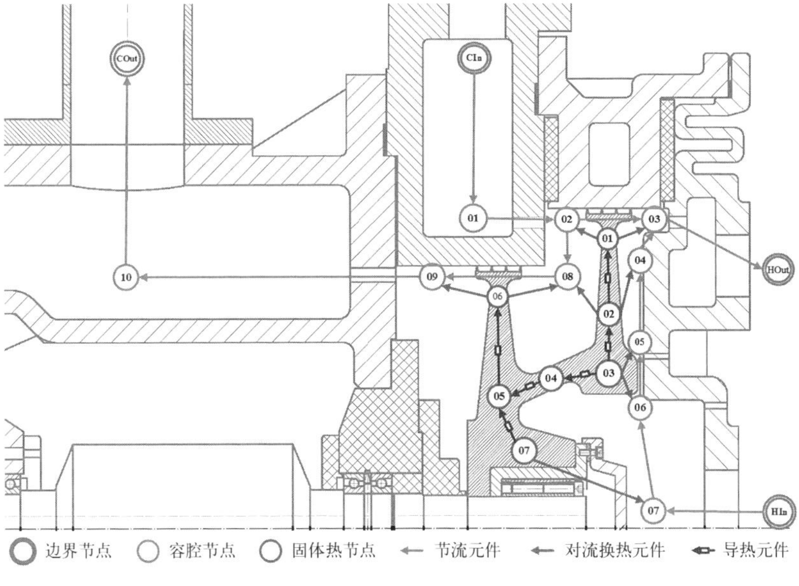

图 5.43　试验器流-热-固耦合网络拓扑模型

盘缘篦齿间隙变化量与转盘的离心变形、热变形和静止壁面变形有关，因此本书针对空气系统子网络试验器完整结构进行热-固耦合分析。热-固耦合分析采用二维轴对称模型，利用 ANSYS Multiphysics 求解器计算，节点类型为 Quad 8node 223。热边界条件根据低维空气系统计算结果，利用经典换热准则式计算得到。

4. 零维流-热-固耦合建模

本书针对试验器实际流路建立相应的零维流-热-固耦合间隙偏差仿真模型，如图 5.44 所示。该模型将图 5.41 中固体域与流体域分别进行降维处理，周围的 4 个绿色边界节点分别表示试验器冷气进气、冷气排气、热气进气和热气排气；内部蓝色节点 01~10 分别表示试验器中各主要腔室；平衡盘及耦合盘篦齿、盘腔及各腔室间联通的流路则由篦齿元件、离心增压盘腔元件、孔元件和管道元件等节流元件连接。模型热网络由转、静子两部分组成，其中，H01~H12 表示篦齿盘热网络结构，其依据参考实际篦齿盘试验件热电偶测点位置均匀划分，Stator 元件和水腔元件表示静子热网络结构。固体热节点之间采用固体热阻连接，固体热节点与周围流体节点采用对流换热热阻元件连接。

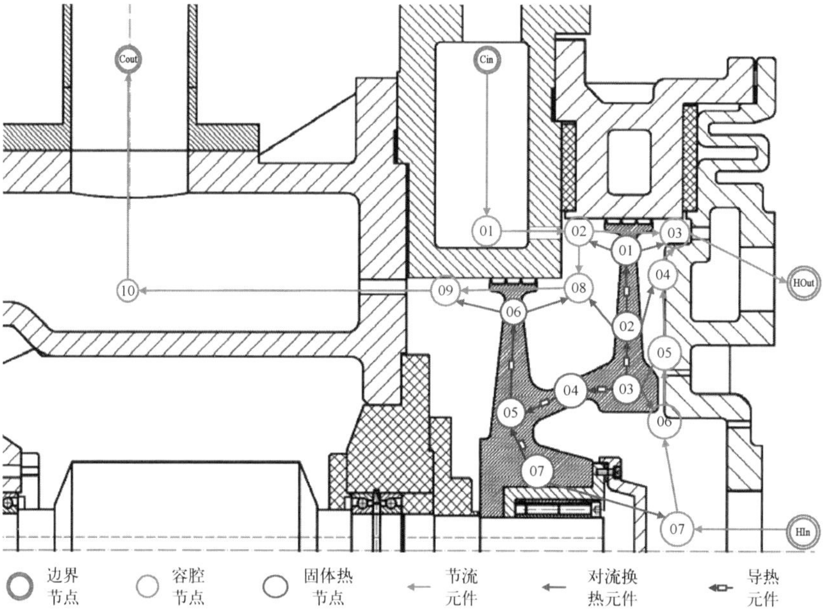

图 5.44　试验器流-热-固耦合网络拓扑模型

5. 三类方法仿真结果对比

本书针对多物理场耦合间隙演化试验平台在相同工况下开展方法对比研究，过渡过程中的篦齿封严间隙仿真误差如图 5.45 所示。

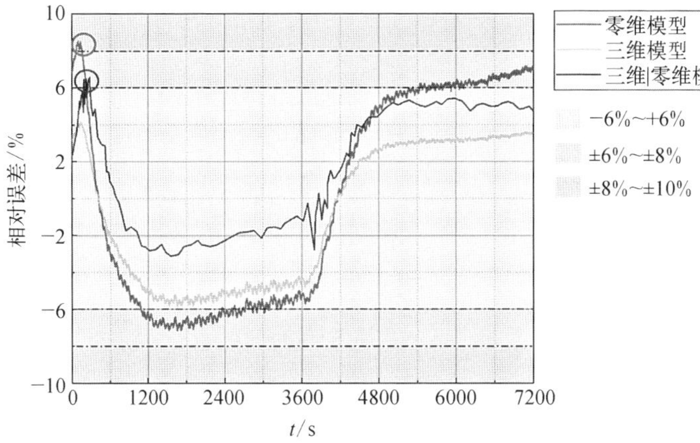

图 5.45 三种流-热-固耦合仿真方法对比分析

全三维流-热-固耦合仿真方法可以获取全时域所有的流动及换热参数，在本算例中，间隙仿真最大相对误差为 5.85%，具有良好的仿真精度。该方法即使经过一系列几何简化和算法加速，仍然需要耗费大量的计算资源和时间，这是限制其广泛应用的一大障碍。而在此基础上，三维/零维流-热-固耦合仿真方法和零维流-热-固耦合仿真方法将研究对象进行不同程度的降维处理，可以有效地解决上述计算资源消耗大的问题。模型降维过程中，不可避免地需要引入一些假设，导致这两种降维仿真方法的间隙预测误差略有增大，最大相对误差分别为 6.58% 和 8.54%。两类降维分析模型均将流体域进行降维处理，解决瞬态 CFD 仿真占用较大计算资源和成本的问题，从而极大提升了仿真效率。其中，以零维流-热-固耦合仿真方法的计算成本优势最为明显，该方法将分析模型离散为具有几何和流动特征的固体热节点和流体节点，可以在保证较好仿真精度的前提下，极大缩短了仿真计算成本，尤其在发动机设计初期需要反复迭代方案时可以发挥重要作用。相比之下，全三维流-热-固耦合仿真方法更适合于方案设计定型阶段开展详细仿真和空气系统核算。在相同工况下，针对多物理场耦合间隙演化试验平台的三种流-热-固耦合仿真方法的仿真效果对比见表 5.3。

表 5.3 三类仿真方法对比分析

对 比 项	全三维流-热-固耦合仿真	三维/零维流-热-固耦合仿真	零维流-热-固耦合仿真
间隙仿真最大误差	5.85%	6.58%	8.54%
试验时间	7 200 s	7 200 s	7 200 s
CPU 基准速度	4.0 GHz	2.8 GHz	2.8 GHz

续 表

对 比 项	全三维流-热-固耦合仿真	三维/零维流-热-固耦合仿真	零维流-热-固耦合仿真
线程数	64	6	2
计算时间	1~2 周	2~3 h	约 38.7 min

5.4 系统环境空气系统偏差概率分析模型

空气系统概率分析是开展空气系统鲁棒性设计必备的工具基础，在传统空气系统稳态/瞬态过程确定性分析方法的基础上，用以分析输入不确定性对空气系统核心功能的影响，可评估每一个输入对输出不确定性的贡献占比。空气系统概率分析更加注重不确定性的传递与不确定性的量化，分析空气系统功能参数和各元件的工作参数随输入不确定性的响应规律和统计分布规律，具备空气系统功能失效风险评估与量化、空气系统方案鲁棒性优化比选等功能。

5.4.1 空气系统概率分析基本思路和流程

不确定性分析/概率分析是表征物理系统中不确定性的最广泛使用的方法，尤其是当不确定参数的概率分布的估计可用时。这种方法可以描述由随机扰动、变异性条件和风险因素引起的不确定性。在这种方法中，与模型输入相关的不确定性由概率分布描述，目标是估计输出的概率分布。随着计算机技术的发展，具有足够计算能力设备的出现使概率分析的应用成为可能。其中，基于抽样法的概率分析方法是应用于航空航天设计中普遍采用的技术手段，基于抽样法的空气系统偏差传递及概率分析流程总结如下，如图 5.46 所示。

基于抽样法的空气系统概率分析流程如下：

(1) 选择空气系统关键工作参数(压力、温度等)或功能参数(转子轴向力、燃气入侵裕度等)作为空气系统概率分析的输出变量，并设置满足设计需求的上限值与下限值；

(2) 通过分析辨识出独立和具有相关性的影响因素(输入变量)集合；

(3) 通过概率统计、经验或工程判断等确定每个输入变量的概率密度分布规律，如真实的统计规律、具有数据支撑的分布假设等；

(4) 结合随机样本生成方法获得输入变量的随机数集；

(5) 对所有输入变量的随机数集中的每一个元素开展空气系统确定性仿真计算，若因计算成本过大而导致计算效率降低，可考虑采用响应面法等代理模型开展确定性计算；

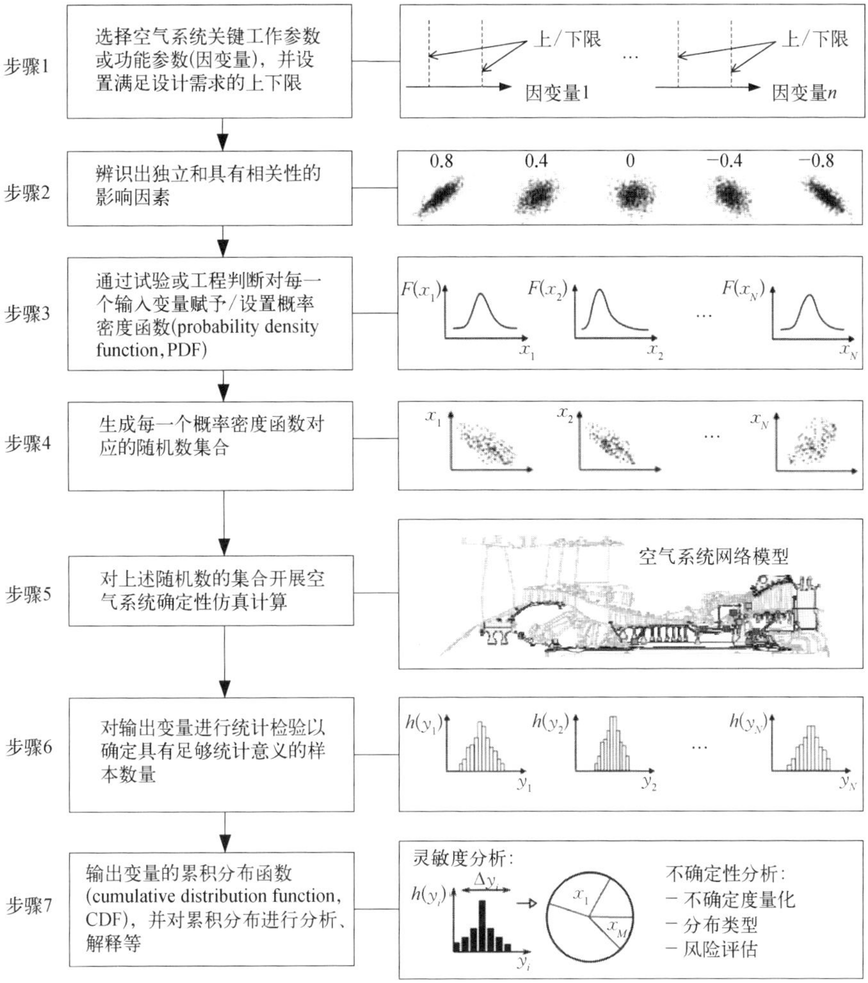

图 5.46　基于抽样法的空气系统偏差传递及概率分析流程

(6) 对空气系统概率分析中的输入变量/输出变量进行统计，以确定具有足够统计学意义的最小样本数量；

(7) 对空气系统概率分析结果进行后处理与分析。

5.4.2　空气系统偏差概率统计模型

1. *偏差概率统计方法*

根据统计学中的伯努利大数定律可知，设 μ_n 为 n 次独立试验中事件 A 发生的次数，且事件 A 发生的概率为 P，则对任意正数 ε 均有

$$\lim_{n\to\infty} P\left(\left|\frac{\mu_n}{n} - P\right| < \varepsilon\right) = 1$$

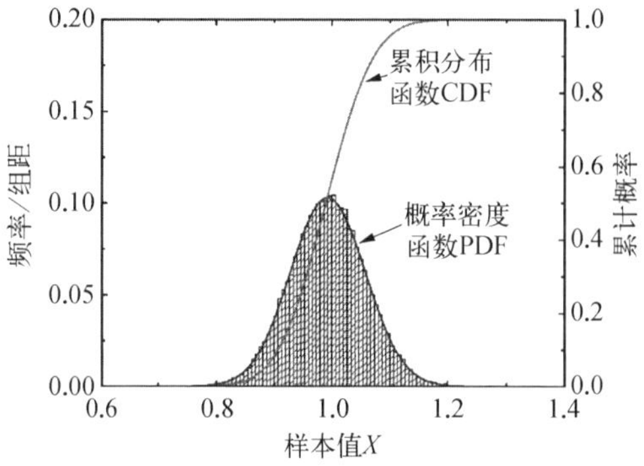

图 5.47　概率密度函数(PDF)与累积分布函数(CDF)示意图

上式表明,当样本数量足够多时,事件 A 出现的频率将几乎接近于其发生的概率,即频率的稳定性。因此,统计元件特征几何的频率即可得到元件几何参数偏差的概率密度函数(probability density function,PDF)或累积分布函数(cumulative distribution function,CDF),如图 5.47 所示,或可通过拟合的方式获得概率密度函数和累积分布函数的解析表达式。

然而,上述方法需要较大的样本数量,如果不具备足够的样本数量时会导致统计得到的概率密度函数不够光滑或拟合效果差等,进而导致分析结果统计特征不明显、可信度下降等问题。但随着历史工艺数据的不断积累,准确性会不断提高。因此,当历史工艺数据较少时不足以获得其概率密度函数时,此时在有限历史数据统计特征的基础上,可结合常见的概率分布对偏差的概率分布类型进行假设,从而弥补历史统计数据不足的问题。

常见的分布类型和概率密度函数如表 5.4 所示。

表 5.4　常用的分布类型和概率密度函数

分布类型	参数及条件	概率密度函数	矩
均匀分布	a、b	$\frac{1}{b-a}$	均值 $=\frac{a+b}{2}$ 方差 $=\frac{(b-a)^2}{12}$
正态分布	μ、σ; $\sigma>0$	$\frac{1}{\sigma\sqrt{2\pi}}e^{-\frac{(x-\mu)^2}{2\sigma^2}}$	均值 $=\mu$ 方差 $=\sigma^2$ 众数 $=\mu$
对数分布	μ、σ; $\sigma>0$	$\frac{1}{x\sigma\sqrt{2\pi}}e^{-\frac{[\lg(x)-\mu]^2}{2\sigma^2}}$	均值 $=e^{(\mu+\sigma^2/2)}$ 方差 $=(e^{\sigma^2}-1)e^{(2\mu+\sigma^2)}$ 众数 $=e^{(\mu-\sigma^2)}$
伽马分布	a、b; a, $b>0$	$\frac{1}{\Gamma(a)b^a}x^{a-1}e^{-\frac{x}{b}}$, $x>0$	均值 $=ab$ 方差 $=ab^2$ 众数 $=(a-1)b$
指数分布	$\lambda>0$	$\lambda e^{-\lambda x}$, $x>0$	均值 $=\lambda$ 方差 $=\frac{1}{\lambda^2}$ 众数 $=0$

续　表

分布类型	参数及条件	概率密度函数	矩
威布尔分布	a	$ax^{a-1}e^{-x^a}$, $x \geqslant 0$	均值 $= \Gamma\left(1+\frac{1}{a}\right)$ 方差 $\Gamma\left(1+\frac{2}{a}\right)-\Gamma\left(1+\frac{1}{a}\right)$ 众数 $=\left(1-\frac{1}{a}\right)^{\frac{1}{a}}$, $a \geqslant 1$

2. 偏差概率分布的样本生成方法

样本生成作为概率分析流程中的必要环节,通常采用计算机中的伪随机数生成满足特定分布的样本,下面主要介绍几种通过均匀分布随机数生成满足特定概率分布的样本的方法。

1) 逆变换方法(inverse transform method)

该方法是最简单的生成算法,其原理是利用概率分布的累积分布函数(CDF)及其逆函数的解析表达式生成指定分布的随机数。

正态分布的概率密度函数为

$$f(x;\mu,\sigma)=\frac{1}{\sigma\sqrt{2\pi}}\exp\left[-\frac{(x-\mu)^2}{2\sigma^2}\right]$$

正态分布的累积分布函数为

$$F(x;\mu,\sigma)=\frac{1}{\sigma\sqrt{2\pi}}\int_{-\infty}^{x}\exp\left[-\frac{(x-\mu)^2}{2\sigma^2}\right]\mathrm{d}t$$
$$=\frac{1}{2}\left[1+\operatorname{erf}\left(\frac{x-\mu}{\sigma\sqrt{2}}\right)\right]$$

正态分布累积分布函数的反函数为

$$\Phi^{-1}(P)=\sqrt{2}\sigma\operatorname{erf}^{-1}(2P-1)+\mu$$

逆变换法生成样本的算法描述如下:

逆变换方法(inverse transform method)
1: 生成服从均匀分布的随机数集合 $Y \sim \mathrm{Uniform}(0, 1)$;
2: 设 $F(X)$ 表示指定分布的累积分布函数(CDF), $F^{-1}(Y)$ 为其反函数;
3: 返回 $X=F^{-1}(U)$。

逆变换法样本生成原理如图 5.48 所示。

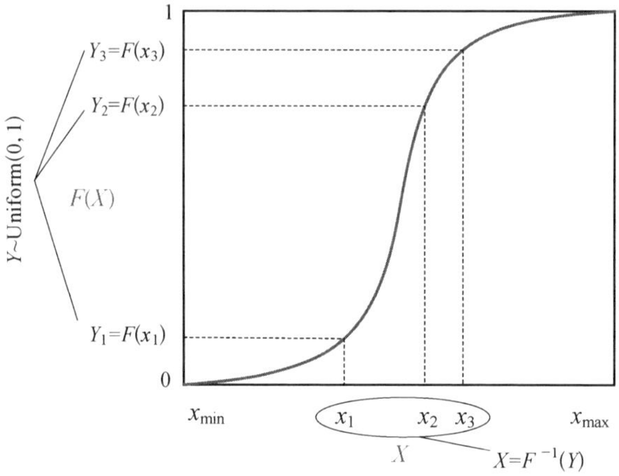

图 5.48　逆变换法样本生成原理示意图

2）舍选法(acceptance-rejection method)

逆变换法虽然简单且高效,但也有其局限性,逆变换法实施的前提是已知累积分布函数的反函数的解析表达式,而累积分布函数的反函数不总是可以通过解析形式表示。此时,逆变换法失效,舍选法作为一种可行的方法,其适用范围比逆变换法更大,只需给出概率密度函数的解析表达式即可,而大多数常用分布满足这一要求。

舍选法生成样本的算法描述如下:

舍选法(acceptance-rejection method)
1: 生成服从均匀分布的随机数集合 X ~ Uniform(x_{min}, x_{max});
2: 独立地生成另一个服从均匀分布的随机数集合 Y ~ Uniform(y_{min}, y_{max});
3: 设概率密度函数为 $f(x)$,若 $Y \leqslant f(X)$, 则返回 X,否则返回第 1 步。

舍选法样本生成的原理如图 5.49 所示。

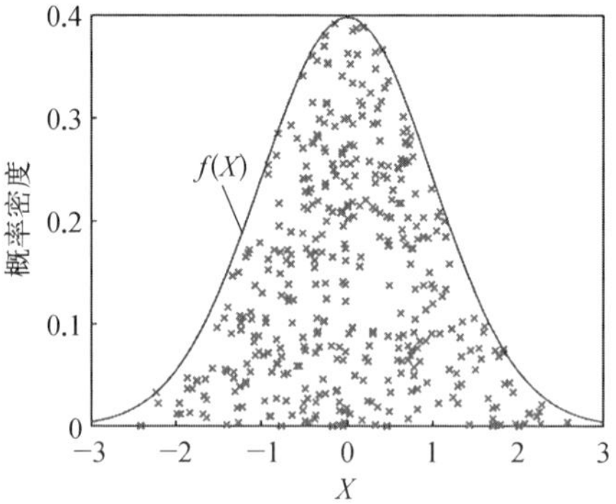

图 5.49　舍选法样本生成原理示意图

3）组合方法

当目标分布可以用其他分布经四则运算表示时，可使用组合方法生成相应的随机数集合。常见的是某分布可表示成多个独立同分布的随机变量之和，如二项分布可表示为多个 0－1 分布之和，爱尔朗（Erlang）分布可由多个独立的指数分布得到。

以爱尔朗分布为例说明样本生成原理，设 $X_1, X_2, \cdots, X_k$ 为服从均匀分布的随机数集合，则 $-\frac{1}{\lambda}\ln X_1, -\frac{1}{\lambda}\ln X_2, \cdots, -\frac{1}{\lambda}\ln X_k$ 为服从指数分布的随机数集合，因此有

$$X=-\frac{1}{\lambda}\ln X_1-\frac{1}{\lambda}\ln X_2-\cdots-\frac{1}{\lambda}\ln X_k=-\frac{1}{\lambda}\ln\prod_{i=1}^{k}X_i \sim \mathrm{Erl}(k, \lambda)$$

4）具有相关性概率分布的样本生成

上述方法仅适用于各变量间独立的前提条件下，当不同随机变量间存在相关性时，则需要进行特殊处理，下面以两个具有相关性的随机变量的样本生成为例进行介绍：

非独立变量的样本生成方法
1：采用 1/2/3 等方法生成两个独立且具有相同分布的变量 X 和 Y； 2：计算 $X'=\rho X+\sqrt{1-\rho^2}Y$，其中 ρ 为目标分布的相关系数； 3：返回相关系数为 ρ 的随机数 (X, X')。

5.4.3　空气系统概率分析实例

由于空气系统网络的复杂性，对发动机整体空气系统在全样本条件下开展仿真需要耗费大量的计算资源。为了降低计算成本，提高概率仿真效率，可针对需要研究的空气系统功能，识别具有概率分析等效性的空气系统功能单元。等效空气系统功能单元网络需保证在相同的输入不确定性条件下，与整体空气系统网络具有相同的统计学特征，这样仅需对等效功能单元开展概率仿真即可，下面举例说明。

通过对某型发动机空气系统网络的拓扑结构和功能进行分析，分别建立整机空气系统模型和关键敏感等效功能单元的空气系统网络模型，整机空气系统网络拓扑和敏感性等效功能单元的网络拓扑示意图如图 5.50 所示。

在相同的边界条件下分别对两种模型进行篦齿间隙偏差敏感性概率仿真，并对仿真数据进行处理。因各个节点物理参数具有不同的名义值（数学期望），为了展示出在篦齿偏差注入的情况下各个节点的物理参数相比其名义值的偏差及概率分布情况，且能够对比在相同篦齿间隙偏差的情况下各个节点的物理参数的分布规律，为此在数据处理时对每个节点的物理参数进行平移，即 $(x-\mu)$，其中 x 表示节点的物理参数，μ 表示其数学期望。

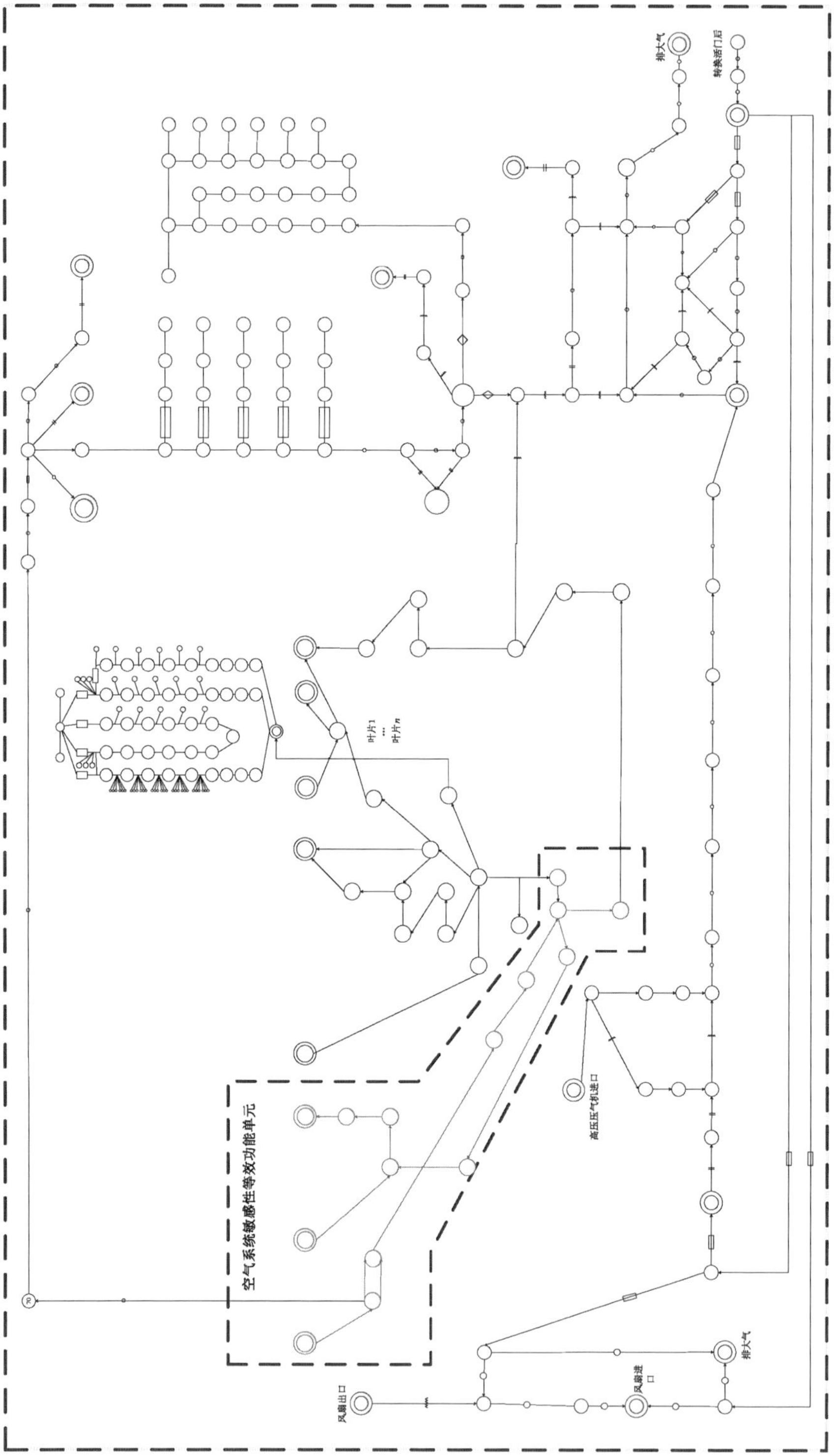

图 5.50 系统环境下整机空气系统网络拓扑和敏感性等效功能单元网络拓扑示意图

图5.51为在相同篦齿间隙偏差的影响下等效功能单元和整机空气系统网络中各个节点的压力分布对比图,图(a)为等效功能单元网络环境下的数值仿真结果,图(b)为整机空气系统网络环境下的数值仿真结果。

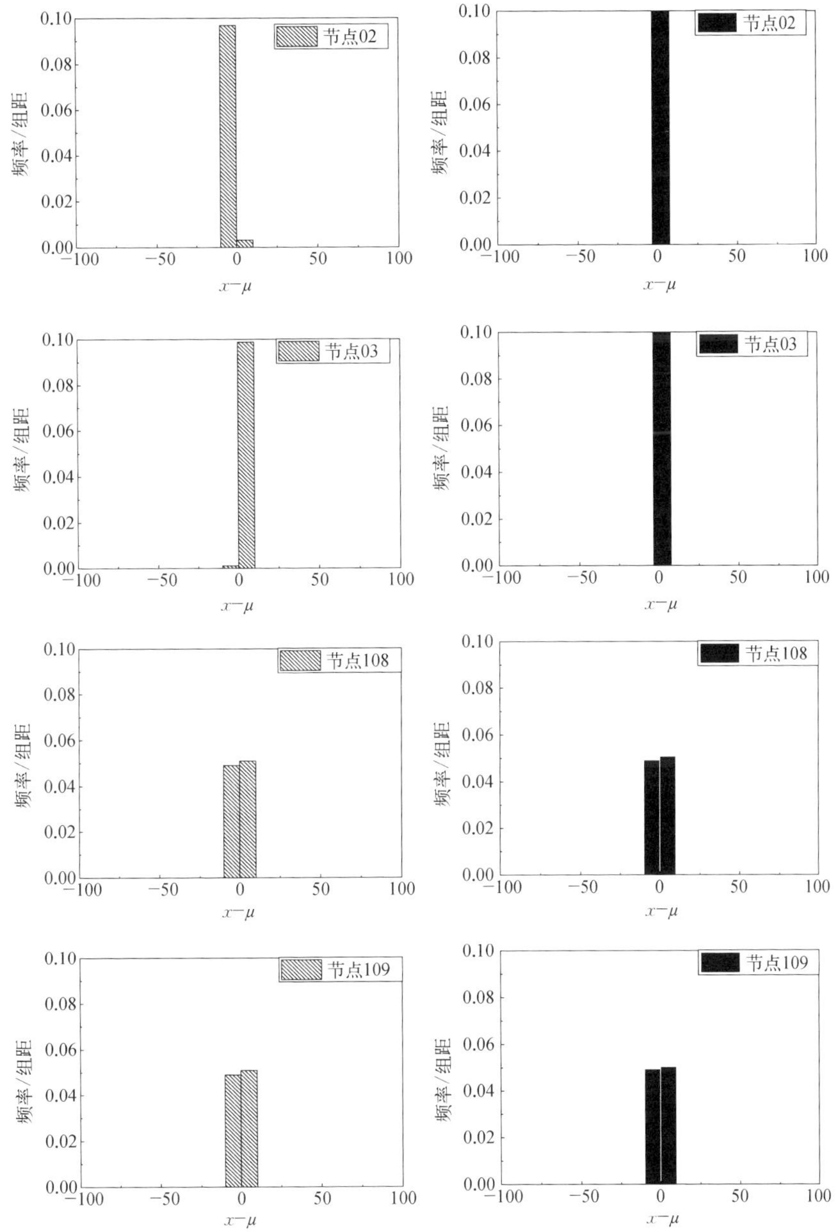

(a) 等效功能单元

(b) 整机模型

图5.51 等效功能单元和整机空气系统网络环境下各节点压力的分布对比

在统计学中,常利用标准差系数(即标准差和数学期望的比值)来描述具有不同数学期望的参数的相对偏差水平,因此,采用标准差系数对两种空气系统网络模型对篦齿间隙偏差的敏感性水平进行量化,通过敏感性水平的排序来筛选出具有关键敏感元件的空气系统等效功能单元,进而开展空气系统网络稳定性研究。

如图 5.52 和图 5.53 所示,分别为关键敏感等效功能单元的空气系统网络和整机空气系统网络的节点压力和节点入口流量对篦齿间隙偏差的敏感性仿真结果对比。从节点压力和节点入口流量对篦齿间隙偏差的敏感性水平来看,整机空气系统环境和等效功能单元空气系统环境下,各个节点的压力和入口流量对偏差的

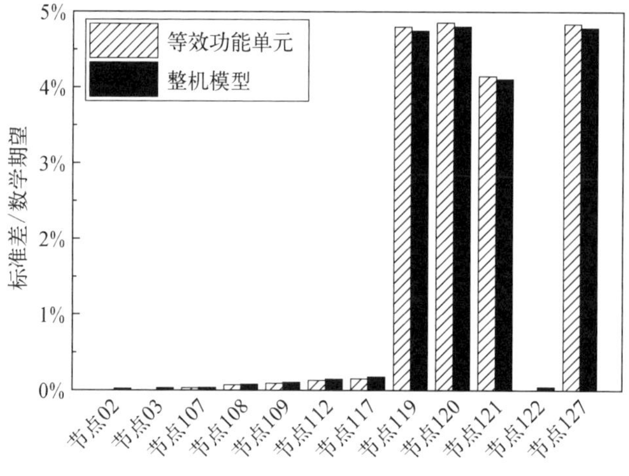

图 5.52 节点压力的偏差敏感性对比

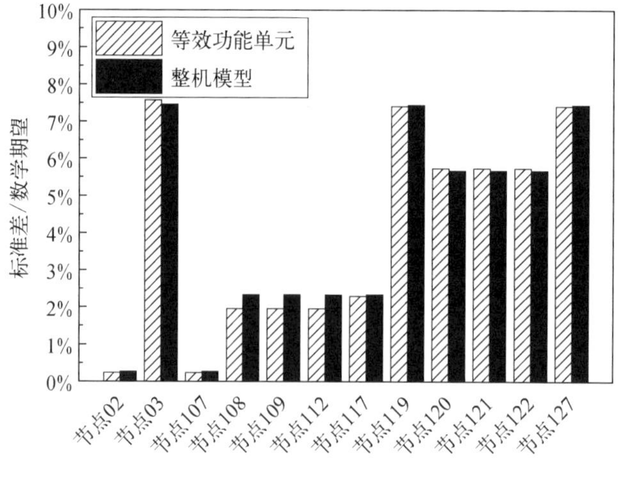

图 5.53 节点入口流量的偏差敏感性对比

敏感性水平非常接近,基本可以认为本次筛选得到的空气系统网络等效功能单元具备在子网络环境下模拟整机空气系统环境下的功能和对篦齿偏差的敏感性水平。换言之,该空气系统网络等效功能单元已覆盖关键敏感性元件,且在子网络环境下可以捕捉到在整机环境下关键敏感元件对篦齿偏差的敏感性。从而可以将该空气系统网络等效功能单元作为网络稳定性机理研究和原理性验证的基础。

综合图 5.51~图 5.53 的仿真结果可以看出,每个节点的压力分布、流量分布、压力和流量对篦齿间隙偏差的敏感性程度在等效功能单元网络环境下和整机空气系统网络环境下具有相同的统计学特征。

第 6 章
航空发动机空气系统鲁棒性增强设计示例

根据第 1 章所述,空气系统鲁棒性是指处于发动机系统环境的空气系统在发动机运行状态和元件几何参数发生预知可能的单一或组合偏差时,其功能性指标维持设计范围的能力。航空发动机空气系统稳定性是通过设计赋予的空气系统固有属性,是保证整机安全性和可靠性的必要前提。航空发动机空气系统鲁棒性问题针对的是空气系统偏差,因此鲁棒性增强设计的根本目标如下:一方面,减小发动机运行状态和元件几何参数的可能偏差范围;另一方面,减小不可消除的运行状态和元件几何参数偏差造成的空气系统功能偏差。

提高空气系统鲁棒性的方法包括冗余、隔离、反馈设计等措施,目的是使得空气系统具备一定的容错能力。其中,**冗余设计**是指在系统实现功能起关键作用的地方,增加一套以上完成相同功能的功能通道,以保证当该部分出现故障时,系统或设备仍能正常工作。对于航空发动机空气系统,由于其结构空间、重量、冷气量均有严格的限制,在功能通道上设置完全的冗余支路,难度和代价极大。但是随着航空发动机性能要求和可靠性要求的提高,逐渐出现了利用冗余设计理念增加空气系统鲁棒性的研究。例如,针对空气系统某一项核心功能,采用多条交互的功能通道实现,当其中一条支路的运行状态或元件几何参数偏离设计值时,其他支路在复杂网络环境下自适应匹配,从而使得空气系统功能得以维持。

隔离设计是指通过特定的技术手段将系统划分为多个独立的模块或区域,以隔离潜在的故障或错误,防止其在整个系统中蔓延,从而提高系统的稳定性和可靠性。航空发动机空气系统是一个复杂的流体网络,传统设计中某一个支路的气流往往承担着多项空气系统功能(例如,部分冷却支路同时承担着轮缘封严和轴向力平衡的功能),这样导致空气系统网络各功能之间的耦合性较强,流路之间的相互影响显著,容易导致单一元件偏差沿着空气系统网络各流路传播,并且对空气系统各项功能均产生影响。然而通过对空气系统功能流路的梳理和合理布置,减少各流路之间的相互作用,对空气系统各项功能进行解耦设计,有利于降低空气系统节流元件几何偏差对空气系统功能的影响,提高空气系统的鲁棒性。

反馈设计允许系统根据实时状态进行适应性调整。当系统面临外部环境变化和内部参数漂移或干扰时，反馈机制能够响应这些变化，并自动调整以抵消或抑制上述变化，维持系统的稳定运行。这种适应性调整机制是减小发动机空气系统可能的偏差范围，提高系统鲁棒性的关键。随着航空发动机性能水平的提升，空气系统作为复杂流体网络与固体边界的耦合性不断增强，巧妙利用以气动力或热应力为媒介的耦合反馈机制，实现空气系统增稳，是保障未来高性能航空发动机安全稳定运行不可或缺的手段。

接下来本章将就冗余、隔离和反馈设计三种鲁棒性设计理念给出具体的设计示例，帮助读者更好地理解不同设计理念在提升空气系统鲁棒性方面发挥的作用。

6.1　基于冗余设计理念的空气系统鲁棒性增强示例

涡轮轮缘封严是航空发动机空气系统的主要功能之一，对发动机安全稳定运行发挥着至关重要的作用。发动机空气系统设计过程中，要求在保证有效封严的前提下，尽量减少流量的消耗，以提升系统的整体效率。然而在发动机实际运行过程中，轮缘封严处温度高、流速大、转静干涉复杂、非定常流动效应突出，存在着旋转诱导、外部诱导、旋转和外部同时作用复合诱导下的燃气入侵现象，造成轮缘封严失效，这也是空气系统鲁棒性设计的重点。本节以空气系统轮缘封严功能为例，阐明冗余设计在空气系统鲁棒性设计过程中的应用。

6.1.1　空气系统冗余设计示例

传统的发动机轮缘封严结构：一方面，设置盘缘处的凸起结构以增大主流入侵流动阻力；另一方面，从压气机末端或燃烧室二股气流引气，与主流高温燃气进行对冲，从而抑制主流燃气入侵。为了提高密封效率，最广泛的方法是优化轮缘封严结构，如采用双层封严结构、轮缘蜂窝密封结构和不规则腔体辅助封严结构等，以增加主流燃气进入腔体的流动阻力。虽然复杂的结构可以提高密封效率，但也会造成制造困难、相邻元件之间摩碰风险增加等问题，降低空气系统系统的可靠性，增加维修成本，在某些极端条件下甚至会产生失效。

近年来，空气系统设计人员和研究学者提出可以通过在涡轮导叶下端设置辅助密封流，与经过盘腔的空气系统流路共同承担轮缘封严功能，改善轮缘封严效果，如图 6.1 所示。图 6.2 所示为普・惠公司[66]于 2008 年公开的一项专利，其中提出在单级涡轮的高径向位置上加工一个辅助斜孔，利用该斜孔的冲击冷却气流来辅助轮缘封严。2019 年，中国科学院工程热物理研究所团队[67]也提出了类似的

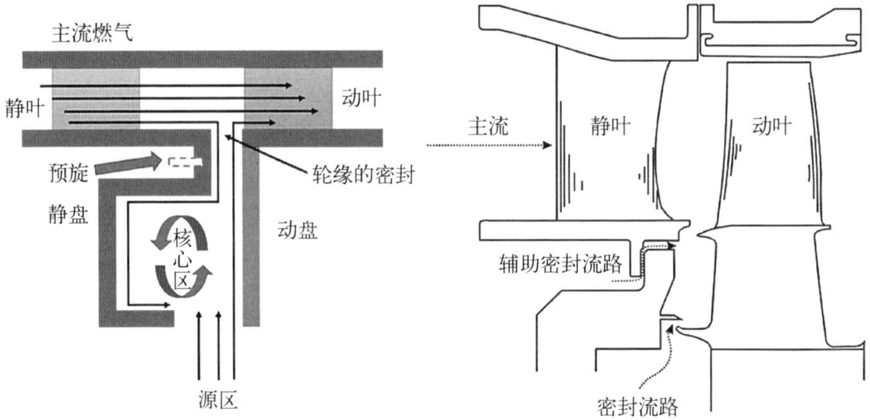

图 6.1　空气系统轮缘封严结构辅助流路设计原理

辅助流路轮缘封严结构,如图 6. 3 所示,仿真结果表明,采用新型轮缘封严结果可以使主流燃气的入侵深度和周向最大压差有所减小,辅助密封流路的流量占比和预旋角度对该结构的封严效果影响显著。其中,辅助密封流路的周向预旋经证明可以改善并均匀化轮缘间隙的旋流比,抑制流动不稳定现象。

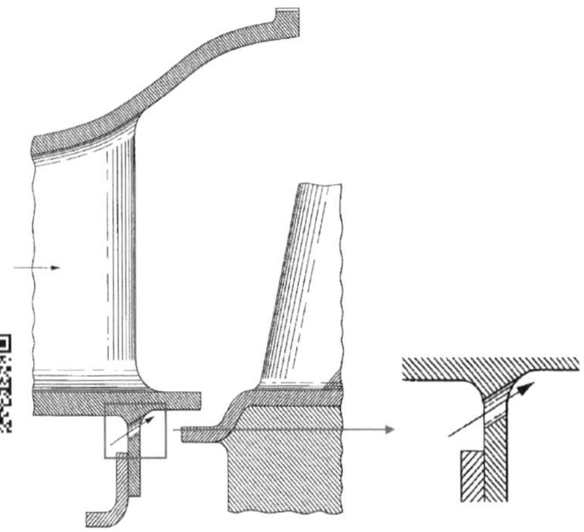

图 6.2　普 · 惠公开专利[66]

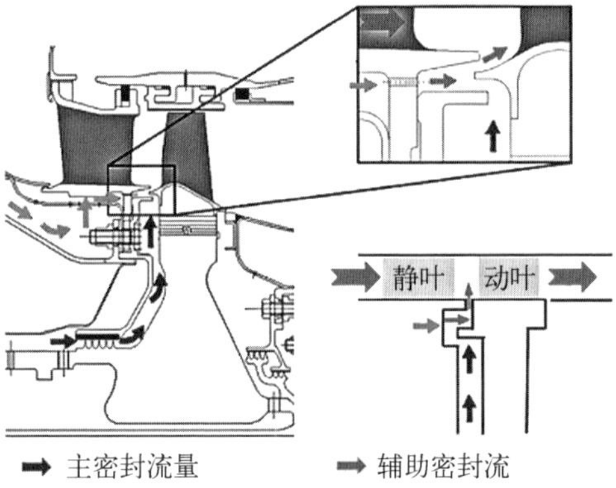

图 6.3　辅助密封流路轮缘封严结构[67]

简化后的高压涡轮轮缘封严结构中轮缘间隙内沿径向密封效率分布图及平均值如图 6. 4 所示,从图中可以看出,增大辅助密封流路的预旋角度有利于封严效果的提升,在高预旋角度下,密封效果对密封气流分布的敏感性较低。辅助流路预旋角度为 70°时,平均轮缘封严效率最高,比基准值高出 26%;辅助流路不采用预旋设计能使平均轮缘封严效率提高 7. 56%。

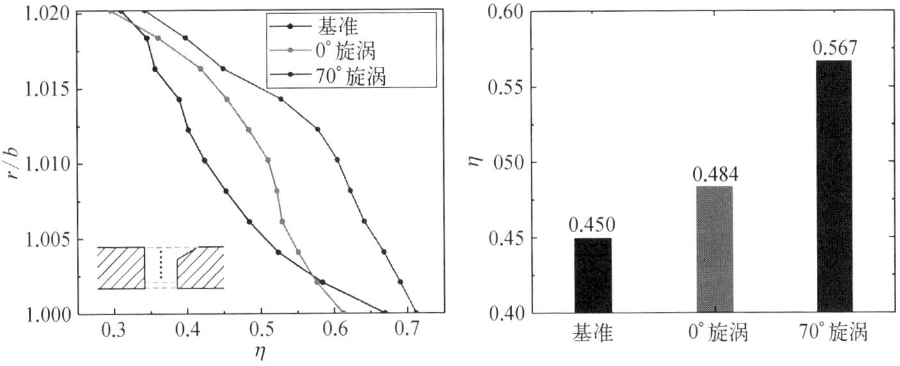

图 6.4　轮缘间隙内沿径向密封效率分布图及平均值[68]

6.1.2　鲁棒性增强原理分析

这种针对空气系统轮缘封严功能的辅助流路设计(冗余设计)对空气系统鲁棒性的提升体现在：一方面，封严效率得到了提升，在相同的封严流量设计要求下，较高的轮缘封严效率为防止端区燃气入侵留出了更大的裕度；另一方面，封严主要流路和辅助流路之间存在压力和流量的动态平衡，这样在某一流路元件发生偏差，流阻变化导致流量异常的情况下，另一流路会相应地起到补偿作用，以保证轮缘封严功能的可靠性。

首先，辅助密封流路设计提高了轮缘封严效率。这是因为辅助密封流路的存在显著改变了轮缘间隙内速度的切向分量，从而对旋流比产生影响。在这个过程中，辅助密封流路的旋流比发挥着重要的作用。如图 6.5 所示，高旋流比的辅助密封流路不仅整体上提高了轮缘间隙内的旋流比，使得轮缘封严通道边缘的旋流比分布更加均匀。辅助流路预旋角度为 70°时，轮缘间隙内的平均旋流比为 1.068，非常接近 1；辅助流路预旋角度为 0°时，轮缘间隙内的平均旋流比为 0.88，仅仅比

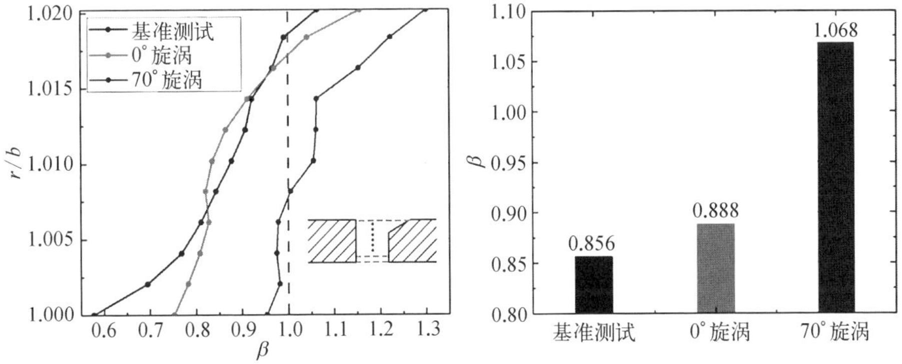

图 6.5　轮缘间隙内沿径向旋流比分布及平均值[68]

基准值高3.74%，周向局部旋流比甚至比基准封严结构低。巴斯大学研究团队[69]也得到了相似结论，当辅助密封流沿转盘旋转方向注入时，腔内的密封效率相对于轴向注入基准方案提高了15%，与旋转方向相反注入则对封严性能无改善作用，这也是由预旋角度对腔内整体旋流比的影响而决定的。此外，辅助密封流路的引入抑制了主流和密封流之间的切向动量差和黏性剪切所引起的开尔文-亥姆霍兹(Kelvin-Helmholtz)型流动不稳定性，从而抑制了燃气入侵，提高了密封效果。

其次，辅助密封流路设计改善了单一流路偏差对封严效率的影响。传统单一密封流路轮缘封严设计，其封严流量直接由上游节流篦齿元件控制，在发动机运行过程中封严篦齿发生形变偏差时，封严流量会发生显著变化，直接影响轮缘封严效果。辅助密封流路设计改善了上述问题，一方面，封严流量中的一部分通过在静子上打孔引气，空气系统中孔的偏差量级显著小于篦齿，这就保证了这部分流量的稳定性；另一方面，可以通过流路拓扑设计构建流路间的流量互补机制，即当主封严流路受到篦齿形变导致流阻增加时，辅助封严流路压比增加，流量增大，从而保证轮缘封严总流量保持稳定。

6.2 基于隔离设计理念的空气系统鲁棒性示例

隔离设计的目的是隔离潜在的空气系统偏差或故障，防止其在整个系统中蔓延，从而提高系统的稳定性和可靠性。要实现这一目的，一方面，在功能流路布局时可将不同的功能流路适度解耦，以保证某一功能流路的偏差不会影响其他功能流路；另一方面，同一流路各节流元件的布局也会影响偏差的传递(详见本书第2章)，在空气系统流路分、汇流设计中，需要结合具体空气系统功能需求、结构限制和流路特点，充分、灵活地运用“隔离”原理。由于后者在本书第2章和第3章已经有了较为充分的介绍，这里不再赘述。本节以高压空气系统为重点，介绍功能流路间适度解耦设计提高空气系统鲁棒性的示例。

高压空气系统负责核心机热端部件冷却、轴向力平衡和轮缘封严等一系列功能，由于空间和重量限制，各条支路间的耦合程度较高。此外，高压空气系统元件承受的各种载荷较高，空气系统鲁棒性问题突出。

典型发动机高压空气系统流路主要包括压气机后轴颈流路(简称CDP流路)和预旋冷却流路，压气机后轴颈流路从高压压气机末级引气，经过篦齿(CDP篦齿)、节流孔等元件流至高压涡轮盘前轮缘，承担着从涡轮盘前轮缘燃气封严的功能；预旋冷却流路通常来自燃烧室二股气流，经预旋喷嘴进入高压涡轮盘前腔，该流路承担着涡轮盘冷却、涡轮叶片的内部冷却与外部冷却功能，是保证发动机高温部件安全工作和使用寿命的必要前提。同时，这两个流路的也共同承担着高压空气系统的轴向力控制功能。

6.2.1　空气系统隔离设计示例

这里以传统空气系统设计方法形成的典型高压空气系统方案一(图6.6)和方案二(图6.7)为例。空气系统方案一中来自燃烧室二股气流的冷却气经过预旋喷嘴进入涡轮盘前腔,一小部分冷气向上承担高压涡轮前腔封严的作用,大部分冷气经接收孔向上冷却叶片,其余少量冷气向下沿着压气机后轴颈向上流动。压气机末级引气通过篦齿封严后与上述提到的少量冷却气掺混后排入外涵道,起到平衡轴向力的作用。相比方案一,方案二增加了一个盖板,且CDP篦齿的落压比降低,并取消了中间级引气。

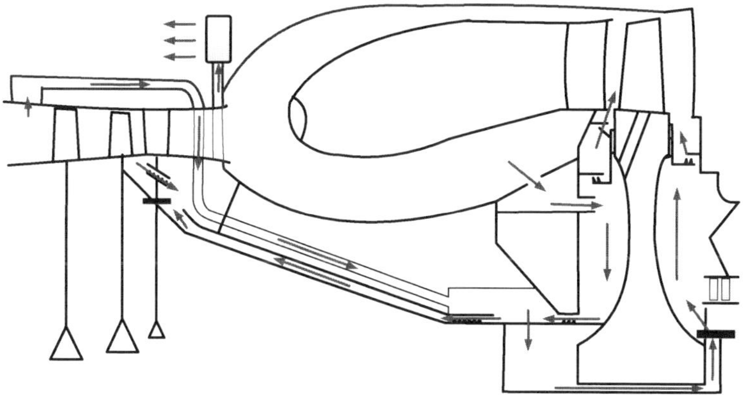

图6.6　方案一空气系统网络拓扑示意图

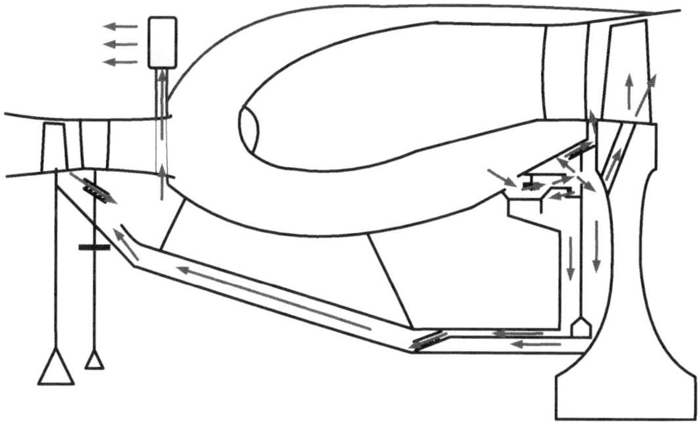

图6.7　方案二空气系统网络拓扑示意图

假设上述两个方案高压空气系统中的篦齿间隙分布服从正态分布,对上述两个方案中的CDP篦齿、预旋内封严篦齿和预旋外封严篦齿注入相同的偏差概率分布,分析其对轴向力离散度的影响。对比结果如图6.8所示,从结果来看,在相同的篦齿间隙分布的影响下,方案二的空气系统转子轴向力的离散度相比方案一小。这主要是由于方案一中为了平衡轴向力，压气机后轴颈篦齿的落压比较高，容腔压力受篦齿间隙偏差的影响较为敏感，卸荷腔压力的分散度较大；而方案二中在涡轮盘前增加了盖板，涡轮盘前腔不再参与轴向力调节，盖板盘前腔向后的轴向力增大，卸荷腔压力不需要很低也可满足轴向力调节的需求，压气机后轴颈篦齿的落压比有所降低，容腔压力受篦齿间隙偏差的敏感性降低，卸荷腔压力的分散度降低，如图 6.9 所示。

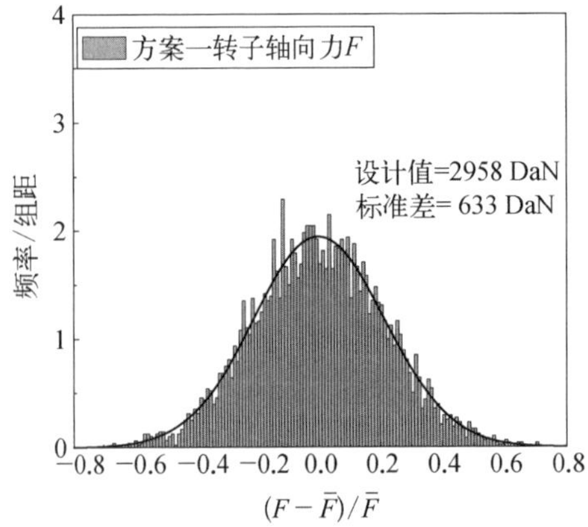

(a) 方案一

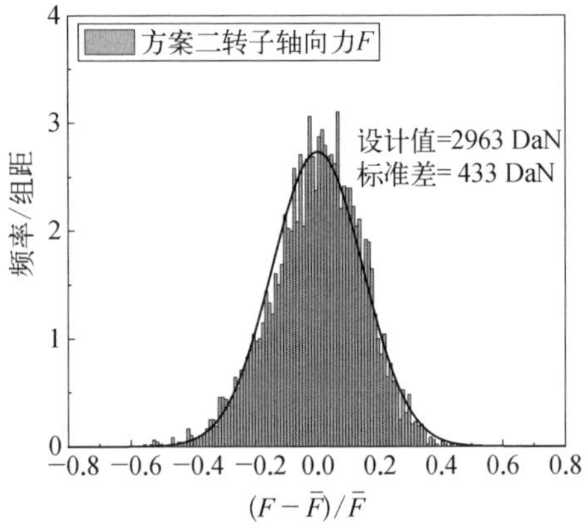

(b) 方案二

图 6.8 方案一和方案二的空气系统网络转子轴向力分布

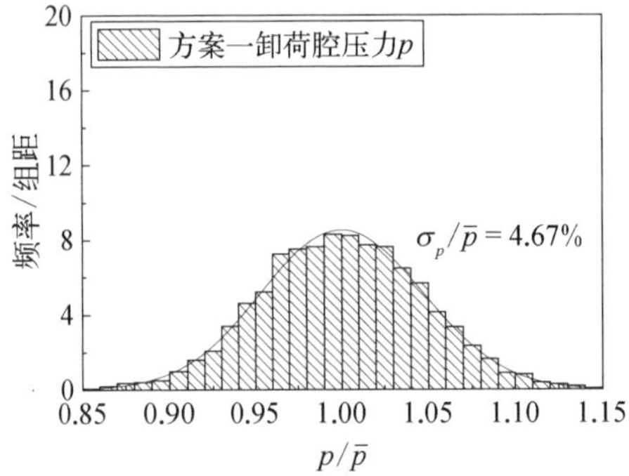

(a) 方案一

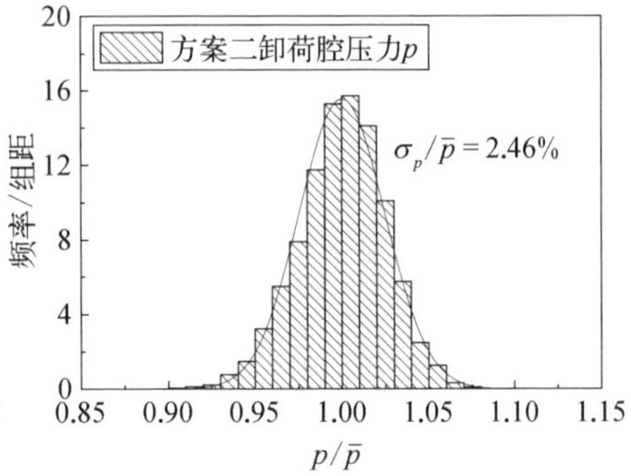

(b) 方案二

图 6.9 方案一和方案二空气系统卸荷腔腔压离散度

从方案一到方案二，虽然空气系统的鲁棒性有所提高，但两个方案中高压空气系统承担的高压涡轮叶片冷却、轮缘封严和轴向力平衡三项功能的耦合程度高。对主要流路流量起决定性作用的节流元件如(CDP 篦齿、预旋封严篦齿等)处于高半径位置，受到系统环境载荷导致的偏差显著，空气系统鲁棒性依然不理想。

通过对高压空气系统各流路和功能进行梳理，基于功能适度解耦、流路隔离的理念，设计出了图 6.10 所示的空气系统方案三。该方案中卸荷流路、轮缘封严流路和叶盘冷却流路进行功能适度解耦设计，卸荷流路的气流经过与预旋喷嘴交错设计的节流孔进入轮缘封严腔，承担轮缘封严功能。叶盘冷却流路除有少量冷气向轮缘封严腔泄漏外，均用于叶盘冷却。轮缘封严气大部分通过节流孔供应，降低了封严气流量对篦齿间隙的敏感性，同时也为空气系统主动调节创造了条件。叶盘冷却的预旋系统采用径向布局，低位篦齿可采用更小的设计间隙，以降低空气系统对篦齿间隙的敏感性。径向预旋造成的预旋温降不足问题可通过外涵空气换热器辅助冷却解决。

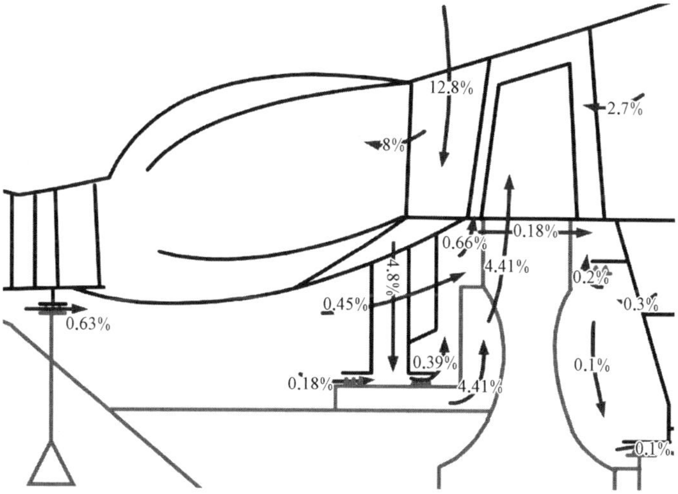

图 6.10 方案三空气系统网络拓扑示意图

对方案二和方案三的空气系统转子轴向力概率分析结果进行统计，对比结果如图 6.11 所示，从结果来看，在相同的篦齿间隙分布的影响下，隔离设计方案的空

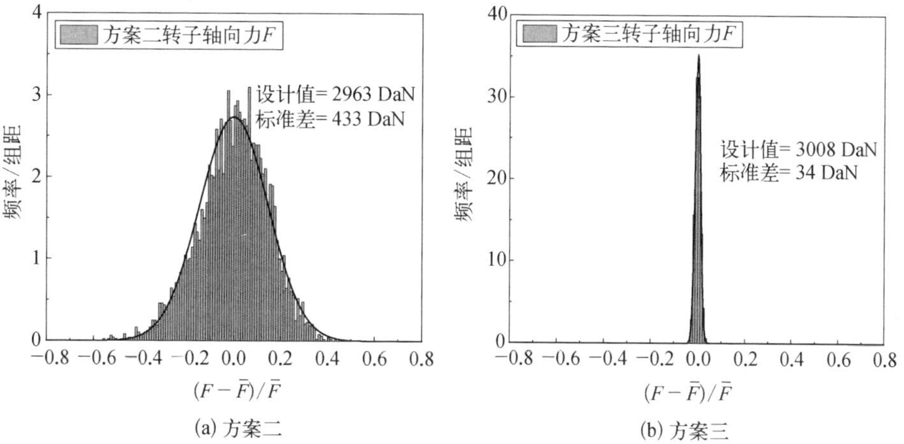

图 6.11 方案二和方案三的高压空气系统轴向力离散度

气系统转子轴向力的离散度相比传统空气系统设计方案小了一个量级，充分表明了基于隔离理念形成的空气系统方案具有较强的鲁棒性。

6.2.2 鲁棒性增强原理分析

1. 基于多元件串联低落压比（高压力比）设计的稳定性增强原理

空气系统中的常见的节流元件主要有篦齿、孔、缝、预旋喷嘴等，节流元件的流量主要受两个因素的影响，分别是节流元件的工作状态和流通面积。

压力比作为影响节流元件特性的关键参数，其对节流元件稳定性和空气系统稳定性有着显著的影响，探究空气系统受节流元件几何偏差的影响程度与关键元件压力比间的关系，对于开展空气系统多元件耦合稳定性增强机理研究具有重要意义。以篦齿为例进行说明，Matin 提出封严篦齿流量特性的计算公式如下：

$$\dot{m} = KA \frac{p_i^*}{\sqrt{RT_i^*}} \beta \tag{6.1}$$

其中，参数 $\beta = \left[\dfrac{1 - \pi^2}{N - \ln \pi} \right]^{0.5}$，体现了压力比和齿数对流量的影响；$p_i^*$ 和 T_i^* 分别为进口的压力和温度，压力比为 $\pi = p_o^* / p_i^*$；N 为篦齿齿数，K 为经验系数，N 和 K 由篦齿的齿形决定。

当篦齿齿型、齿数和进口边界不变的情况下，篦齿的流量主要受压力比的影响，参数 β 随压力比 π 的变化趋势如图 6.12 所示，从图中可以看出，随着压力比的增大，参数 β 先增大后减小，当压力比 $\pi \approx 0.275$ 时（此时落压比约为 3.636），参数

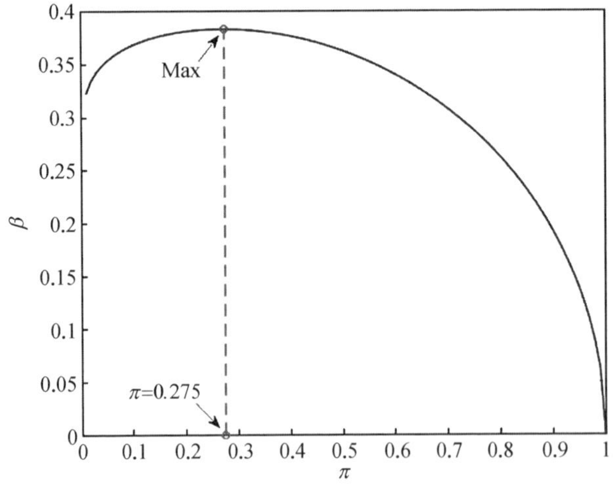

图 6.12 参数 β 随压力比 π 的变化趋势

β 最大,需要说明的是,绝大多数情况下篦齿的压力比均大于 0.275,即篦齿工作区间内,随着压力比的增大,参数 β 逐渐减小。

对于同一篦齿而言,在相同篦齿间隙小偏差时,假设篦齿进口压力相对稳定,则流量的偏差可表示为

$$|\Delta \dot{m}| = K\frac{p_i^*}{\sqrt{RT_i^*}}|\beta_1 A - \beta_2(A + \Delta A)| \approx K\frac{p_i^*}{\sqrt{RT_i^*}}\beta_2 \Delta A \tag{6.2}$$

从等式中可以看出,参数 β 越大(即压力比越小),相同偏差影响下的流量偏差最大,由此可以得出结论:在相同元件几何偏差的情况下,压力比大的篦齿元件受几何偏差的影响更小。类似的,该结论也可推广至空气系统中其他类型的节流元件。需要指出的是,篦齿作为强节流元件,其工作压力比通常比孔、缝的大。

另外,不同类型的节流元件几何偏差的数量级也不同。已有研究表明,在众多节流元件中,由于加工制造、热变形、离心变形等因素引起的篦齿间隙最大,篦齿间隙的平均标准差约为 15%,而孔、缝、喷嘴等节流元件的平均标准差仅为 3%。

综上所述,篦齿元件作为空气系统功能敏感的节流元件,且元件的几何偏差最大,在设计过程中应尽可能增大篦齿元件的压力比,本书上一节提出的三个高压空气系统方案中,方案二和方案三的鲁棒性优于方案一的关键原因之一就是降低了关键节流元件——压气机后轴颈篦齿的落压比。尤其是方案三中,提出多个节流元件串联设计,利用其他元件偏差较低的节流孔等元件分担流路的压降,从而增大篦齿元件的压力比,以降低几何偏差的不利影响,从而提升空气系统的稳定性,多节流元件串联低落压比(高压力比)设计示意如图 6.13 所示。

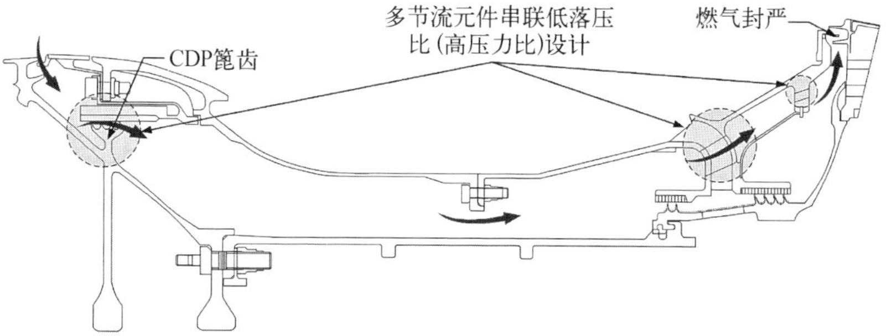

图 6.13　高压空气系统 CDP 流路示意图

2. 基于空气系统流路功能解耦的稳定性增强机理

高压涡轮二次流流路如图 6.14 所示。高压涡轮二次流流路主要用于涡轮盘、叶片的冷却、高压涡轮轮缘高温燃气封严。本书给出的上述空气系统方案一和方案二中分别采用了目前最常见的有盖板的预旋系统和无盖板的预旋系统。对于无

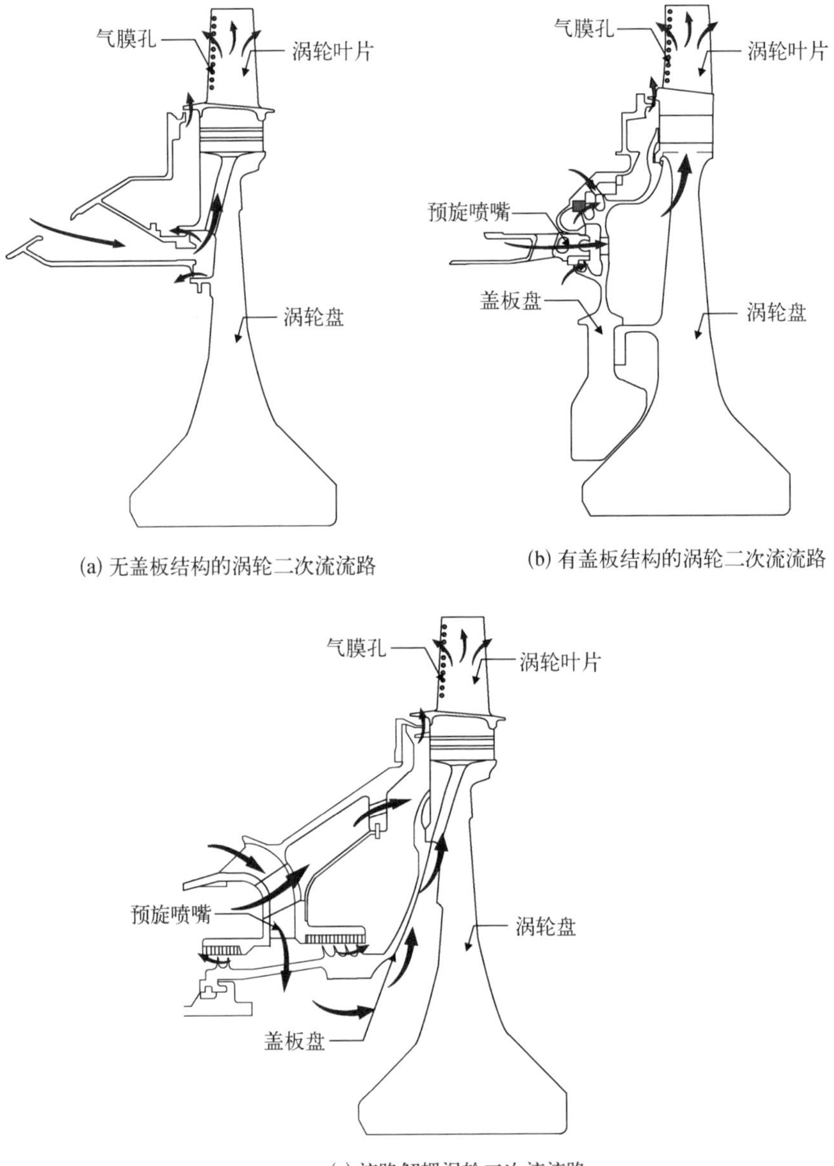

图 6.14　高压涡轮盘前冷却及封严流路示意图

盖板的预旋系统，涡轮叶片冷却气和涡轮轮缘燃气封严气均来自上游预旋喷嘴，该部分冷却气同时承担着冷却、封严、轴向力调节等功能，空气系统的各个功能高度耦合，该流路的元件偏差同时影响着多项空气系统功能，从而导致空气系统抵抗元件偏差的能力较弱。对于有盖板的预旋系统，盖板的加入将预旋冷却流路和轮缘燃气封严流路分割开来。一方面，高压涡轮盘前腔作为内节点，其压力变化对于空气系统转子轴向力无直接影响，而预旋喷嘴一般接近临界状态，下游对于上游的影响较弱，这种设计有利于降低空气系统转子轴向力受预旋喷嘴几何偏差的影响，从而提高空气系统转子轴向力调节功能的稳定性。另一方面，流经预旋喷嘴的冷气几乎全部用于涡轮盘和涡轮叶片的冷却，而用于涡轮前缘燃气封严的冷气主要来源于 CDP 流路，高压涡轮前缘燃气封严主要受 CDP 流路的影响，受涡轮盘前腔的参数变化的影响较弱，从而提高了高压涡轮前缘轮缘燃气封严功能的稳定性。

而空气系统方案三中则进一步将高压涡轮二次流流路进一步解耦处理，卸荷流路的气流经过与预旋喷嘴交错设计的节流孔进入轮缘封严腔，主要承担轮缘封严功能。从燃烧室二股气流的引气经过径向预旋喷嘴和接收孔，除有少量冷气向轮缘封严腔泄漏外，均用于叶盘冷却。上述设计进一步降低了轮缘封严和叶盘冷却这两项高压涡轮二次流系统核心功能的耦合度，也为未来空气系统智能调节创造了空间。叶盘冷却的预旋系统采用径向布局，低位篦齿可采用更小的设计间隙，也降低了空气系统对篦齿间隙的敏感性。

综上所述，通过将空气系统各项功能利用不同的流路布置，减少各流路之间的相互作用，对空气系统各项功能进行解耦设计，有利于降低空气系统节流元件几何偏差对空气系统功能的影响，提高空气系统的稳定性。

6.3 基于反馈设计理念的空气系统鲁棒性示例

6.3.1 低敏感齿形实例及原理分析

篦齿结构主要包括篦齿与衬套两个部分，通过对篦齿齿形和静子衬套结构进行优化，进一步扩大回流区旋涡对流经流体的影响，使优化后的篦齿在与优化前篦齿具有同等间隙下，减小流经篦齿的流量，从而降低篦齿间隙敏感性。

早在 20 世纪 70 年代，美国通用电气公司[10]就设计并测试了一系列增阻篦齿方案，旨在通过增强齿腔内的湍流度来改善封严效率。试验结果表明，新型篦齿齿形测试方案可以有效降低泄漏量，使篦齿封严效率提高 10%~25%。近些年，陆续有学者在此基础上以提高封严效率为目标开展优化工作，提出了交错性篦齿方案[70]、加肋静子方案[71]、局部蜂窝静子方案[72]、混合蜂窝结构静子方案[73]等。

本书作者在前期工作以航空发动机典型台阶篦齿结构为对象开展了一系列优化设计，表明通过优化篦齿倾斜角度与齿尖宽度，能够显著改善篦齿的封严性能，并据此设计了斜直齿和弯齿等两种结构。针对斜直齿结构篦齿，倾斜角度对封严性能的影响如图 6.15 所示，随着篦齿倾斜角度变小，篦齿的泄漏量呈现先下降后上升的趋势，这表明篦齿的倾角大小对封严性能的影响并不是单调的。当篦齿倾角降低到 54°时，篦齿的封严性能达到最佳，此时相比倾斜角度为 90°的普通台阶式篦齿，其封严性能提升了 13.20%。这是由于随着篦齿倾斜角度的变小，篦齿齿尖后侧涡旋结构增大，有利于篦齿封严。但是当倾角进一步增大时，篦齿齿间腔内的空间过于狭窄，抑制了齿间腔内涡旋结构，导致篦齿的泄漏量上升。

在上述斜直齿结构的基础上，可以考虑在篦齿的迎风侧构造一个气动圆弧，利用流体的惯性使得流体在进入齿尖区域时，其流动方向进一步向与篦齿整体流动方向相反的方向偏离，从而使得流体在进入齿尖区域时产生更为剧烈的方向变化，进一步加强齿尖的间隙压缩效应，同时在篦齿的背风侧设计圆弧结构，使得篦齿的齿尖宽度减小，如图 6.16 所示。

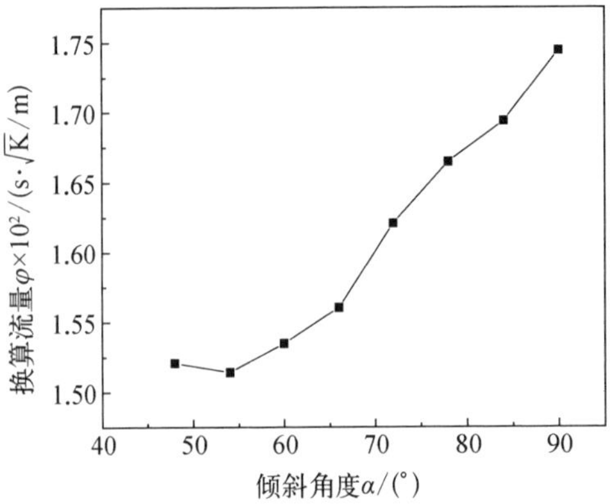

图 6.15　倾斜角度对封严性能的影响

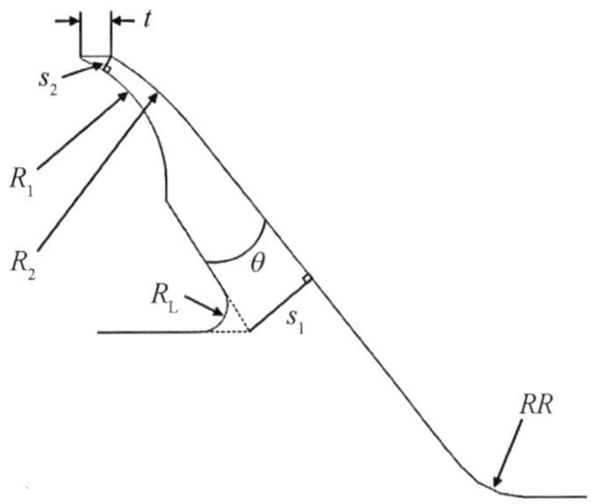

图 6.16　弯齿结构示意图

从流场分析的角度(图 6.17)，使用弯齿结构后，相比斜直齿，在相同倾斜角度下，篦齿前后侧夹角可以变得更小，同时再加上迎风侧圆弧的设计，篦齿齿间腔内的流动空间变得更大，存在于齿间腔内的 3 号涡结构消失，流体流过台阶之后能够

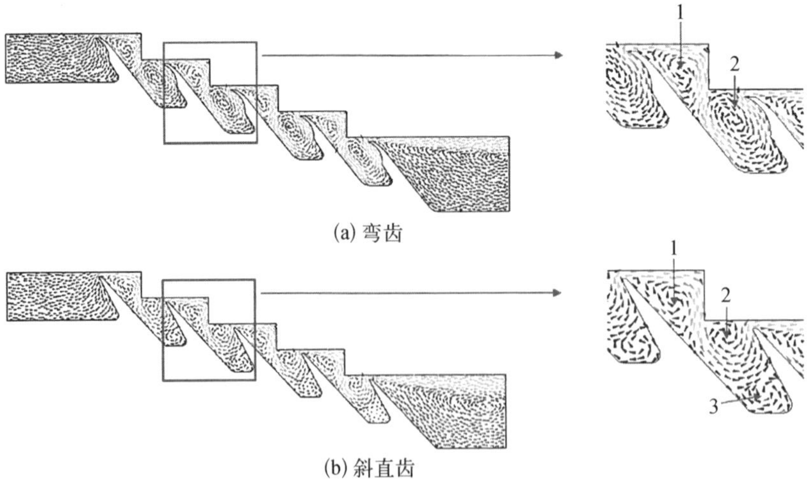

图 6.17　弯齿与斜直齿的流场比对

完全进入齿间腔内，形成一个更大的 2 号涡结构，这对于提升篦齿的封严性能是极为有利的。

综合来说，通过对弯齿的结构参数进行优化，对比结果如表 6.1 所示，相比基准直齿的台阶篦齿，采用篦齿倾角为 54°的斜齿台阶篦齿可以使封严性能提升 13.2%；进一步的，通过在斜齿上增加圆弧形成弯齿，封严性能相比基准齿提升 25.45%。

表 6.1　设计工况下不同齿形的优化效果

齿　形	换算流量 $\varphi\times10^2/(\mathrm{s}\cdot\sqrt{\mathrm{K}}/\mathrm{m})$	性能提升百分比 η
普通直齿	1.744 4	—
54°斜直齿	1.514 1	13.20%
优化弯齿	1.300 5	25.45%

对于台阶静子衬套结构，以强化篦齿齿尖后侧的涡结构为设计思路，可以通过在篦齿台阶衬套结构上设计不同形状的凹槽，诱导流体流入凹槽结构内，达到提升台阶式篦齿封严性能的目的。本书将讨论三种不同的台阶衬套结构（矩形凹槽台阶、三角形凹槽台阶和圆形凹槽台阶，如图 6.18 所示），对比这三种台阶衬套结构的增阻原理。

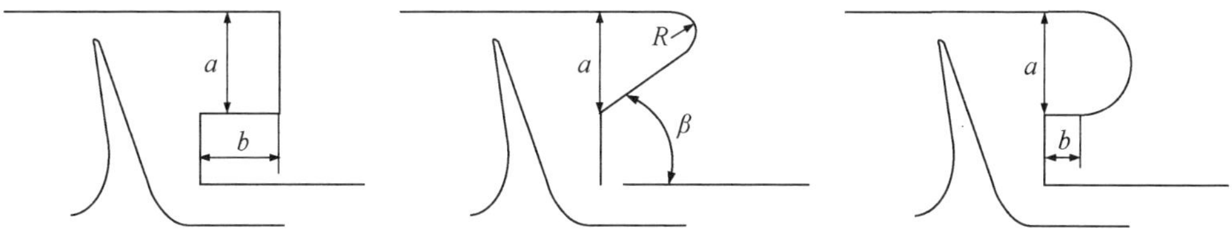

(a) 矩形凹槽台阶结构　(b) 三角形凹槽台阶结构　(c) 圆形凹槽台阶结构

图 6.18　三种不同的台阶衬套结构示意图

研究表明，优化凹槽结构的增阻性能对凹槽的宽度比较敏感，当凹槽宽度相对于篦齿的径向间隙较小（a/c 小于 2）时，凹槽结构几乎不会影响篦齿的封严性能，当凹槽宽度相对于篦齿的径向间隙足够大（a/c 大于 2）时，凹槽结构的设计则能够极大地降低篦齿的泄漏量，明显提升篦齿的封严性能。针对三种不同的台阶衬套结构，进行了参数优化，每类台阶衬套结构的最优设计对于篦齿的增阻效果如表 6.2 所示，使用矩形凹槽与圆形凹槽的设计，在相同的工况及篦齿的径向间隙下能够使篦齿的封严性能获得更大的提升。

表 6.2 不同凹槽类型增阻效果对比

使用凹槽类型	换算流量 $\varphi\times10^2/(s\cdot\sqrt{K}/m)$	性能提升百分比 η
无凹槽	1.702 4	—
三角形凹槽	1.638 4	9.07%
矩形凹槽	1.565 0	14.83%
圆形凹槽	1.563 5	14.70%

将带有圆形凹槽的台阶衬套结构与弯齿优化结构结合，所得到的组合优化结构能够进一步提升篦齿的封严性能。对比结果如表 6.3 所示，弯齿结构与带圆形凹槽的台阶衬套结构相组合得到的组合优化结构，能够使台阶式篦齿结构的封严性能提升 32.10%，该表现是优于单独使用优化齿形结构或优化台阶衬套结构的。计算结果还表明，随着篦齿径向工作间隙的增大，组合优化结构对于篦齿封严性能的提升幅度越大，当径向工作间隙为 1.5 mm 时，组合优化结构能够使篦齿封严性能提升 45%左右。

表 6.3 设计工况下不同篦齿优化结构封严性能对比

篦 齿 结 构	换算流量 $\varphi\times10^2/(s\cdot\sqrt{K}/m)$	性能提升百分比
普通台阶式篦齿	1.744 4	—
弯齿	1.300 5	25.45%
带圆形凹槽的台阶衬套	1.563 5	14.70%
组合优化结构	1.184 4	32.10%

6.3.2 间隙逆向补偿实例及原理分析

基准台阶篦齿的封严效果主要受到齿顶处的节流效应和齿腔内涡流耗散的影响。此外，射流冲击到台阶衬套后会滞止，结合壁面剪切作用使台阶处的涡流耗散增强，其流场矢量图如图 6.19(a)所示。间隙逆向补偿篦齿构型是在基准台阶篦齿的基础上，增加一个倒篦齿结构，并通过弯腔通道将两部分篦齿流路连接，其流场矢量图如图 6.19(b)所示。俄罗斯的 AL－31AF 发动机因其优异的稳定性和使用寿命而著称，公开资料表明其在压气机末级引气位置就采用了间隙逆向补偿的篦齿方案，以实现空气系统鲁棒性的提升，如图 6.20 所示。

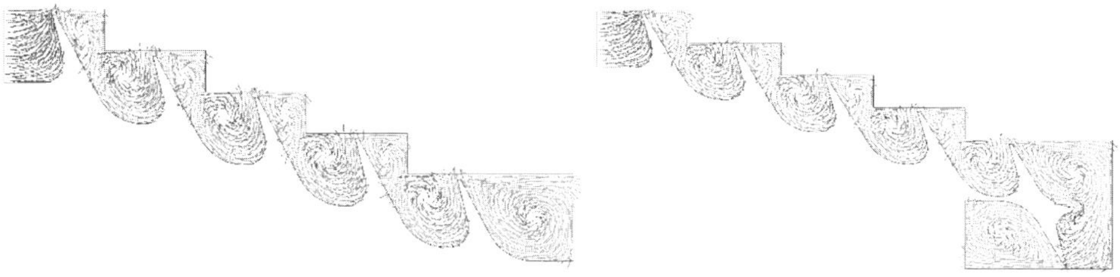

(a) 基准台阶篦齿流场矢量图　　(b) 间隙逆向补偿篦齿流场矢量图

图 6.19　间隙逆向补偿篦齿流场矢量对比图

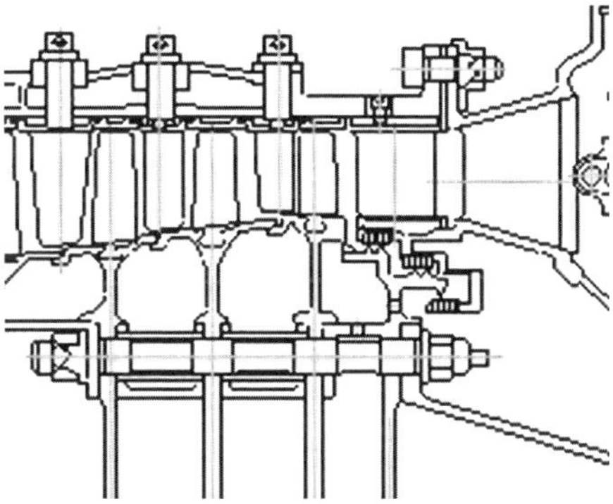

图 6.20　AL－31AF 的间隙逆向补偿增稳结构

在实际应用中，篦齿盘的径向位移会直接影响空气系统气路的流动特性和换热特性。当篦齿盘受到由载荷变化影响所产生沿设计工作位置向下移动的情况时，上篦齿与衬套之间的间隙（上间隙）增大，导致正篦齿流通能力提高，流量增大，节流效果下降；但与此同时，倒篦齿与衬套之间的间隙（下间隙）减小，导致倒篦齿流通能力减小，节流效果增加，与上篦齿形成负反馈机制，在一定程度上弥补了由上间隙增大造成的泄漏量增大。同时，在倒篦齿前后分别形成齿前涡和齿后涡，增加了涡的数量，进一步增大了流阻，加强节流效果，抑制篦齿盘径向下移所造成的泄漏量增大的情况。同理，当篦齿盘沿径向上移时，上间隙减小导致泄漏量减小，但下间隙增大，流通能力增强，抑制篦齿盘由载荷变化所产生的泄漏量偏离设计值的情况。综上所述，间隙逆向补偿构型保证了篦齿盘在发生径向位移时仍能起到良好的封严效果，其封严原理如图 6.21 所示。

为了验证间隙逆向补偿篦齿的可行性，本书以满足典型密封结构特征、接近实际尺寸的发动机某关键阶梯篦齿为例，在其基础上改变构型形成了风阻负反馈篦齿。其中，基准阶梯篦齿标注图及几何参数如图 6.22 和表 6.4 所示，间隙逆向补偿篦齿标注及几何参数如图 6.23 和表 6.5 所示。

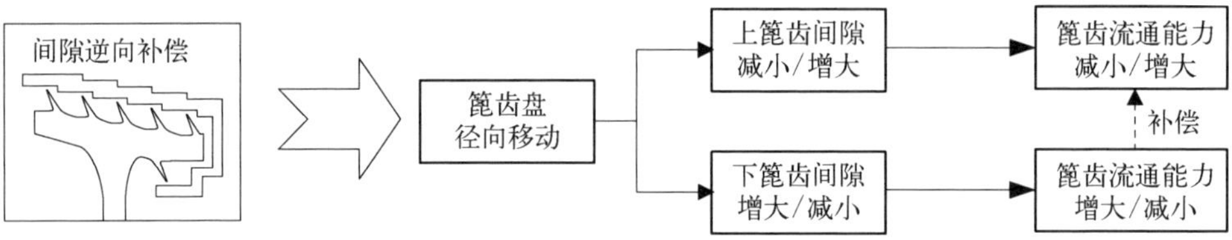

图 6.21　间隙逆向补偿构型封严原理图

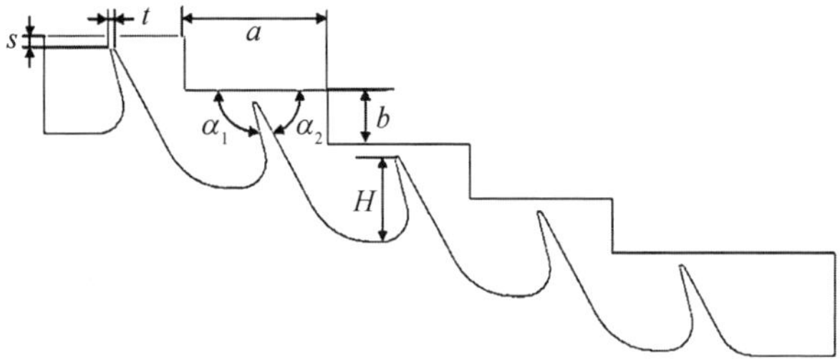

图 6.22　阶梯篦齿模型标注

表 6.4　阶梯篦齿模型结构参数表

模型参数	结构尺寸	模型参数	结构尺寸
台阶衬套宽 a	8.5 mm	齿前倾角 α_1	105°
台阶衬套高 b	3 mm	齿后倾角 α_2	60°
篦齿齿数 N	5	齿顶宽度 t	0.25 mm
篦齿间隙 s	0.4 mm	篦齿齿高 H	4.7 mm
旋转半径 r_0	263 mm		

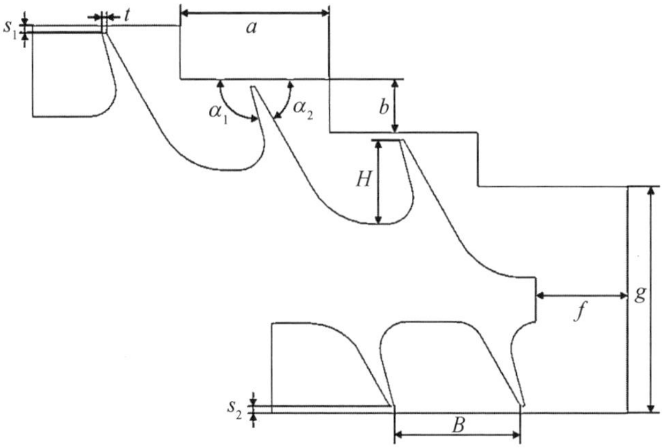

图 6.23　风阻负反馈篦齿模型标注

表 6.5　间隙逆向补偿篦齿结构参数表

模型参数	结构尺寸	模型参数	结构尺寸
台阶衬套宽 a	8.5 mm	齿前倾角 α_1	105°
台阶衬套高 b	3 mm	齿后倾角 α_2	60°
上篦齿间隙 s_1	0.4 mm	弯腔宽度 f	5.2 mm
下篦齿间隙 s_2	0.4 mm	弯腔高度 g	12.7 mm
上篦齿齿数 N_1	3	下篦齿齿数 N_2	2
齿顶宽度 t	0.25 mm	下篦齿齿距 B	7.5 mm
篦齿齿高 H	4.7 mm	旋转半径 r_0	263 mm

为了更为详细地表现出倒篦齿存在情况下的封严补偿效果，将间隙补偿篦齿分为上五齿下一齿（上5－下1）及上三齿下二齿（上3－下2）两种情况进行对比分析，其中上5－下1构型即为基准台阶篦齿增加一道倒篦齿。

对于基准阶梯篦齿，篦齿初始设计径向间隙 s_0 为 0.4 mm；对于间隙逆向补偿篦齿构型，上下篦齿初始设计径向间隙 s_1、s_2 均取 0.4 mm，在仿真中模拟偏差、上下篦齿同时形变及篦齿盘整体移动情况，认为上下篦齿间隙变化量相等且间隙和为 0.8 mm，依此计算不同的上下篦齿间隙配合时的流动状况。

接下来对相同工况下基准阶梯篦齿，以及上五齿下一齿（上5－下1）和上三齿下二齿（上3－下2）两种间隙补偿篦齿的流量特性进行对比分析，如图6.24所示，图中径向间隙对间隙补偿篦齿来说指的是上篦齿径向间隙。从图中可知，基准阶梯篦齿的泄漏流量随径向间隙的变化基本呈正比增加，由于下篦齿的补偿作用，两种间隙补偿篦齿会存在一个泄漏流量的极大值。其中，上3－下2构型与基准阶梯篦齿同为五道封严篦齿，在上篦齿间隙较小时，由于处于下游的下篦齿间隙较大，增加流通能力，使得泄漏流量略高于基准阶梯篦齿。而对于上5－下1篦齿构型，由于其上篦齿与阶梯篦齿相同，又存在下游下篦齿的封严补偿，故随着上篦齿的径向间隙增大，其泄漏流量愈发

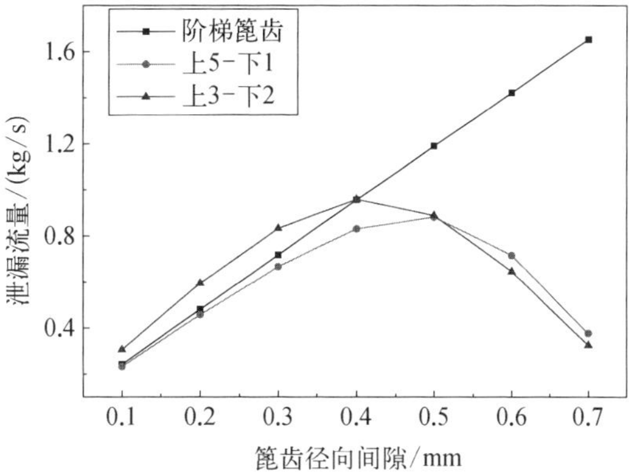

图 6.24　泄漏流量对比

低于基准阶梯篦齿。

对比上 5 -下 1 与上 3 -下 2 两种构型，上 5 -下 1 构型的整体泄漏流量更低，但是由于下篦齿数量的差距，其反馈效果弱于上 3 -下 2 构型。从图 6.24 中可见，上 5 -下 1 构型的流量极值点在 0.5 mm 的上篦齿间隙附近，上 3 -下 2 构型的流量极值点在 0.4 mm 的上篦齿间隙附近，故上 3 -下 2 构型在大径向间隙的情况下表现出更好的封严补偿能力；而上 5 -下 1 构型在小径向间隙时表现出更好的封严效果。从图 6.24 中还可以看出，两种间隙补偿篦齿的封严效果皆强于基准阶梯篦齿；在径向间隙 0.4 mm 的设计点附近，上下篦齿间隙相同，此时上 3 -下 2 构型与基准阶梯篦齿的流量系数基本相同，而由于上 5 -下 1 构型多了一道封严齿，相对来说具有更好的封严效果。

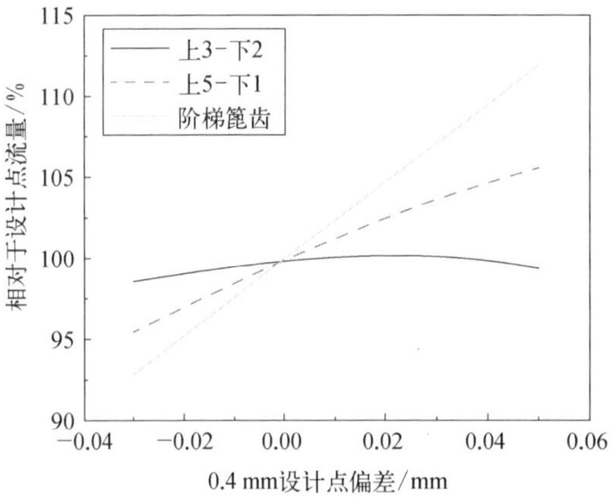

图 6.25　相对流量随间隙偏差的变化

为了更加清晰地表明存在间隙偏差情况下，逆向补偿篦齿的流量鲁棒性，图 6.25 给出了三种构型在不同间隙偏差条件下的泄漏流量的相对偏差值。由图中曲线变化趋势可看出，两种逆向补偿篦齿的流量鲁棒性均优于基准阶梯篦齿，0.05 mm 的间隙偏差使得基准阶梯篦齿的泄漏流量变化约为 20%，而上 5 -下 1 构型和上 3 -下 2 构型的泄漏流量变化量分别为 10% 与 3%。这是由于上 3 -下 2 构型有两道下篦齿，与三道上篦齿起到的封严作用相近，其流量极值点在 0.4 mm 设计点附近，间隙偏差存在时，流量均呈现下降趋势；而上 5 -下 1 构型的五道上篦齿封严作用大于下篦齿，其流量极值点大约在上篦齿径向间隙 0.5 mm 附近。

间隙逆向补偿篦齿虽与基准阶梯篦齿具有相似齿形结构，但其具有连接上下篦齿流动的弯腔结构，弯腔结构对间隙逆向补偿篦齿的流量影响也是不可忽略的。改变上下篦齿连接弯腔的宽度设计，其流场变化如图 6.26 和图 6.27 所示。

图 6.28 给出了间隙逆向补偿篦齿流量系数与弯腔宽度 f 的关系。由图可知，当弯腔宽度 f 大于 1.5 mm 时，再增加弯腔宽度对负逆向补偿篦齿的封严效果影响不大。当弯腔宽度 f 小于 1.5 mm 时，弯腔处会产生一定的节流效应，从而使篦齿泄漏量降低，且易发生轴向上的摩碰，造成严重的后果。图 6.29 所示为不同篦齿径向间隙情况下弯腔宽度 f 对篦齿封严能力的影响，通过不同曲线的流量系数对比可以看出，在一定设计范围内弯腔构型对篦齿泄漏量造成的影响并不明显，设计时应该注意留出一定的轴向裕度。

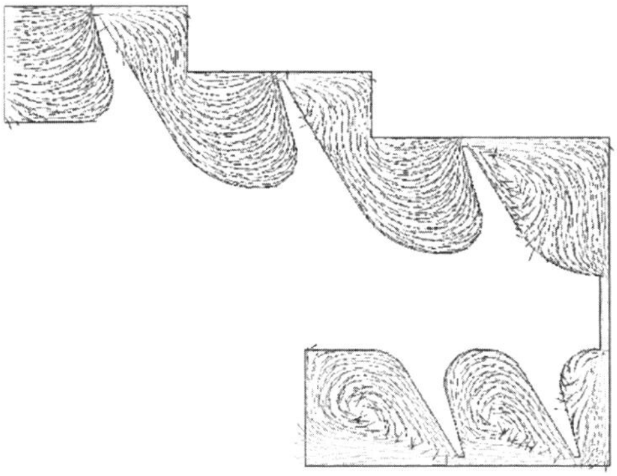

图 6.26　弯腔宽度 $f = 0.4$ mm 流场图

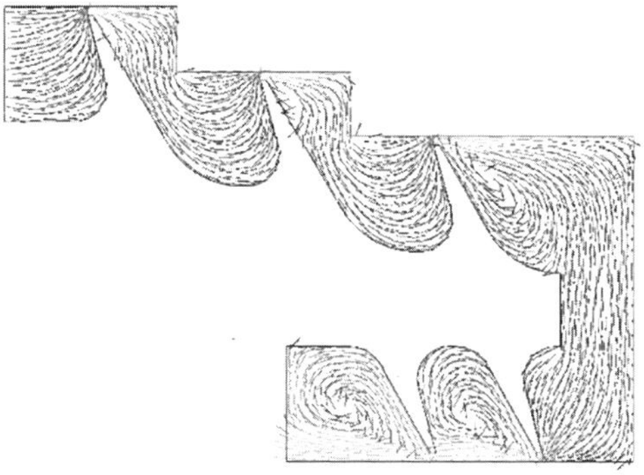

图 6.27　弯腔宽度 $f = 3.4$ mm 流场图

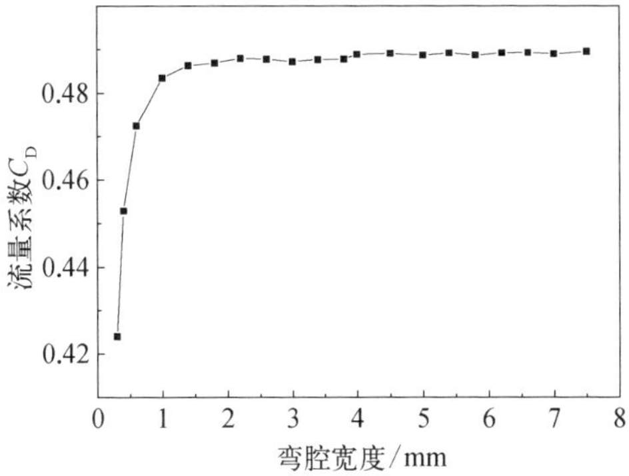

图 6.28　弯腔宽度对流量系数的影响

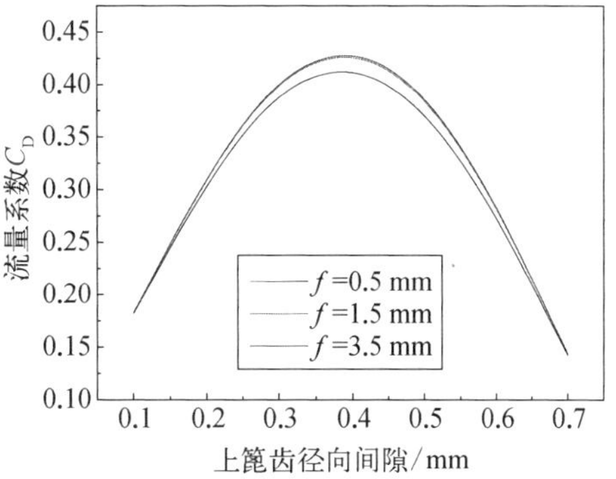

图 6.29　不同间隙下弯腔宽度的影响

为了验证间隙逆向补偿设计的效果,本书团队开展了基准篦齿构型和间隙逆向补偿构型的流量对间隙偏差的敏感性试验。试验件设计为双盘结构,双盘之间为薄壁鼓筒,整体呈悬臂结构,以便其受热气加热产生热形变。远轴端转盘为试验盘,其盘缘篦齿为试验测试目标篦齿;近轴端转盘为平衡盘,用于平衡转动部件的轴向载荷。为保证目标篦齿进出口压比可在较为宽泛的范围内调节,平衡盘盘缘也采用篦齿封严,从而使双盘中间旋转腔的压力更容易提升。

在台阶式基准篦齿盘的基础上,建立基于局部载荷反馈利用的封严元件试验件,如图 6.30 所示。稳定性增强试验件设计倒篦齿结构,并配置相应的倒篦齿封严环,该封严环以螺栓形式连接于静子封严环,采用密封 o 圈进行密封,同时倒篦齿封严环于热气接触面设计隔热涂层,以减小热气影响倒篦齿封严环产生的热形变。

基于间隙逆向补偿的封严元件验证试验结果如图 6.31 所示。基准篦齿泄漏流量与间隙偏差呈现线性变化趋势,在压比为 1.8 和 2.0 时,封严间隙减小 0.5 mm

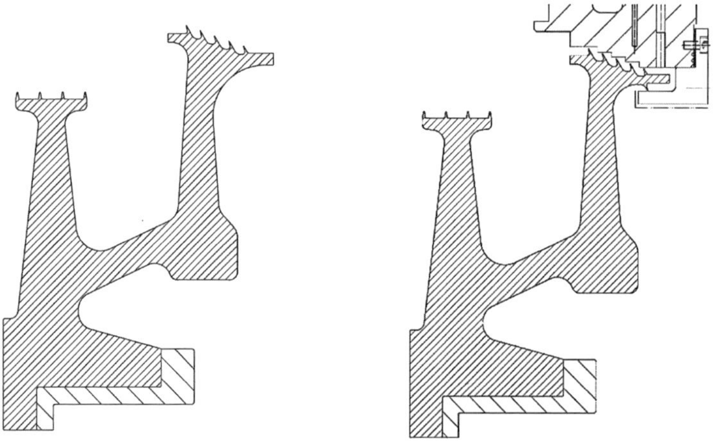

(a) 基准台阶试验件　　(b) 稳定性增强试验件

图 6.30　试验件结构示意图

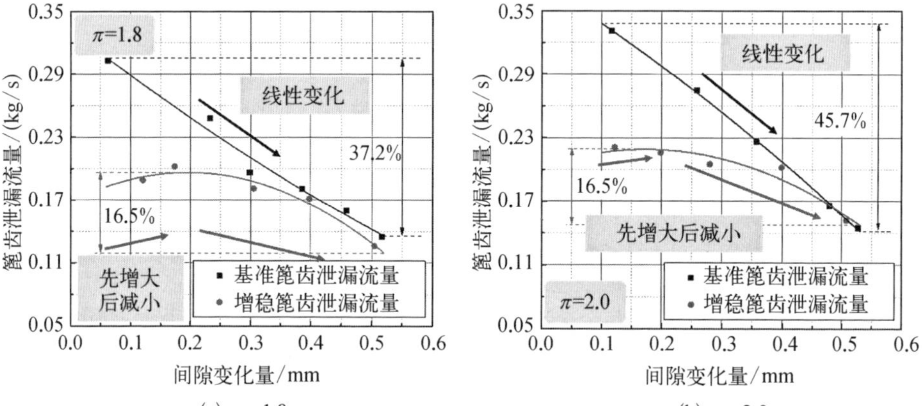

(a) $\pi = 1.8$　　(b) $\pi = 2.0$

图 6.31　基于间隙逆向补偿的篦齿封严稳定性增强原理性试验结果

(发动机过渡过程 CDP 篦齿间隙的典型变化幅度),其封严流量分别变化了 37.2%和 45.7%,表明基准篦齿封严元件结构具有较大的流量敏感性。相反,基于间隙逆向补偿的篦齿封严元件的泄漏流量随间隙偏差呈现先增大后减小趋势,这是由于增稳篦齿具有倒篦齿的结构,在间隙变化时产生流量补偿作用,抑制篦齿封严泄漏的进一步增大。在相同压比条件下,基于间隙逆向补偿的篦齿封严元件的封严流量变化了 16.5%,相比基准篦齿封严元件,流量敏感性分别下降了 20.7%和 29.2%。上述结果表明:基于间隙逆向补偿的篦齿封严稳定性增强方案可显著降低篦齿封严敏感性。

6.3.3　转静子热协调实例及原理分析

发动机处于过渡态时，篦齿转静子结构热响应速度存在显著差异，篦齿转子结构厚重，热响应速度缓慢；而篦齿静子多为悬臂薄壁件结构，响应速度快，这就造成了发动机过渡过程间隙的明显变化，继而导致封严流量显著的偏离设计值。图 6.32 给出了某型民用发动机典型飞行历程下压气机后轴颈篦齿（CDP 篦齿）的间隙演化情况，对于地面慢车至起飞状态的加速过程（$0\ \text{s} < \tau < 827\ \text{s}$），篦齿间隙呈现先快速增大、再缓慢减小的变化历程。这正是因为静子结构热响应快于转子热响应，在此过程中静子受热后快速产生形变，而转子受热后缓慢产生形变，由于该算例以地面慢车状态为初始状态，发动机转速变化的绝对量较小，离心形变占次要因素，因此出现前期篦齿间隙快速增大情况。而这之后，发动机转速和热容较小的静子部件温度逐渐趋于稳定，但转子温度仍在缓慢上升，转子径向形变量缓慢增加，导致篦齿间隙缓慢减小，最后随部件温度趋向稳定而保持不变。

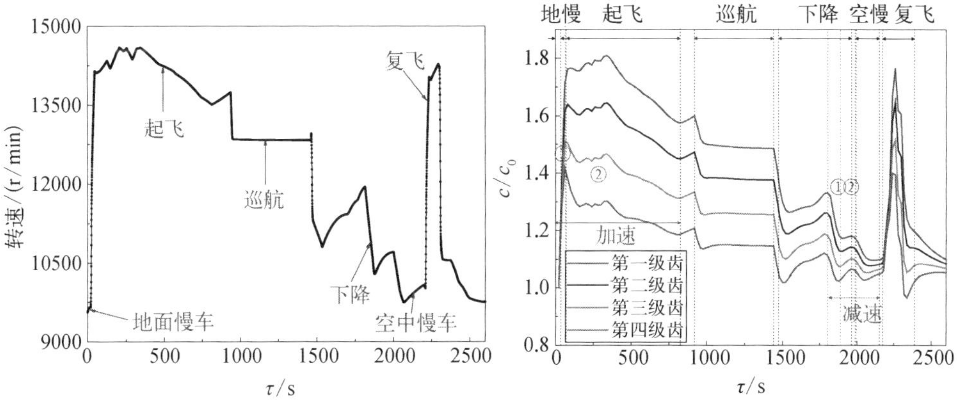

图 6.32　典型飞行循环中篦齿间隙演化历程

对于下降阶段至空中慢车状态的减速过程（$1\,870\ \text{s} < \tau < 2\,175\ \text{s}$），最后一级齿顶间隙的变化趋势与加速过程恰好相反，呈现先快速减小、最后再缓慢增大的变化历程。原因和上面分析的类似，由于静子结构热响应快于转子热响应，当发动机状态降低时，静子热形变快速降低，因此出现最初篦齿间隙快速减小情况。而当静子部件温度逐渐趋于稳定后，转子温度仍在缓慢下降，转子径向热形变量缓慢减小，导致篦齿间隙缓慢增大，最后随部件温度趋向稳定而保持不变。

造成上述现象的主要原因是篦齿结构转、静子热容存在显著的差异，导致过渡过程热形变速度不同。因此，可以考虑将篦齿封严静子环设计为如图 6.33（a）所示的薄壁件，通过薄壁件的弯折设计降低了静子封严环的变形响应速度，使其与篦齿盘形变响应速度相当，通过转静协调变形降低 CDP 篦齿间隙的热敏感性。图

6.33(b)给出了热静子热协调篦齿在发动机过渡过程间隙的变化情况，可以看出，采用隔热篦齿封严静子环设计，大大降低了静子热响应的速率，使得转静子热形变速率处在一个量级上，因此在整个发动机过渡过程历程中，间隙的变化范围大幅度减小。

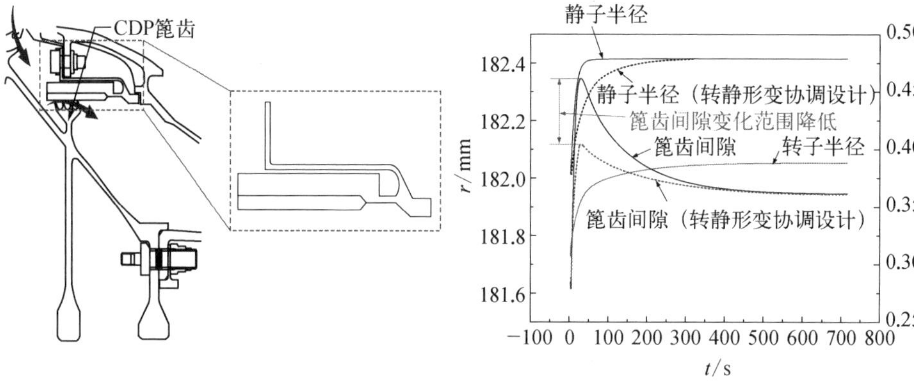

(a) 转静子热协调响应篦齿构型　　(b) 转静子热协调响应篦齿过滤间隙变化过程

图 6.33　转静子热协调响应篦齿构型

6.4　通过引气可调节实现空气系统增稳设计示例

未来变循环发动机可调部件增多，组合调节规律更加复杂，这将造成空气系统边界组合复杂化及气路参数离散化程度的增加，主流道部件进行变几何调节的情况下，定几何的空气系统构型设计在保证更宽包线范围内冷却、轮缘封严及轴向力控制等功能的正常实现时面临巨大压力。因此，具有可变几何特征的空气系统是未来变循环发动机空气系统稳定性增强的必然选择，空气系统调节技术在未来航空发动机中具有极高的应用潜力。

空气系统调节技术最初是为提升发动机性能而提出的。2007 年，克莱菲尔德大学的 Kyritsis 等[74]关注到航空发动机低功率状态下冷却气过量消耗的问题。他通过建立发动机总体性能模型并集成飞机的升阻特性，计算了减少引气量后巡航阶段燃油消耗的变化，评估了降低巡航阶段冷却气引气量可能带来的性能收益。经评估，巡航阶段冷却气引气比例减少 40%，可以使巡航阶段油耗降低 0.75%，同时减少冷却气引气比例会导致叶片温度升高，但此时涡轮前温度处于较低水平，叶片温度仍低于材料许用温度。

预旋系统是空气系统中流量最大的流路之一，调节预旋系统流量是进行空气系统调节的有效手段。Durgin[75]于 2000 年提出了一种冷却气调节方法，如图 6.34

所示。该方法将整环预旋系统供气流路分隔为可调流路和常开流路,采用进气歧管分别为可调流路和常开流路供气,并通过阀门控制可调流路的流量。Mueller[76]将压气机末级与预旋系统通过供气歧管和环形管道进行连接,并通过阀门控制进入管道的流量,从而实现预旋系统流量的整体调节,如图 6.35 所示。Rahaim 等[77]提出的可调预旋系统构型中则将流量控制装置直接布置于主流气体通道中,通过作动机构的径向移动控制进入可调流路的流量,如图 6.36 所示。冷却气调节技术在实际发动机型号中也取得了一定的应用。AL－31F 中的冷却控制系统采用节流阀门的调节方式,通过压力控制断流活门的开关,从而控制冷却气流量,断流活门可以实现冷却气流量的两级调节[78],如图 6.37 所示。LEAP 和 GE9X 发动机也引入了可调涡轮冷却(modulated turbine cooling,MTC)系统以优化巡航和慢车等状态的燃油消耗,通过两个带活门的引气管控制高压压气机分配到冷却系统的引气量,如图 6.38 所示,引气管共有 8 个,其中 6 个引气管的流量无法控制[79]。公开资料表明,Trent1000 发动机的高压空气系统也采用了可调设计,旨在降低燃油消耗、提升发动机性能。但是冷却气调节导致中压涡轮盘局部超温,2021 年,欧洲航空安全局(European Aviation Safety Agency,EASA)通过适航指令(Airworthiness Directive,AD)禁用了 Trent1000 中的冷却控制系统。

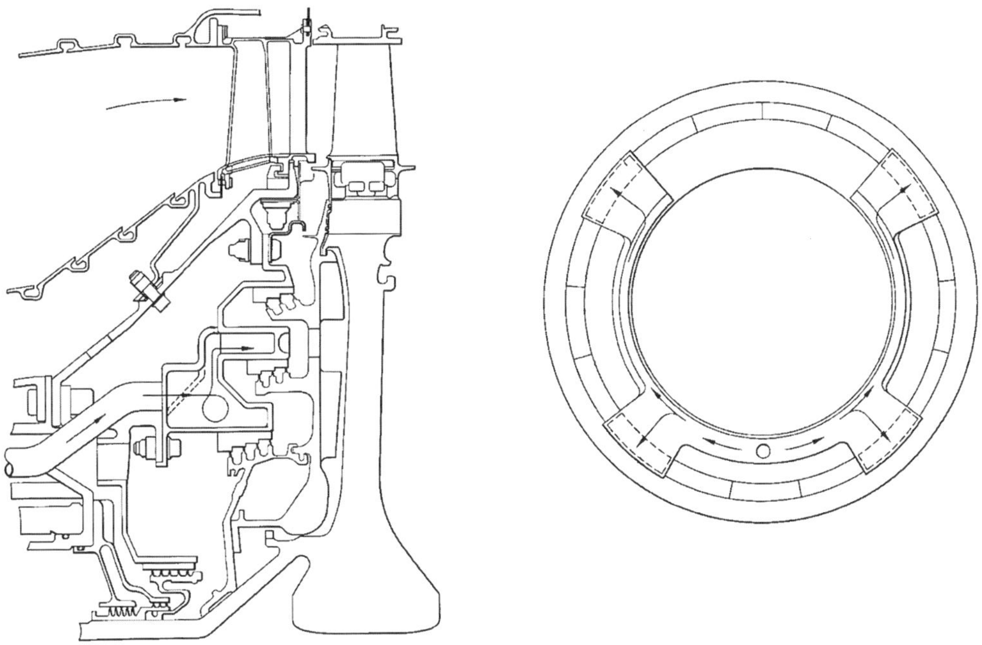

图 6.34　基于阀门和进气歧管的冷却气部分调节方案[75]

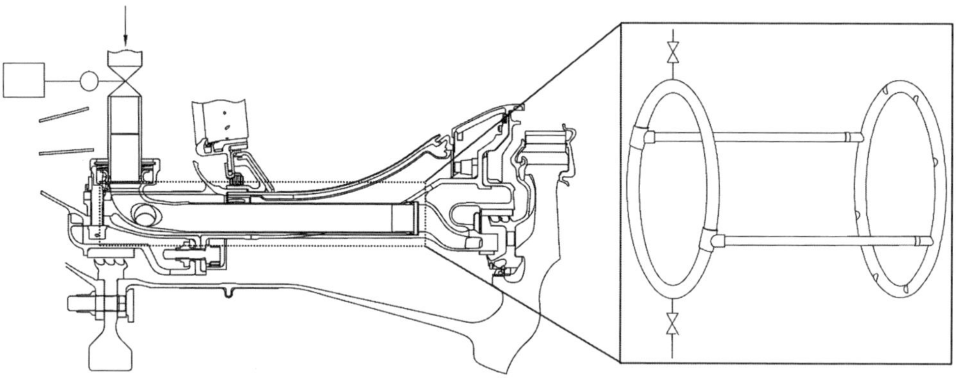

图 6.35 基于阀门和进气歧管的冷却气整体调节方案[76]

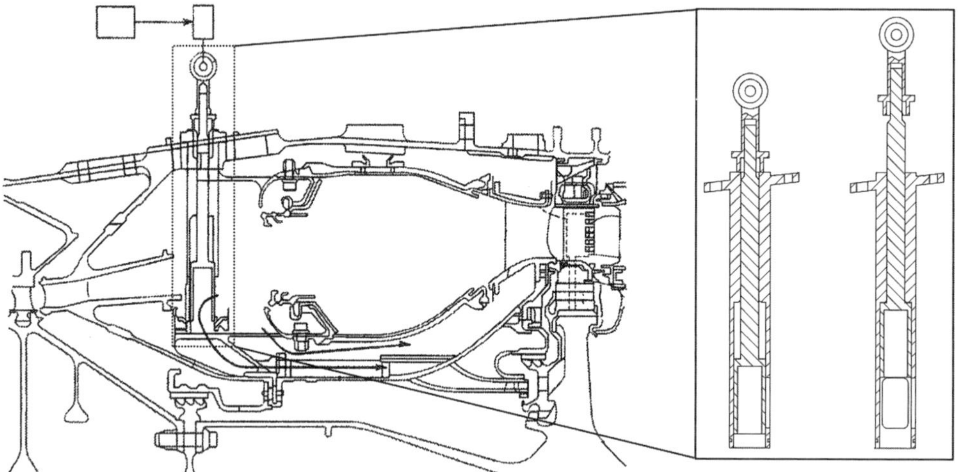

图 6.36 基于主流气体通道中阀门的冷却气调节方案[77]

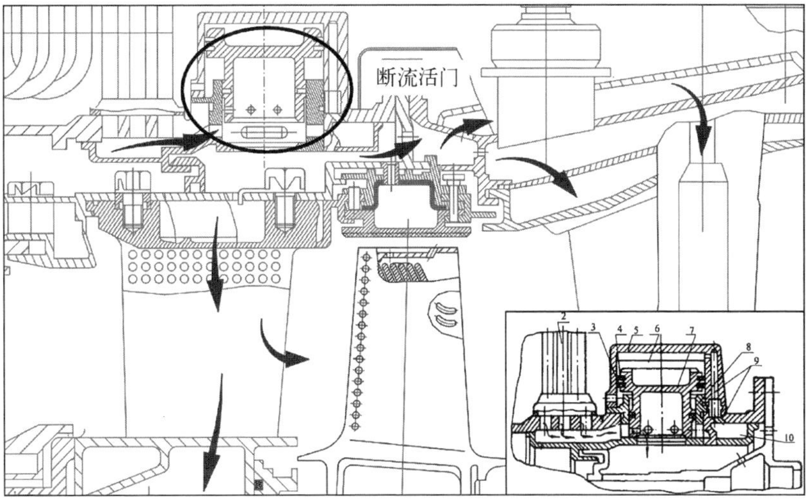

图 6.37　AL－31F 冷却气控制系统[78]

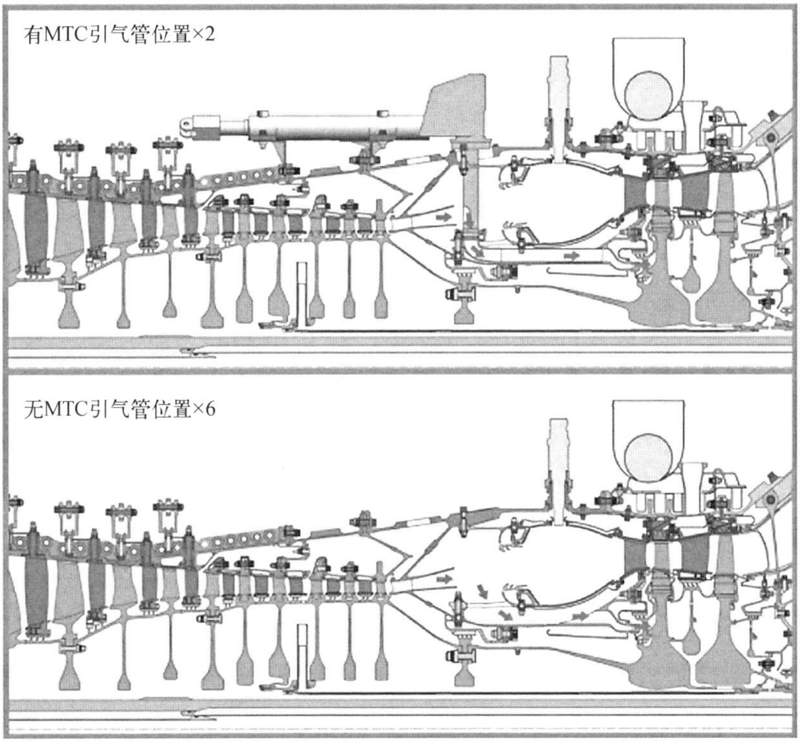

图 6.38　LEAP 发动机可调涡轮冷却系统[79]

综上所述,现有针对流量可调节空气系统的研究主要集中在其性能收益上,调节方式主要是通过阀门改变引气管流通面积。本书团队近期提出了基于预旋喷嘴导叶调节的可调空气系统构型,如图 6.39 所示,并且以“两机”基础科学中心发布的宽空域、宽速域“双变”循环发动机为对象,验证了空气系统可调节技术对空气系统的增稳效果。

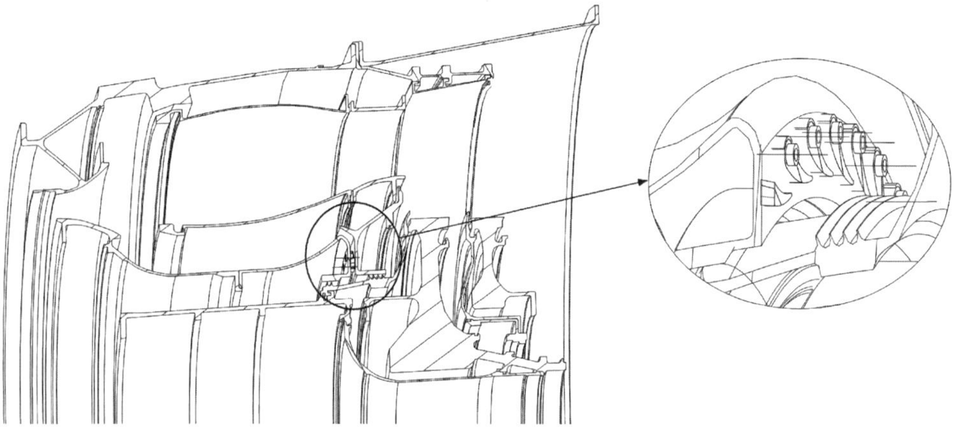

图 6.39　基于预旋喷嘴导叶调节的可调空气系统构型

宽空域、宽速域“双变”循环发动机在设计状态和主要非设计状态下的高压转子轴向力如表 6.6 所示,可以看到,高空超巡状态(H = 26 km, Ma = 3.7; H = 27 km, Ma = 4.0)由于高压压气机压比降低,轴向力出现了反向;同时由于引气压力降低,空气系统轴向力减小。这导致相比设计状态,高空超巡状态轴向力大幅减小,不同状态下的高压转子轴向力离散度增加。轴向力过小增大了轴承打滑的风险,甚至造成发动机结构件的损坏,发动机工作中必须避免轴向力出现反向。

表 6.6　主要状态下的高压转子轴向力

H/km	11	20	26	27
Ma	0.8	2.35	3.7	4
高压压气机轴向力/DaN	−1 074.6	−1 104.1	254.1	531.9
高压涡轮轴向力/DaN	2 476.3	3 133.6	1 057.1	806.9
高压空气系统轴向力/DaN	−6 057.0	−7 708.2	−2 735.4	−2 242.5
净轴向力/DaN	−4 655.4	−5 678.7	−1 424.2	−903.7

流路的主动调控优化应主要针对高空超巡状态开展,以 $H = 27$ km, $Ma = 4.0$ 状态为例,预旋喷嘴导叶角度调节对高压转子轴向力的影响如图 6.40 所示。随着预旋喷嘴导叶角度的增大,向后的轴向力增大。发动机飞行状态由设计状态($H = 20$ km, $Ma = 2.35$)转变为高空超巡状态($H = 27$ km, $Ma = 4.0$)时,预旋喷嘴导叶角度调节对高压转子轴向力的影响如图 6.41 所示,通过预旋喷嘴导叶角度调节,降低了过渡过程轴向力的变化范围,轴向力变化范围降低了 3.6%。

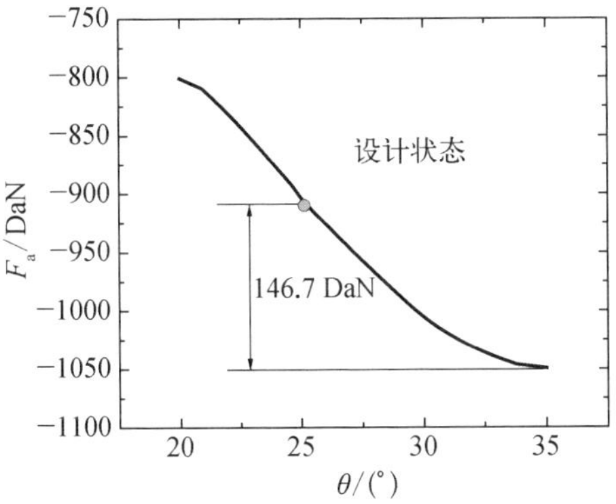

图 6.40　高空超巡状态预旋导叶调节对轴向力的影响

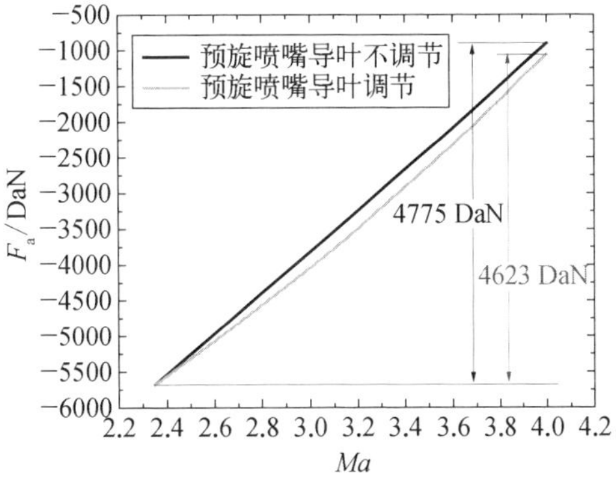

图 6.41　过渡过程预旋喷嘴调节对高压转子轴向力的影响

运用相同方法对其他主要非设计状态的轴向力离散度进行控制,优化结果如图 6.42 所示。亚巡状态轴向力超限风险较小,考虑到预旋喷嘴调节对发动机性能

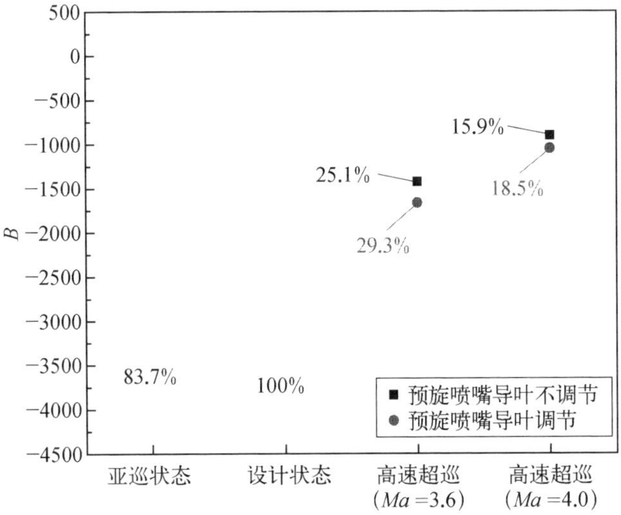

图 6.42　主要状态轴向力离散度优化结果

和空气系统相关功能的实现，亚巡状态下不进行预旋喷嘴导叶角度调节。经过关键流路的主动调控，*Ma* 3.6 的高空超巡状态的轴向力由设计状态的 25.1%提高到 29.3%，*Ma* 4 超巡状态下，轴向力由设计状态的 15.9%提高到 18.5%，结果证明关键流路主动调控技术有效降低了全包线范围内轴向力的偏离幅度。

参考文献

[1] Cross H. Analysis of flow in networks of conduits or conductors[J]. University of Illinois Bulletin, 1936, 286(1): 42-47.

[2] Fulkerson D R. Constructing maximal dynamic flows from static flows[J]. Operations Research, 1958, 6(3): 419-433.

[3] Dyban E P, Kolesnichenko A F, Repukhov V M, et al. Calculation of air-film cooling of a rotating disk[J]. Journal of Engineering Physics, 1972, 12(5): 1077-1082.

[4] Koenig H A, Bowley W W. Labyrinth seal analysis[J]. Journal of Tribology, 1979, 94(1): 5-11.

[5] Hay N, West P D. Heat transfer in free swirling flow in a pipe[J]. Journal of Heat Transfer, 1975, 97(3): 411-416.

[6] Damerow W P, Murtaugh J P, Burgraf F. Experimental and analytical investigation of the coolant flow characteristics in cooled turbine air-foils[R]. NASA: TP-1036, 1972.

[7] 梁春华,王占学,曹茂国. F100/F110 发动机与 F-15/F-16 战斗机使用故障的统计与分析[J]. 航空动力学报,2011,26(7): 1575-1582.

[8] Lewis D A, Platt C E, Smith E B. Aeroelastic instability in F100 labyrinth air seals[J]. Journal of Aircraft, 1979, 16(7): 484-490.

[9] Mahler F. Advanced seal technology. [R]. AFAFP-TR-72-8, 1972.

[10] Stocker H L. Advanced labyrinth seal design performance for high pressure ratio gas turbines[C]. Princeton: ASME Winter Annual Meeting, 1975.

[11] Bayley F J, Owen J M. The fluid dynamics of a shrouded disc system with a radial outflow of coolant[J]. Journal of Engine for Power, 1970, 92: 335-341.

[12] Graber D J, Daniels W A, Johnson B V. Disk pumping test[M]. Pratt and Whitney West Palm Beach: FL Government Products Division, 1987.

[13] Ang H S, Tang W H. Probability concepts in engineering planning and design

vol. 1[M]. New York: John Wiley and Sons, 1975.

[14] Sidwell V, Darmofal D. Probabilistic analysis of a turbine cooling air supply system: the effect on airfoil Oxidation life[C]. Atlanta: ASME Turbo Expo, 2003.

[15] Bischoff T, Voigt M, Chehab E, et al. Probabilistic analysis of stationary gas turbine secondary air systems[C]. Barcelona: ASME Turbo Expo, 2006.

[16] Brack S, Muller Y. Probabilistic analysis of the secondary air system of a low-pressure turbine[J]. Journal of Engineering for Gas Turbines and Power, 2014, 137(2): 022602.

[17] Meyfarth P F, Shine A J. Experimental study of flow through moving orifices [J]. Journal of Fluids Engineering, 1965, 87(4): 1082 – 1083.

[18] Dutton J C, Coverdill R E. Experiments to study the gaseous discharge and filling of vessels[J]. International journal of engineering education, 1997, 13(2): 123 – 134.

[19] Sakamoto K, Matsunaga K, Fujii K, et al. Experimental investigation of supersonic internal cavity flows[C]. San Diego: 26th AIAA Fluid Dynamics Conference, 1995.

[20] Gallar L, Calcagni C, Llorens C, et al. Time accurate modelling of the secondary air system response to rapid transients[J]. Proceedings of the Institution of Mechanical Engineers Part G: Journal of Aerospace Engineering, 2011, 225(8): 946 – 958.

[21] Zhang K, Naguib A M. Effect of finite cavity width on flow oscillation in a low-Mach-number cavity flow[J]. Experiments in Fluids, 2011, 51(5): 1209.

[22] 王华阁. 航空发动机设计手册：第 16 册 空气系统及传热分析[M]. 北京：航空工业出版社,2001：76 – 96.

[23] Calcagni C, Gallar L, Pachidis V. Development of a one dimensional dynamic gas turbine secondary air system model-part II: assembly and validation of a complete network[C]. Orlando: ASME Turbo Expo, 2009.

[24] Garzon V E. Probabilistic aerothermal design of compressor airfoils[D]. Cambridge: Massachusetts Institute of Technology, 2003.

[25] 王开明,方雯,王卫国. 航空发动机支点刚度与整机变形分析方法[J]. 燃气涡轮试验与研究,2018,31(4)：30 – 36.

[26] Zhang J Y, Tang H L, Chen M. Robust design of an adaptive cycle engine

performance under component performance uncertainty[J]. Aerospace Science and Technology, 2021, 113(1): 106704.

[27] 塔鲁达纳斯基. 非接触密封/间隙密封与迷宫密封的原理和应用[M]. 李均卿,刁元康,译. 北京: 机械工业出版社,1986.

[28] 陈光. 航空发动机结构设计分析[M]. 北京: 北京航空航天大学出版社, 2006.

[29] Dogu Y, Sertakan M C, Gezer K, et al. Labyrinth seal leakage degradation due to various types of wear[C]. Seoul: ASME Turbo Expo, 2016.

[30] 黄庆南,刘泽秋,朱铭福. 航空发动机设计手册: 第 10 册[M]. 北京: 航空工业出版社,2001.

[31] Montomoli F, Carnevale M, D'Ammaro A, et al. Uncertainty quantification in computational fluid dynamics and aircraft engines[M]. Switzerland: Springer, 2019.

[32] Cloud D, Stearns E. Probabilistic Analysis of a turbofan secondary flow system [C]. Vienna: ASME Turbo Expo, 2004.

[33] Alexiou A, Mathioudakis K. Secondary air system component modeling for engine performance simulations[J]. Journal of Engineering for Gas Turbines and Power, 2009, 131(3): 031202.

[34] Yang X S, Jian M H, Dong W, et al. Simulation of the secondary air system of turbofan engines: Insights from 1D - 3D modeling[J]. Chinese Journal of Aeronautics, 2023, 36(1): 231 - 245.

[35] 刘传凯,姜宏超,李艳茹,等. 航空发动机性能与二次空气系统的耦合仿真模型[J]. 航空动力学报,2017,32(7): 1623 - 1630.

[36] Progelhof R C, Owczarek J A. Rapid discharge of a gas from a cylindrical vessel through a nozzle[J]. AIAA Journal, 1963, 1(9): 2182 - 2183.

[37] May D, Chew J W. Response of a disk cavity flow to gas turbine engine transients[C]. Glasgow: ASME Turbo Expo, 2010.

[38] Mao S S, Wang S F, Hu W X. Investigation on transient response characteristics of flow of rotor-stator cavity[J]. Journal of Propulsion Technology, 2019(40): 1702 - 1709.

[39] 丁水汀,于航,邱天. 非绝热单孔容腔瞬态响应的零维建模[J]. 北京航空航天大学学报,2018,44(2): 215 - 222.

[40] Gallar L, Calcagni C, Pachidis V, et al. Development of a one-dimensional

dynamic gas turbine secondary air system model—part Ⅰ: tool components development and validation[C]. Phoenix: ASME Turbo Expo, 2019.

[41] 刘传凯,李圆圆,李艳茹,等. 涡轮轴断裂条件下空气系统强瞬变过程分析[J]. 北京航空航天大学学报,2016,42(1): 47-53.

[42] 丁水汀,车巍巍,刘传凯. 空气系统双腔模型的压力动态特性分析[J]. 北京航空航天大学学报,2016,42(4): 654-661.

[43] Hu J P, Liu Z X, Zhu P F, et al. Theoretical and experimental studies for the transient response of cavity[J]. Journal of Thermal Science, 2020, 29: 232-240.

[44] 胡剑平,刘振侠,朱鹏飞,等. 多容腔耦合的瞬态响应实验研究[J]. 推进技术,2020,41(3): 615-622.

[45] Nikolaidis T, Wang H N, Laskaridis P. Transient modelling and simulation of gas turbine secondary air system[J]. Applied Thermal Engineering, 2020, 170: 115038.

[46] Mirzamoghadam A V, Xiao Z. Flow and heat transfer in an industrial rotor-stator rim sealing cavity[J]. Journal of Engineering for Gas Turbines and Power, 2002, 124(1): 125-132.

[47] Pohl J, Thompson H M, Valencia A G, et al. Structural deflection's impact in turbine stator well heat transfer[J]. Journal of engineering for gas turbines and power, 2017, 139(4): 041901.

[48] Lück H, Schäfer M, Schiffer H. Simulation of thermal fluid-structure interaction in blade-disc configuration of an aircraft turbine model[C]. Düsseldorf: ASME Turbo Expo, 2014.

[49] Amirante D, Hills N, Barnes C. A moving mesh algorithm for aero-thermo-mechanical modelling in turbomachinery[J]. International journal for numerical methods in fluids, 2012(70): 1118-1138.

[50] Amirante D, Hills N, Barnes C. Thermo-mechanical finite element analysis/computational fluid dynamics coupling of an interstage seal cavity using torsional spring analogy[J]. Journal of turbomachinery, 2012, 134(5): 051015.

[51] Ganine V, Hills N, Miller M, et al. Implicit heterogeneous 1D/2D coupling for aero-thermo-mechanical simulation of secondary air systems[C]. Montreal: ASME Turbo Expo, 2015.

[52] Muller Y. Secondary air system model for integrated thermomechanical analysis of

a jet engine[C]. Berlin: ASME Turbo Expo, 2008.

[53] Tondello G, Boruszewski W, Mengele F, et al. Coupled simulation of the secondary air flow, heat transfer, and structural deflection of a gas turbine engine [C]. Copenhagen: ASME Turbo Expo, 2012.

[54] Giuntini S, Andreini A, Facchini B. Finite element transient modelling for aero-thermo-mechanical analysis of whole gas turbine engine[C]. Phoenix: ASME Turbo Expo, 2019.

[55] Voigt M, Mücke R, Vogeler K. Probabilistic lifetime analysis for turbine blades based on a combined direct monte carlo and response surface approach[C]. Vienna: ASME Turbo Expo, 2004.

[56] Stearns E, Cloud D, Filburn T. Probabilistic thermal analysis of gas turbine internal hardware[C]. Barcelona: ASME Turbo Expo, 2006.

[57] Ramerth D L, MirzaMoghadam A V, Kiratsingh A, et al. A probabilistic secondary flow system design process for gas turbine engines[C]. Glasgow: ASME Turbo Expo, 2010.

[58] Antinori G, Arsenyev I, Fischersworringbunk A. Robust design optimization of a low pressure turbine rotor discs secondary air system[C]. Charlotte: ASME Turbo Expo, 2017.

[59] Fiedler B, Muller Y, Voigt M, et al. Comparison of two methods for the sensitivity analysis of a one-dimensional cooling flow network of a high-pressure-turbine blade[C]. Memphis: ASME Turbo Expo, 2020.

[60] Kamenik J, Voutchkov I, Keane A J, et al. Robust turbine blade optimization in the face of real geometric variations[J]. Journal of Propulsion and Power, 2018, 34(6): 1479 - 1493.

[61] Liu C K, Liu H M, Li Y R, et al. Modularized simulation modeling of air system with fast transients[J]. Journal of Aerospace Power, 2015, 30 (8): 1826 - 1833.

[62] 曹玉璋,陶智,徐国强. 航空发动机传热学[M]. 北京: 北京航空航天大学出版社,2005.

[63] Benson R S. The thermodynamics and gas dynamics of internal combustion engines[M]. Oxford: Clarendon Press, 1986.

[64] Li P W, Tao W Q. Numerical and experimental investigations on heat/mass transfer of slot-jet impingement in a rectangular cavity[J]. International Journal

of Heat & Fluid Flow, 1993, 14(3): 246 - 253.

[65] Barakos G, Mitsoulis E, Assimacopoulos D, et al. Natural convection flow in a square cavity revisited: Laminar and turbulent models with wall functions[J]. International Journal for Numerical Methods in Fluids, 1994, 18(7): 695 - 719.

[66] Lewis S D, Corcoran C. Airfoil platform impingement cooling holes [P]. US7452184B2, 2008.

[67] Wang R N, Liu G, Du Q, et al. An improved control method of rim seal based on auxiliary sealing holes [C]. Beijing: Proceedings of Global Power and Propulsion Society, 2019.

[68] Du Q, Wang R N, Xie L, et al. A novel design of rim sealing flow for improving sealing effectiveness[J]. Journal of Engineering for Gas Turbines and Power, 2023, 145(7): 071003.

[69] Darby P W, Mesny A W, Cosmo G D, et al. Conditioning of leakage flows in gas turbine rotor-stator cavities[J]. Journal of Engineering for Gas Turbines and Power, 2021, 143 (2): 021009.

[70] Chun Y H, Ahn J. Effects of geometric parameters of a staggered labyrinth seal on leakage flow[J]. Journal of Mechanical Science and Technology, 2023(37): 2959 - 2968.

[71] Hur M S, Moon S W, Kim T S. A study on the leakage characteristics of a stepped labyrinth seal with a ribbed casing[J]. Energies, 2021, 14 (13): 3719.

[72] Kim H J, Kang Y J, Kim W, et al. Improvement of labyrinth seal performance using the partial honeycomb lands [J]. Aerospace Science and Technology, 2024, 148: 109082.

[73] Jo S Y, Hur M S, Moon S W, et al. Numerical study on the leakage characteristics of a stepped labyrinth seal with mixed honeycomb cell diameters [J]. Journal of Mechanical Science and Technology, 2023, 37: 465 - 475.

[74] Kyritsis V E, Pilidis P. Performance evaluation for the application of variable turbine-cooling-bleeds in civil turbofans [C]. Montreal: ASME Turbo Expo, 2007.

[75] Durgin G A. Modulated turbine cooling system[P]. US06050079A, 2000.

[76] Mueller J H. Method and system for modulated turbine cooling [P]. US10794286B2, 2018.

[77] Rahaim, John Joseph. Modulated turbine cooling system[P]. 20160040552, 2016.

[78] 陈光. 航空燃气涡轮发动机结构[M]. 北京: 北京航空航天大学出版社, 2010.

[79] 杨嘉玮. 可调涡轮冷却系统分析与故障排除方法[J]. 航空维修与工程, 2022(7): 48-51.